数字信号处理实验教程

——基于 MATLAB 仿真

唐向宏　孙闽红　应　娜　编著

ZHEJIANG UNIVERSITY PRESS
浙江大学出版社

图书在版编目（CIP）数据

数字信号处理实验教程：基于 MATLAB 仿真 ／ 唐向宏，孙闽红，应娜编著. —杭州：浙江大学出版社，2017.9（2024.1 重印）
ISBN 978-7-308-17191-5

Ⅰ.①数… Ⅱ.①唐… ②孙… ③应… Ⅲ.①数字信号处理—Matlab 软件—教材 Ⅳ.①TN911.72

中国版本图书馆 CIP 数据核字（2017）第 182964 号

内容简介

本教程是"数字信号处理"理论课程的配套实验教材。本教材根据课程内容和学生们普遍反映的重点难点问题,配合《数字信号处理》教程各章的教学内容,编写了 19 个实验。其中 16 个实验内容与《数字信号处理》教材各章节对应,主要涉及离散时间信号的产生、序列的卷积运算、连续时间信号的抽样与重建、用 Z 变换分析系统特性、LTI 系统对信号的响应分析、DFT 及信号的频谱分析、序列圆周卷积与线性相关运算、快速傅里叶变换（FFT）、线性卷积的快速计算、LTI 系统结构设计、IIR 数字滤波器设计——模拟滤波器的数字化、IIR 数字滤波器设计——频率变换法、FIR 数字滤波器设计——窗函数法、FIR 数字滤波器设计——频率抽样法、多抽样率信号处理、有限字长效应等内容。同时,结合具体应用,设计了 3 个综合性实验,主要涉及带噪语音/图像信号分析与处理、FFT 在信号频分复用中的应用、多抽样率 FDMA 系统设计与实现。

本书可作为高等院校电子信息类各专业以及相近专业本科生的实验指导书,也可供有关科研人员和工程技术人员参考。

数字信号处理实验教程——基于 MATLAB 仿真

唐向宏　孙闽红　应　娜　编著

责任编辑	王　波	
责任校对	陈静毅　候鉴峰	
封面设计	续设计	
出版发行	浙江大学出版社	
	（杭州市天目山路 148 号　邮政编码 310007）	
	（网址：http://www.zjupress.com）	
排　版	杭州青翔图文设计有限公司	
印　刷	广东虎彩云印刷有限公司绍兴分公司	
开　本	787mm×1092mm　1/16	
印　张	17.25	
字　数	420 千	
版 印 次	2017 年 9 月第 1 版　2024 年 1 月第 4 次印刷	
书　号	ISBN 978-7-308-17191-5	
定　价	42.00 元	

前　言

　　"数字信号处理"是各高等院校电气信息类专业的一门非常重要的专业基础课,该课程的理论性和实践性都很强。为了有助于学生系统地理解和消化数字信号处理的基本理论,掌握其基本的实现方法和技能,我们编写了本实验教程。

　　本书是"数字信号处理"理论课程的配套实验教材,用以补充和完善理论教学,帮助学生深入理解所学的基本概念与基本理论,提高学生的实践应用能力。本书根据"数字信号处理"课程内容和学生普遍反映的重点难点问题,从强化理论与实际应用结合的角度,配合理论课程的教学内容,在每一章的实验中都新增加了与理论知识紧密结合的具体应用实例,以促进学生对所学知识的理解与消化,使本书与理论教材之间紧密结合,相互对应,让学生对数字信号处理的实际应用有更深入的理解;同时结合具体应用背景,增加综合实验设计,让学生综合应用所学的理论和方法,设计和实现数字信号处理系统的特定功能,锻炼和提高学生综合应用知识解决实际问题的能力。

　　本实验教程采用 MATLAB 应用程序编程。MATLAB 的基本语法、句型与 C 语言类似,如果学习过 C 语言,就可以很快掌握它的使用。通过本实验教程的实践学习,学生可以逐步学会利用 MATLAB 编写一些简易的程序,最终达到能够利用 MATLAB 来解决一些较为复杂的数字信号处理的实际问题的目的。

　　在实验的编排上本教程采取由验证性实验逐步过渡到综合性实验的方法,从简单到复杂,循序渐进,逐步深入。通过前期的验证性实验,提高学生兴趣,使其逐步熟悉与掌握MATLAB 编程技术。后期增设的综合性实验,要求学生编写必要的 MATLAB 程序,加深对数字信号处理原理的理解,加强其对数字信号处理技术的应用能力。全书共有 19 个实验,前 16 个实验为基础实验,后 3 个实验为综合性实验。本实验教程所有的例程均在MATLAB 7.1 平台上调试运行通过。

　　书中实验 1 到实验 9 由应娜编写,实验 10 到实验 14 由唐向宏编写,实验 15 到实验 19由孙闽红编写,全书由唐向宏统稿。由于编者水平有限,书中难免存在一些缺点和错误,殷切希望广大读者批评指正。

编　者

2017 年 5 月于杭州电子科技大学

目　录

MATLAB 入门与离散时间信号的产生

1.1 实验目的

本实验结合理论教材中关于离散时间信号与运算的教学内容。通过实验,掌握 MATLAB 的使用方法,学习利用 MATLAB 产生常用的数字信号以及对信号进行简单运算的方法。

1.2 实验原理

1.2.1 MATLAB 基本操作

MATLAB(Matrix Laboratory,矩阵实验室)是 MathWorks 公司于 1984 年推出的一套高性能的数值计算和可视化软件。MATLAB 提供了一个人机交互的数学系统环境,该系统的基本数据结构是矩阵,在生成矩阵对象时,不要求明确的维数说明。与利用 C 语言或 FORTRAN 语言做数值计算的程序设计相比,利用 MATLAB 可以节省大量的编程时间。它是适合于工程应用各领域的分析、设计和复杂计算的数学软件,易学易用。在工程技术界,MATLAB 已广泛应用于自动控制理论、数理统计、数字信号处理、时间序列分析、动态系统仿真、图像处理等领域。

作为一个编程环境,MATLAB 提供了很多方便用户管理变量、输入输出数据以及生成和管理 M 文件的工具。下面以 MATLAB 7.1 为例介绍基本操作方法。

MATLAB 7.1 的工作桌面由标题栏、菜单栏、工具栏、命令窗口(Command Window)、工作空间窗口(Workspace)、当前目录窗口(Current Directory)、历史命令窗口(Command History)及状态栏组成,如图 1.1 所示。

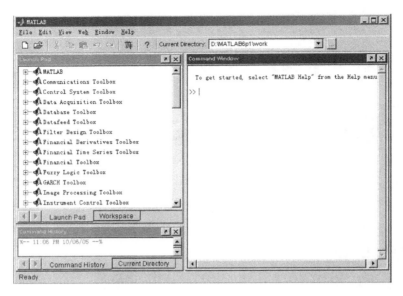

图 1.1　MATLAB 用户界面

MATLAB 的命令窗口是接收用户输入命令及显示输出数据的窗口,几乎所有的 MATLAB 行为都是在命令窗口中进行的。当启动 MATLAB 软件时,命令窗口就做好了接收指令和输入的准备,并出现命令提示符"≫"。在命令提示符后输入指令通常会创建一个或多个变量。变量可以是多种类型的,包括函数和字符串,但通常的变量只是数据。这些变量被放置在 MATLAB 的工作空间中。工作空间窗口提供了变量的一些重要信息,包括变量的名称、维数大小、占用内存大小以及数据类型等。历史命令窗口是用来显示当前操作之前输入的命令。

此外,操作 MATLAB 时有一些值得注意的事项。

(1)在 MATLAB 命令窗口工作区输入 MATLAB 命令后,还需按下 Enter 键,MATLAB 系统才能执行输入的 MATLAB 命令,否则 MATLAB 不执行命令。一般每输入一个命令并按下 Enter 键,计算机就会显示此次输入的执行结果。如果用户不希望计算机显示此次输入的结果,只需在所输入命令的后面再加上一个分号";"即可。

(2)MATLAB 可以输入字母、汉字,但是标点符号必须在英文状态下书写。

(3)MATLAB 中不需要专门定义变量的类型,系统可以自动根据表达式的值或输入的值来确定变量的数据类型。MATLAB 中数据是以矩阵的形式存储的。

(4)变量名可以由字母、数字和下划线混合组成,但必须以字母开头,字符长度不能大于 63。MATLAB 中的变量名是区分大小写字母的。

(5)命令行与 M 文件中的百分号"％"标明注释。在语句行中,百分号后面的语句被忽略而不被执行;在 M 文件中,百分号后面的语句可以用 help 命令打印出来。

MATLAB 作为一种高级计算机应用程序,它不仅能以人机交互式的命令行的方式工作,还可以像 BASIC、FORTRAN、C 等高级计算机语言一样进行控制流程的程序设计,即编制一种以.m 为扩展名的文件,简称为 M 文件。

M 文件有两种形式，即命令式和函数式。命令式文件就是命令行的简单叠加，MATLAB 会自动按顺序执行文件中的命令，其运行相当于在命令窗口中逐行输入并运行命令。因此，用户在编制此类文件时，只需把所要执行的命令按行编辑到指定的文件中，且变量不需预先定义，也不存在文件名对应问题，还可以访问存在于整个工作空间内的数据。但要注意，命令式文件在运行中所产生的所有变量均为全局变量。也就是说，这些变量一旦生成，就一直保存在内存空间中，直到用户执行 clear 或 quit 时为止。

为了实现计算中的参数传递，需要用到函数式文件。函数式文件在 MATLAB 中应用得十分广泛，MATLAB 所提供的绝大多数功能函数都是由函数式文件实现的。函数式文件的结构为

> function　[输出参数]＝函数名(输入参数)
> 函数体　％注释

使用 M 文件时要注意以下几个问题：

(1)文件扩展名一定为.m；

(2)以符号％引导的行是注释行，不可执行，可供 help 命令查询；

(3)不需要用 end 语句作为 M 文件的结束标志；

(4)在运行此文件之前，需要把它所在目录加到 MATLAB 的搜索路径上去，或将文件所在目录设为当前目录。

MATLAB 系统最初依托的操作系统是 DOS 系统，因此它保留了许多 DOS 系统下的命令，仍可在命令窗口内输入执行。下面简要介绍常用的命令。

> clc：清除命令窗口的所有显示内容，并把光标移到命令窗口的左上角。
> clear all：清除工作空间保存的所有变量。
> clf：清除 MATLAB 当前图形窗口的图形。
> who：列出当前工作空间的变量。
> whos：列出当前工作空间的变量的更多信息。
> which：显示指定函数和文件的路径。
> what：显示当前目录或者指定目录下的 M 文件。
> help：按照指定关键字查阅函数功能。
> look for：按照指定的关键字查找所有相关的 M 文件。

MATLAB 系统中还有很多变量和常数，用以表达特殊含义，在编程过程中应该注意不要用 MATLAB 中的内部函数或命令名作为新的变量名。这些变量和常数主要有：

> 变量 ans：指当前未定义变量名的答案。
> 常数 eps：表示浮点相对精度，其值是 1.0 与下一个最大浮点数之间的差值。该变量值作为一些 MATLAB 函数计算的相对精度，按 IEEE 标准，$eps=2^{-52}$，近似为 $2.2204e^{-16}$。
> 常数 Inf：表示无穷大。当输入或计算中有除以 0 时产生 Inf。

虚数单位 i、j：表示复数虚部单位，相当于 $\sqrt{-1}$。

NaN：表示不定型值，是由 0/0 运算产生的。

常数 pi：表示圆周率 π，其值为 3.1415926535897…

从最原始版本的 MATLAB 开始，图形功能就已经成为基本的功能之一。随着 MATLAB 版本的逐步升级，MATLAB 的图形工具箱从简单的点、线、面处理发展到了集二维图形、三维图形甚至四维表现图和对图形进行着色、消隐、光照处理，渲染及多视角处理等多项功能于一身的强大功能包。本教程只涉及二维基本绘图命令及图形修饰命令，相关内容将在预习与参考部分介绍。关于 MATLAB 的详细说明和操作可参考教材《计算机仿真技术——基于 MATLAB 的电子信息类课程》。

1.2.2　常用的离散时间信号

离散时间信号是指在离散时刻才有定义的信号，简称离散信号，或者序列。离散序列通常用 $x(n)$ 来表示，自变量 n 必须是整数。典型的离散时间信号有以下几种。

1. 单位冲激序列

单位冲激序列 $\delta(n)$，也称为单位取样序列，定义为

$$\delta(n) = \begin{cases} 1, & n=0 \\ 0, & \text{其他} \end{cases} \tag{1-1}$$

注意：单位冲激序列不是单位冲激函数的简单离散抽样，它在 $n=0$ 处取确定的值 1。

2. 单位阶跃序列

单位阶跃序列 $u(n)$ 定义为

$$u(n) = \begin{cases} 1, & n \geqslant 0 \\ 0, & n < 0 \end{cases} \tag{1-2}$$

3. 矩形序列

矩形序列 $R_N(n)$ 定义为

$$R_N(n) = \begin{cases} 1, & 0 \leqslant n \leqslant N-1 \\ 0, & \text{其他} \end{cases} \tag{1-3}$$

矩形序列有一个重要的参数，就是序列宽度 N。$R_N(n)$ 与 $u(n)$ 之间的关系为 $R_N(n) = u(n) - u(n-N)$。

4. 实指数序列

单边指数序列定义为

$$x(n) = a^n u(n) \tag{1-4}$$

式中：a 为实数。如果 $|a| < 1$，$x(n)$ 的幅度随 n 的增大而减小，序列 $x(n)$ 收敛；如果 $|a| > 1$，则序列 $x(n)$ 发散。

5. 正弦型序列

正弦型序列定义为

$$x(n) = \sin(n\omega_0 + \phi) \tag{1-5}$$

式中：ω_0 是正弦型序列的数字域频率；ϕ 为初相。

与连续的正弦信号不同，正弦型序列的自变量 n 必须为整数。可以证明，只有当 $\dfrac{2\pi}{\omega_0}$ 为有理数时，正弦型序列才具有周期性。

6. 复指数序列

复指数序列定义为

$$x(n) = e^{(a + j\omega_0)n} \tag{1-6}$$

当 $a = 0$ 时，得到虚指数序列 $x(n) = e^{j\omega_0 n}$，式中 ω_0 是正弦型序列的数字域频率。由欧拉公式知，复指数序列可进一步表示为

$$x(n) = e^{(a + j\omega_0)n} = e^{an} e^{j\omega_0 n} = e^{an}\left[\cos(n\omega_0) + j\sin(n\omega_0)\right] \tag{1-7}$$

与连续复指数信号一样，将复指数序列的实部和虚部的波形分开讨论，得出如下结论：
(1) 当 $a > 0$ 时，复指数序列 $x(n)$ 的实部和虚部分别是按指数规律增长的正弦振荡序列；
(2) 当 $a < 0$ 时，复指数序列 $x(n)$ 的实部和虚部分别是按指数规律衰减的正弦振荡序列；
(3) 当 $a = 0$ 时，复指数序列 $x(n)$ 即为虚指数序列，其实部和虚部分别是等幅的正弦振荡序列。

1.2.3　序列的运算

序列的运算通常包括移位、和、积、尺度变换、翻褶、卷积等。序列通过运算后将产生新的离散时间信号（或新序列）。

1. 序列移位

设某一序列为 $x(n)$，当 $m > 0$ 时，它的移位序列 $x(n-m)$ 是由序列 $x(n)$ 延后或者右移 m 位形成的新序列，称为 $x(n)$ 的延时序列。而 $x(n+m)$ 是由 $x(n)$ 超前或者左移 m 形成的，称为 $x(n)$ 的超前序列。

2. 序列之和

两序列的和是指两序列中同序号 n（或同时刻）的序列值逐项对应相加而构成的一个新的序列，表示为 $z(n) = x(n) + y(n)$。

3. 序列之积

两序列的积是指两序列中同序号 n（或同时刻）的序列值逐项对应相乘而构成的一个新的序列，表示为 $z(n) = x(n) \cdot y(n)$。

4. 时间尺度变换

序列 $x(n)$ 的尺度变换序列为 $x(nm)$ 或 $x\left(\dfrac{n}{m}\right)$，其中 m 为正整数。注意对 $x\left(\dfrac{n}{m}\right)$，当 $\dfrac{n}{m}$ 为整数时才有意义。

5. 序列翻褶

$x(-n)$ 是 $x(n)$ 的翻褶序列，它是以 $n=0$ 的纵轴为对称轴将序列 $x(n)$ 加以翻褶形成的。

1.3 预习与参考

1.3.1 相关 MATLAB 函数

$Y=\mathrm{zeros}(M)$：生成 $M \times M$ 大小的全零矩阵。

$Y=\mathrm{zeros}(M,N)$：生成 $M \times N$ 大小的全零矩阵。

$Y=\mathrm{ones}(M)$：生成 $M \times M$ 大小的全 1 矩阵。

$Y=\mathrm{ones}(M,N)$：生成 $M \times N$ 大小的全 1 矩阵。

$Y=\mathrm{rand}(M)$：生成 $M \times M$ 大小的随机矩阵，元素在 $(0,1)$ 之间服从均匀分布。

$Y=\mathrm{rand}(M,N)$：生成 $M \times N$ 大小的随机矩阵，元素在 $(0,1)$ 之间服从均匀分布。

$Y=\mathrm{randn}(M)$：生成 $M \times M$ 大小的随机矩阵，元素服从均值为 0、方差为 1 的正态分布。

$Y=\mathrm{randn}(M,N)$：生成 $M \times N$ 大小的随机矩阵，元素服从均值为 0、方差为 1 的正态分布。

$Y=\sin(x)$：计算 x 的正弦函数。

$Y=\cos(x)$：计算 x 的余弦函数。

$Y=\exp(x)$：计算自然数 e 的 x 次方。

$Y=\mathrm{real}(x)$：求 x 的实数部分函数。

$Y=\mathrm{imag}(x)$：求 x 的虚数部分函数。

$Y=\mathrm{abs}(x)$：求 x 的绝对值或复数模值函数。

$Y=\mathrm{angle}(x)$：求 x 的相角函数。

$M=\mathrm{mod}(X,Y)$：返回 X 关于 Y 的余数。

$Y=\mathrm{length}(x)$：求 x 序列长度的函数。

$\mathrm{plot}(y)$：绘制 Y 轴为 y 值的连续信号图形函数。

$\mathrm{plot}(x,y)$：绘制 X 轴为 x 值、Y 轴为 y 值的连续信号图形函数。

$\mathrm{stem}(y)$：绘制垂直坐标为 y 值的离散信号图形函数。

$\mathrm{stem}(x,y)$：绘制水平坐标为 x 值、垂直坐标为 y 值的离散信号图形函数。

$\mathrm{subplot}(X,Y,Z)$：分割图形窗口函数。输入参数 X 和 Y 分别表示图形分割窗口的行数和列数，Z 表示分割后的小窗口序号。

line($[X_1,X_2]$,$[Y_1,Y_2]$):绘制直线函数。输入参数 X_1 和 Y_1 表示所需绘制直线的起始坐标,X_2 和 Y_2 表示直线终点的坐标。

axis($[xmin,xmax,ymin,ymax]$):限定坐标范围函数。输入参数 $xmin$ 和 $xmax$ 分别表示 X 轴最小和最大取值范围,$ymin$ 和 $ymax$ 分别表示 Y 轴最小和最大取值范围。

grid on:在图形中添加网格函数。

$x$label(　):将括号内的字符串作为 X 轴的标注。

$y$label(　):将括号内的字符串作为 Y 轴的标注。

title(　):将括号内的字符串作为图形标题。

1.3.2　MATLAB 实现

【例 1-1】　利用 MATLAB 编程绘制常用的离散时间信号。

解　常用的离散时间信号可参考实验原理部分相关内容,要产生这些信号需要使用到前面介绍过的 MATLAB 相关函数。程序代码如下:

```
clear;close all;clc;
N=50;                                    %序列长度
x1=[1,zeros(1,N−1)];                     %单位冲激序列
x2=ones(1,N);                            %单位阶跃序列
n=0：N−1;a=0.6;x3=a.^n;                  %实指数序列
w0=pi/3;ang=pi/15;x4=sin(n*w0+ang);      %正弦型序列
x5=exp((a+j*w0)*n);                      %复指数序列
figure(1);
subplot(3,1,1);stem(x1);                 %绘制单位冲激序列
ylabel('x_1(n)=\delta(n)');
subplot(3,1,2);stem(x2);                 %绘制单位阶跃序列
ylabel('x_2(n)=u(n)');
subplot(3,1,3);stem(x3);                 %绘制实指数序列
ylabel('x_3(n)=0.6^n');xlabel('n');
figure(2);
subplot(2,1,1);stem(x4);
ylabel('x_4(n)=sin(\pin/3+\pi/5)');      %绘制正弦序列
subplot(2,1,2);stem(abs(x5));            %绘制复指数序列
ylabel('x_5(n)=e^(^0^.^6^+^j^*^\pi^/^3^)^*^n^)');xlabel('n');
```

程序运行结果如图 1.2 所示。

因此,可将以上产生常用的离散时间信号程序,利用 function 改写成相应的函数命令,以便在后续实验中调用,例如:

(1)单位冲激序列函数命令 impseq(　)

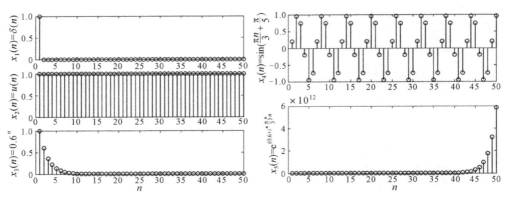

图 1.2　常见离散数字信号

在区间 $n_1 \leqslant n \leqslant n_2$，产生一个有限长的单位冲激序列：

$$\delta(n-n_0) = \begin{cases} 1, & n = n_0 \\ 0, & n \neq n_0 \end{cases} \tag{1-8}$$

单位冲激序列函数命令 impseq（　）的 MATLAB 程序为

```
function [x,n]=impseq(n0,n1,n2)
％产生一个有限长的单位冲激序列
％ x(n)=δ(n-n0);n1<=n0<=n2
％ n1,n2 分别为有限长单位冲激序列的起点和终点
％ n0 为冲激点
n=n1:n2;
x=[(n-n0)==0];
```

例如，在 MATLAB 命令窗口中，输入以下命令就会得到如图 1.3 所示的单位冲激序列。

```
>>[x,n]=impseq(1,-2,5);
>>stem(n,x);
```

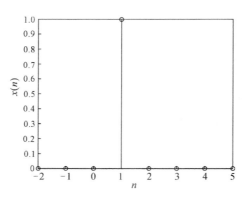

图 1.3　冲激序列 $\delta(n-1)$

（2）单位阶跃序列函数命令 stepseq（　）

在区间 $n_1 \leqslant n \leqslant n_2$，产生一个有限长的单位阶跃序列：

$$\delta(n-n_0)=\begin{cases}1,& n\geqslant n_0\\0,& n<n_0\end{cases} \tag{1-9}$$

单位阶跃序列函数命令 stepseq（　）的 MATLAB 程序为

```
function [x,n]=stepseq(n0,n1,n2)
% 产生一个有限长的单位阶跃序列 x(n)=u(n−n0);n0<=n
% n1,n2 为阶跃序列的起点和终点
% n0 为阶跃点
n=n1:n2;
x=[(n−n0)>=0];
```

例如，在 MATLAB 命令窗口中，输入以下命令后就会产生如图 1.4 所示的阶跃序列。

```
>>[x,n]=stepseq(2,−2,7);
>>stem(n,x);
```

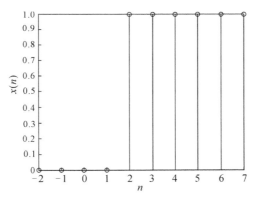

图 1.4　阶跃序列 $u(n-2)$

对其他常用的离散时间信号生成函数命令的改写，可参照以上方式留为一个作业练习。

【例 1-2】　用 MATLAB 命令画出下列离散时间信号的波形图，其中 $N=8$，$a=0.8$。

①$x_1(n)=a^n[u(n)-u(n-N)]$；②$x_2(n)=x_1(n+3)$；③$x_3(n)=x_1(n-2)$；④$x_4(n)=x_1(-n)$。

解　MATLAB 程序代码如下：

```
clc;clear;close all;
a=0.8;N=8;
n=−12:12;% 生成从 −12 到 12 间隔数据为 1 的序列
Rn=[zeros(1,12),ones(1,N),zeros(1,5)];
```

```
x＝a.^n. * Rn;
n1＝n;n2＝n1－3;n3＝n1＋2;n4＝－n1;
subplot(4,1,1);stem(n1,x,'fill');
grid on;ylabel('x1(n)');axis([－15,15,0,1]);
subplot(4,1,2);stem(n2,x,'fill');
grid on;ylabel('x2(n)');axis([－15,15,0,1]);
subplot(4,1,3);stem(n3,x,'fill');
grid on;ylabel('x3(n)');axis([－15,15,0,1]);
subplot(4,1,4);stem(n4,x,'fill');grid on;
ylabel('x4(n)');xlabel('n');axis([－15,15,0,1]);
```

程序运行结果如图 1.5 所示。

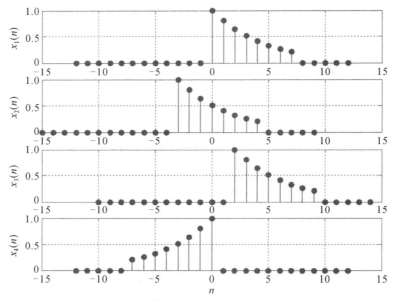

图 1.5　序列移位

从例 1-2 中可以看出,在该例中序列的运算包括了移位、求和、翻褶等。为了提高编程效率,提高处理速度,也可以将一些常用的运算改写成函数命令形式,以便后续调用,例如:

(1)序列相加函数命令 sigadd( )

两序列相加 $y(n)＝x_1(n)＋x_2(n)$,其函数命令 sigadd( )的 MATLAB 程序为

```
function [y,n]＝sigadd(x1,n1,x2,n2)
％求两序列和 y(n)＝x1(n)＋x2(n)
％ x1 为求和的第一序列,n1 为序列 x1(n)的时间序列
％ x2 为求和的第二序列,n2 为序列 x2(n)的时间序列
n＝min(min(n1),min(n2)):max(max(n1),max(n2));％求 y(n)的时间序列
y1＝zeros(1,length(n));y2＝y1;％利用 zeros 函数产生等长的两序列 y1(n)、y2(n)
```

y1(find((n＞＝min(n1))&·(n＜＝max(n1))==1))=x1;%将 x1(n)的值赋给 y1(n)

y2(find((n＞＝min(n2))&·(n＜＝max(n2))==1))=x2;%将 x2(n)的值赋给 y2(n)

y＝y1＋y2;% y1(n)与 y2(n)对应点 n 相加

例如,在 MATLAB 命令窗口中,输入以下命令后就会得到如图 1.6 所示的结果。

>>x1=[1,2,3,4];n1=[0：3];x2=[3,4,2,1,3,2];n2=[−2：3];

>>[y,n]=sigadd(x1,n1,x2,n2);stem(n,y);

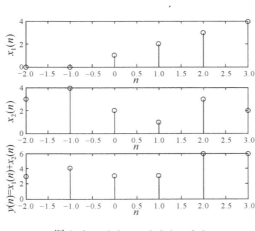

图 1.6　$y(n)＝x_1(n)＋x_2(n)$

(2)序列相乘函数命令 sigmult ( )

两序列相乘 $y(n)＝x_1(n)×x_2(n)$,其函数命令 sigmult ( )的 MATLAB 程序为

```
function [y,n]=sigmult(x1,n1,x2,n2)
% 求两序列相乘 y(n)＝x1(n)×x2(n)
% x1 为输入的第一序列,n1 为序列 x1 的时间序列
% x2 为输入的第二序列,n2 为序列 x2 的时间序列
n＝min(min(n1),min(n2)):max(max(n1),max(n2));%求 y(n)的时间序列
y1＝zeros(1,length(n));y2＝y1;%利用 zeros 函数产生等长的两序列 y1(n)、y2(n)
y1(find((n＞＝min(n1))&·(n＜＝max(n1))==1))=x1;%将 x1(n)的值赋给 y1(n)
y2(find((n＞＝min(n2))&·(n＜＝max(n2))==1))=x2;%将 x2(n)的值赋给 y2(n)
y＝y1.＊y2;%y1(n)与 y2(n)对应点 n 相乘
```

例如,在 MATLAB 命令窗口中,输入以下命令后就会得到如图 1.7 所示的结果。

>>x1=[1,2,3,4];n1=[0：3];x2=[3,4,2,1,3,2];n2=[−2：3];

>>[y,n]=sigmult(x1,n1,x2,n2);stem(n,y);

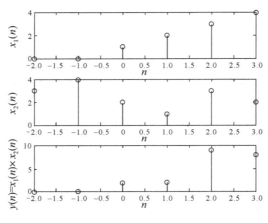

图 1.7　$y(n)=x_1(n)\times x_2(n)$

（3）序列移位函数命令 sigshift（　）

序列移位 $y(n)=x(n-m)$，其函数命令 sigshift（　）的 MATLAB 程序为

```
function [y,ny]=sigshift(x,nx,m)
% 实现序列移位 y(n)=x(n-m)
% x 为输入的第一序列,n 为序列 x 的时间序列
% m 为序列位移大小
ny=nx+m;
y=x;
```

例如,在 MATLAB 命令窗口中,输入以下命令后就会得到如图 1.8 所示的结果。

```
>>x=[3,4,2,1,3,2];nx=[-2:3];
>>[y,ny]=sigshift (x,nx,3);stem(ny,y);
```

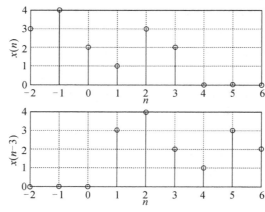

图 1.8　$y(n)=x(n-m)$

12

（4）序列翻褶函数命令 sigfold（　　）

序列翻褶 $y(n)=x(-n)$。在 MATLAB 中，这个运算对序列 $x(n)$ 的样本值用函数 fliplr(x) 实现，但该函数命令没有给出翻褶后所得序列 $x(-n)$ 的样本位置序列，为此，可采用函数命令 sigfold（　　）实现，其 MATLAB 程序为

```
function [y,ny]=sigfold(x,nx)
% 实现序列翻褶 y(n)=x(-n)
% y 为 x(n)的翻褶样本值
% ny 为 y(n)的位置序列
y=fliplr(x);
ny=-fliplr(nx);
```

例如，在 MATLAB 命令窗口中，输入以下命令后就会得到如图 1.9 所示的结果。

```
>>x=[3,4,2,1,3,2];nx=[-2:3];
>>[y,ny]=sigfold(x,nx);stem(ny,y);
```

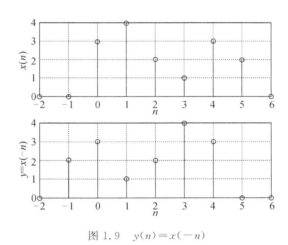

图 1.9　$y(n)=x(-n)$

【例 1-3】　试判断下列离散时间信号的周期性，并用 MATLAB 命令画出离散时间信号的波形图。

①$x_1(n)=3\sin\left(\dfrac{3\pi}{5}n\right)$；②$x_2(n)=\cos(1.2n)$。

解　要判断离散时间信号 $x(n)$ 是否具有周期性，可通过判断是否存在满足等式 $x(n)=x(n+N)$ 的最小正整数来实现。若存在，则离散时间信号 $x(n)$ 具有周期性，周期为 N；反之，离散时间信号 $x(n)$ 不具有周期性。

由于 $N=\left(\dfrac{2\pi}{\omega_0}\right)k$，$k$ 取整数，由此可判：①$N_1=\left(\dfrac{2\pi}{\omega_0}\right)k=\left(\dfrac{2\pi}{3\pi}\times5\right)k=\dfrac{10}{3}k$，所以 $x_1(n)$ 具

有周期性,周期为 $N_1=10$；②$N_2=\left(\dfrac{2\pi}{\omega_0}\right)k=\left(\dfrac{2\pi}{1.2}\right)k$,所以 $x_2(n)$ 不具有周期性。MATLAB 程序代码如下：

```
clc;clear;close all
n=-10:20;                              %时间序列
x1=3*sin(3*pi*n/5);                    %序列 x1(n)
x2=cos(1.2*n);                         %序列 x2(n)
subplot(2,1,1);stem(n,x1);             %绘制序列 x1(n)
xlabel('n');ylabel('x1=3*sin(3\pin/5)');grid on;
subplot(2,1,2);stem(n,x2);             %绘制序列 x2(n)
xlabel('n');ylabel('x2=cos(1.2\pin)');grid on;
```

程序运行结果如图 1.10 所示。

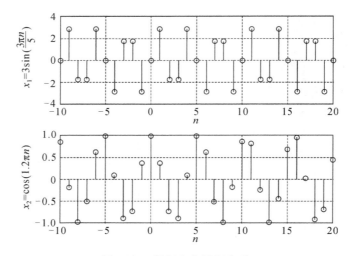

图 1.10　周期和非周期序列

对于周期序列的生成,也可通过对有限长序列进行周期延拓而产生。例如,对于有限长序列 $\{x(n);0\leqslant n\leqslant N-1\}$,若要产生 P 个周期,可将 $x(n)$ 重复 P 次,例如 $P=4$。

```
>>xtilde=[x,x,x,x];
```

当然,也可利用 MATLAB 的矩阵运算关系来实现。首先产生包含 $x(n)$ 值的 P 行矩阵,然后利用结构(:),将 P 行连成一个长的行向量,因此,可编写一个周期序列产生函数命令 period(　)实现。

(1)周期延拓函数命令 period(　)

周期延拓函数命令 period(　)的程序如下：

```
function [xperi,nx]=period(x,n,P,M)
%x,n 分别为输入序列及其时间序列
%P,M 分别为周期延拓次数及左边延拓次数
% xperi,nx 分别为周期延拓序列及其时间序列
%——————————————————————————————————
x1=x′* ones(1,P);            %产生包含 x(n)值的 P 行矩阵
x2=x1(:);                    %利用结构(:)将列连成一个长的列向量
xperi=x2′;                   %利用转置形成一个行向量
N=length(x);
nx=[n,max(n)+1:max(n)+(P-1)*N];
nx=nx-M*N;
```

序列周期延拓的数学描述为 $y(n)=x((n))_N$，其中 N 为延拓周期。因此，可调用 MATLAB 提供的 mod（　）函数来实现。值得注意的是，在使用 mod（　）函数时，它要求有限长序列 $x(n)$ 的起始位置为"0"，即 $nxb=0$，否则要做相应处理。因此，可将 mod（　）函数实现周期延拓的方法改写成一个函数命令 sigperi（　），方便后续调用。

（2）周期延拓函数命令 sigperi（　）

函数命令 sigperi（　）的程序代码如下：

```
function [y,ny]=sigperi(x,nx,P,M)
% 利用 mod（　）函数对序列 x(n)进行左移 M 次、右移(P-M)次周期延拓
% x(n)为输入的有限长序列,nx 为 x(n)的时间位置序列
% y(n)为周期延拓序列,ny 为 y(n)的时间位置序列
% P 为周期延拓次数
%——————————————————————————————————
N=length(x);nxb=nx(1);nxe=nx(N);%求序列 x(n)的长度及起点、终点位置
ny=[nxb-M*N:nxe+(P-M)*N];%将 x(n)左移 M 次、右移(P-M)次周期延拓
nmod=ny+(-1)*nxb;%保证有限长序列 x(n)的起点在"0"位置
y=x(mod(nmod,N)+1);%调用 mod（　）函数实现
```

【例 1-4】　已知有限长序列为 $x(n)=\{1,2,3,4,5\}$，$-1 \leqslant n \leqslant 3$，试利用周期延拓方式产生周期为 5 的周期序列。

解　MATLAB 程序代码如下：

```
clear;close all;clc
x=1:5;n=-1:3;%x(n)序列及其时间序列
nxb=min(n);nxe=max(n);%x(n)序列的起始、终止位置
%方法一:重复复制
x1=[x,x,x,x];
nx1=[nxb-5:nxe+2*5];%将 x(n)左移一次 x(n+5);将 x(n)右移两次 x(n+5*2)
%方法二:矩阵产生,调用函数命令 period（　）
```

```
[x2,nx2]=period(x,n,4,1);
%调用 mod( )函数实现,调用函数命令 sigperi( )
[x3,nx3]=sigperi(x,n,3,1);%将 x(n)左移一次 x(n+5);将 x(n)右移两次 x(n+5*2)
%绘制序列
subplot(3,1,1);stem(nx1,x1);ylabel('x~    _1(n)');grid on;
subplot(3,1,2);stem(nx2,x2);ylabel('x~    _2(n)');grid on;
subplot(3,1,3);stem(nx3,x3);xlabel('n');ylabel('x~    _3(n)');grid on;
```

程序运行结果为如图 1.11 所示的周期序列。

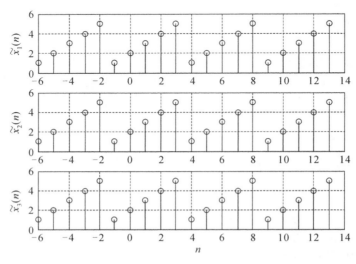

图 1.11　序列周期延拓

1.3.3　应用实例

【例 1-5】　产生一种在雷达或通信系统中常用到的线性调频信号：

$$\mu_{\mathrm{LFM}}(n)=\mathrm{e}^{\mathrm{j}\pi bn^2},n_1\leqslant n\leqslant n_2$$

式中：b 为线性调频扫描频率；$|b|=\dfrac{D}{T_\mathrm{p}^2}$；$D$ 为脉冲压缩比；T_p 为脉冲信号的周期。

　　解　线性调频序列可以写成一个 M 函数,通过外界输入参数 D、T_p 来控制信号波形。M 函数需要写在 M 文件中。M 文件的建立方法：在 MATLAB 菜单中选择 File→New→M-File,弹出编辑窗口,在编辑窗口中键入程序,完成后保存成 LFMdemo.m 文件即可。函数程序代码如下：

```
function y=LFMdemo(D,be,Tp,s)
%D 为脉冲的压缩比
%be 为调频信号的起始时间
%Tp 为脉冲宽度
%s 为计算的精度
```

```
%————————————————————————————————————
b=D/(Tp^2);ss=1/s;
t=be：s：(Tp+be);n=(t−be)*ss+1;
y=exp(j*pi*b*t.*t);
figure;
Realx=real(y);Imagx=imag(y);
subplot(2,1,1);plot(n,Realx);
xlabel('n');ylabel('Real(x)');title('线性调频序列实部');
subplot(2,1,2);plot(n,Imagx);
xlabel('n');ylabel('Imag(x)');title('线性调频序列虚部');
```

在 MATLAB 主窗口(或命令窗口)下输入以下命令来调用函数 LFMdemo（ ），得到程序运行结果如图 1.12 所示。

```
>>z=LFMdemo(1e2,0,1e−6,1e−9);
```

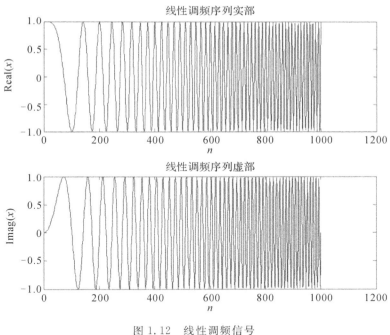

图 1.12　线性调频信号

【**例 1-6**】　令 $x(n)=\{1,2,3,4,5,6,7,6,5,4,3,2,1\}$，$-2\leqslant n\leqslant10$，确定并画出下面的序列。

①$x_1(n)=2x(n-5)-3x(n+4)$；②$x_2(n)=x(3-n)+x(n)x(n-2)$。

解　此例可用本节创建的 4 个序列运算的函数命令 sigadd（ ）、sigmult（ ）、sigshift（ ）、sigfold（ ）来实现。对于 $x_1(n)=2x(n-5)-3x(n+4)$，等式左边第 1 项是将 $x(n)$ 移位 5 再乘以 2 而得到，第 2 项是将 $x(n)$ 移位 −4 再乘以 −3 而得到。因此，移位和相加可用

sigshift（ ）和 sigadd（ ）来完成。对于 $x_2(n)=x(3-n)+x(n)x(n-2)$，等式左边第 1 项可写成 $x(-(n-3))$，因此首先将 $x(n)$ 翻褶，然后再将翻褶结果移位 3。第 2 项是 $x(n)$ 与 $x(n-2)$ 相乘，可调用 sigfold（ ）和 sigmult（ ）函数命令来实现。

值得注意的是，在以上相加或相乘的运算中，虽然两序列长度一样，但样本位置不同。由于两序列相加或相乘是对应位置点相加或相乘，因此在编程时要做相应的处理，否则会出错。若调用 sigadd（ ）、sigmult（ ）、sigshift（ ）、sigfold（ ）函数命令可避免这样问题的出现。MATLAB 程序如下：

```
clc;clear;close all
x=[1:7,6:-1:1];n=-2:10;                    %序列 x(n)
%生成序列 x1(n)=2x(n-5)-3x(n+4)
[x11,n11]=sigshift(x,n,5);[x12,n12]=sigshift(x,n,-4);
[x1,n1]=sigadd(2*x11,n11,-3*x12,n12);
subplot(2,1,1);stem(n1,x1,'.');grid on;       %绘制序列 x1(n)
xlabel('n');ylabel('x_1(n)=2x(n-5)-3x(n+4)');
%生成序列 x2(n)=x(3-n)+x(n)x(n-2)
[x21,n21]=sigfold(x,n);[x21,n21]=sigshift(x21,n21,3);
[x22,n22]=sigshift(x,n,2);[x22,n22]=sigmult(x,n,x22,n22);
[x2,n2]=sigadd(x21,n21,x22,n22);
subplot(2,1,2);stem(n2,x2,'.');grid on;       %绘制序列 x2(n)
xlabel('n');ylabel('x_2(n)=x(3-n)+x(n)x(n-2)');
```

程序运行结果如图 1.13 所示。

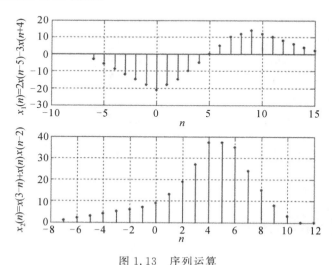

图 1.13　序列运算

1.4   实验内容

1. 利用 MATLAB 分别绘制单边指数序列 $x_1(n) = 1.2^n u(n)$、$x_2(n) = \sin(9.6\pi n)$、$x_3(n) = e^{j1.6\pi n}$ 的波形图。

2. 给定信号 $x(n) = \begin{cases} 2n+4, & -4 \leqslant n \leqslant -1 \\ 2n, & 0 \leqslant n \leqslant 4 \\ 0, & \text{其他} \end{cases}$，试绘制 $x(n)$、$x_1(n) = 2x(n-2)$ 和 $x_2(n) = 3x(3-n)$ 的波形。

3. 在给出的区间上产生并画出下面序列：

(1) $x(n) = 2\delta(n+2) - \delta(n-4)$，$-5 \leqslant n \leqslant 5$。

(2) $x(n) = n[u(n) - u(n-10)] + 10e^{-0.3(n-10)}[u(n-10) - u(n-20)]$，$0 \leqslant n \leqslant 20$。

(3) $x(n) = \cos(0.04\pi n) + 0.2w(n)$，$0 \leqslant n \leqslant 50$，其中 $w(n)$ 是均值为 0、方差为 1 的高斯随机序列。

4. 产生复值序列 $x(n) = e^{(-0.1+j0.3)n}$，$-10 \leqslant n \leqslant 10$，并分别在 4 张图上画它的幅度、相位、实部和虚部。

5. 给定以下信号序列，试分别绘制周期延拓序列 $\tilde{x}_1(x)$、$\tilde{x}_2(x)$。

(1) $x_1(n) = 2n$，$-2 \leqslant n \leqslant 4$。

(2) $x_2(n) = n+3$，$1 \leqslant n \leqslant 6$。

1.5   实验要求

1. 实验前必须进行充分的预习，熟悉实验内容。

2. 实验报告中应简述实验目的和原理。

3. 实验报告中应附上实验程序，其中要求：

(1) 利用 MATLAB 提供的函数命令，编程实现。

(2) 利用函数命令 sigadd( )、sigmult( )、sigshift( )、sigfold( )，编程实现。

4. 思考如何解决移位过程中数值和下标的对应关系。

5. 实验报告中应总结本次实验程序调试中出现的问题及解决办法。

离散序列的卷积运算

2.1 实验目的

本实验结合理论教学内容,学习和掌握离散序列卷积运算的计算步骤,以及 MATLAB 实现方法。

2.2 实验原理

离散序列的卷积运算是指做如下运算,称序列 $y(n)$ 为序列 $x(n)$ 和 $h(n)$ 的卷积和。

$$y(n) = x(n) * h(n) = \sum_{m=-\infty}^{+\infty} x(m)h(n-m) \tag{2-1}$$

式中"$*$"表示卷积和运算。

从卷积和公式(2-1)可以看出,卷积和 $y(n)$ 求解可按以下步骤进行。

① 序列翻褶:将 $h(m)$ 以 $m = 0$ 的纵轴为对称轴翻褶形成 $h(-m)$。

② 序列移位:将 $h(-m)$ 移位 n(设 n 为某一给定值),得到 $h(n-m)$。当 n 为正整数时, $h(-m)$ 右移 n 位;当 n 为负整数时, $h(-m)$ 左移 n 位。

③ 序列相乘:将 $h(n-m)$ 和 $x(m)$ 中相同时刻的序列值对应相乘,得乘积序列 $w(n) = x(m)h(n-m)$。

④ 序列求和:将乘积序列 $w(n)$ 中的所有的序列值相加,就得到 $y(n)$ 第 n 个序列值 $y(n) = \sum w(n)$。

⑤ 改变 n,重复 ②、③、④ 步骤,求得 $-\infty < n < \infty$ 区间上所有对应的序列值 $y(n)$。

在数字信号处理中有两个结论与离散序列的卷积和关系密切。

(1) 任意序列用单位冲激序列表示

任一离散序列 $x(n)$ 可以表示为一系列幅度为 $x(m)$ 的单位冲激平移序列之和。

$$x(n) = x(n) * \delta(n) = \sum_{m=-\infty}^{+\infty} x(m)\delta(n-m) \tag{2-2}$$

（2）线性时不变系统（LTI）对任意序列的系统响应

对离散线性时不变系统（LTI），若 LTI 系统的单位冲激响应为 $h(n)$，当输入序列为 $x(n)$ 时，该系统的零状态响应为 $y(n) = x(n) * h(n)$，如图 2.1 所示。

图 2.1　线性时不变系统的零状态响应

2.3　预习与参考

2.3.1　相关 MATLAB 函数

eval（　）：将括号内的字符串视为语句并运行。

figure：重新开辟图形窗口命令。

$y = \text{fliplr}(x)$：将行向量左右翻褶。

$y = \text{sum}(x)$：序列累加。

$y = \text{conv}(x, h)$：卷积和计算函数。输入参数 x、h 分别表示需要计算卷积的两个序列。输出参数 y 表示卷积和计算结果。

2.3.2　MATLAB 实现

求两个有限长序列 $x(n)$ 与 $h(n)$ 的卷积和，MATLAB 为用户提供了专用的函数命令 conv（　），用户只需按规定的格式输入相关参数，即可求得卷积和。当然，为了更好地理解卷积和的实现过程，也可自己编程来实现。

编程思路：

首先，卷积和实现过程的第⑤步为：改变 n，重复②、③、④步骤。因此可用 for 循环语句来实现，循环变量设为 n。

其次，调用 fliplr（　）函数，将序列 $h(m)$ 翻褶形成 $h(-m)$，并将序列 $h(-m)$ 移位 n，形成 $h(n-m)$；接着将序列 $x(m)$ 与 $h(n-m)$ 相乘，由于两序列相乘要求是对应相同时刻点相乘，因此，需要做补零处理，使得两序列相乘时长度相等。

最后，调用 sum（　）函数求序列和 $\sum w(n)$。

根据以上编程思路，可编写卷积和 convolution（　）函数。

（1）卷积和 convolution（　）函数

其 MATLAB 编程如下：

```
function [y,ny]=convolution(x1,nx1,x2,nx2)
% 求两个有限长序列 x1(n)与 x2(n)的卷积和:
% y(n)=∑x1(m)*x2(n-m)
% y=卷积和输出序列
% ny=卷积和输出序列 y(n)的样本位置序列(或称时间序列)
% x1=长度为 N1 的输入序列
% x2=长度为 N2 的输入序列
%—————————————————————————————————————————
N1=length(x1);N2=length(x2);N=N1+N2-1;          %N=卷积和序列长度
%求线性卷积序列 y(n)的样本位置序列 ny
nyb=nx1(1)+nx2(1);                              %y(n)的起始位置
nye=nx1(N1)+nx2(N2);                            %y(n)的结束位置
ny=nyb：nye;
x2=fliplr(x2);                                  %翻褶求 x2(-n)
%为了序列相加或相乘,需对序列补零,使得 x1 与 x2 等长度
M=N1+2*N2-2;                                     %x1(n)与 x2(n)补零后的长度
x1=[zeros(1,N2-1),x1,zeros(1,N2-1)];            %x1(n)补零
x2=[x2,zeros(1,N-1)];                           %x2(n)补零
%利用 for 循环,求 y(n)=∑x1(m)*x2(n-m)
for n=0：M-1
    x4=[zeros(1,n),x2(1,1：M-n)];               %移位 x2(n-m)
    x5=x1.*x4;                                   %x1(n)与 x2(n)序列相乘
    y(n+1)=sum(x5);                              %序列求和
end
y=y(1,1：N);
```

卷积函数 convolution( )不仅求出了两序列的卷积和值 $y(n)$,同时也求出了 $y(n)$ 的位置序列 ny。注意:在调用 MATLAB 提供的卷积函数命令 conv( )时会发现,该函数只求出了两序列的卷积和值 $y(n)$,但没有求出 $y(n)$ 的位置序列 ny。为此,可利用卷积和公式,在函数命令 conv( )的基础上进行改进扩展。若令两个有限长序列 $x(n)$ 与 $h(n)$ 分别为 $\{x(n);n_{xb} \leqslant n \leqslant n_{xe}\}$ 和 $\{h(n);n_{hb} \leqslant n \leqslant n_{he}\}$,由卷积和公式 $y(n) = x(n) * h(n) = \sum_{m=-\infty}^{+\infty} x(m)h(n-m)$ 得

$$n_{xb} \leqslant m \leqslant n_{xe} \tag{2-3}$$

$$n_{hb} \leqslant n-m \leqslant n_{he} \tag{2-4}$$

将式(2-3)与式(2-4)相加得

$$n_{xb} + n_{hb} \leqslant n \leqslant n_{xe} + n_{he} \tag{2-5}$$

由式(2-5)可知,卷积和序列 $y(n)$ 的时间位置为 $n_{xb} + n_{hb} \leqslant n \leqslant n_{xe} + n_{he}$。因此,只需将函数命令 conv( )做简单的扩展就可实现。

（2）任意位置序列的卷积函数命令 conv_m（ ）

其程序如下：

```
function [y,ny]=conv_m(x,nx,h,nh)
%[y,ny]为卷积结果
%[x,nx]为输入的第一序列或信息
%[h,nh]为输入的第二序列或信息
%——————————————————————————————————————————
nyb=nx(1)+nh(1);                      %序列 y(n)的起点
nye=nx(length(x))+nh(length(h));      %序列 y(n)的终点
ny=nyb：nye;y=conv(x,h);              %求卷积和
```

【例 2-1】 计算下面两个序列的卷积：

①$x(n)=3^{-n}[u(n)-u(n-101)]$；②$h(n)=2^{-n}R_{20}(n)$。

解 方法一：此题可以直接调用卷积和函数 conv（ ）来进行计算，但要注意 $h(n)$ 和 $x(n)$ 的 MATLAB 表达方式。MATLAB 程序代码如下：

```
clear;clc;close all
n=0：19;hn=0.5.^n;                %序列 h(n)
m=0：101;xn=(1/3).^m;            %序列 x(n)
y=conv(xn,hn);                    %求卷积和
stem(0：length(y)-1,y);          %绘制 y(n)
grid on;xlabel('n');
ylabel('x(n)和 h(n)的卷积和计算结果');
```

程序运行结果如图 2.2 所示。

方法二：调用卷积和 convolution（ ）函数命令实现。只需将方法一中程序命令语句 y=conv(xn,hn)替换为[y,ny]=convolution(xn,m,hn,n)，即

```
clear;clc;close all
n=0：19;hn=0.5.^n;
m=0：101;xn=(1/3).^m;
[y,ny]=convolution(xn,m,hn,n);
stem(ny,y);
grid on;xlabel('n');
ylabel('x(n)和 h(n)的卷积和计算结果');
```

程序运行后将同样得到如图 2.2 所示的结果。

方法三：调用卷积和 conv_m（ ）函数命令实现。只需将方法一中程序命令语句 y=conv(xn,hn)替换为[y,ny]=conv_m(xn,m,hn,n)，即

```
clear;clc;close all
n=0：19;hn=0.5.^n;
m=0：101;xn=(1/3).^m;
[y,ny]=conv_m(xn,m,hn,n);
stem(ny,y);
grid on;xlabel('n');
ylabel('x(n)和 h(n)的卷积和计算结果');
```

程序运行后将同样得到如图 2.2 所示的结果。

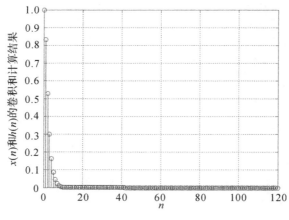

图 2.2　卷积计算结果

【例 2-2】　已知下面两个有限长序列：

①$x(n)=\{2,10,6,-1,-2,4,2\}$，$-3 \leqslant n \leqslant 3$；②$h(n)=\{3,4,1,-4,3,2\}$，$-1 \leqslant n \leqslant 4$。

求卷积和 $y(n)=x(n)*h(n)$。

　　解　为了比较，下面分别调用 conv（　）、conv_m（　）和 convolution（　）函数来实现。
MATLAB 程序如下：

```
x=[2,10,6,-1,-2,4,2];nx=-3：3;            %序列 x(n)
h=[3,4,1,-4,3,2];nh=-1：4;               %序列 h(n)
y1=conv(x,h)                            %调用 conv（　）求卷积和
[y2,ny2]=conv_m(x,nx,h,nh)              %调用 conv_m（　）求卷积和
[y3,ny3]=convolution(x,nx,h,nh)        %调用 convolution（　）求卷积和
```

该程序运行结果为

```
y1=   6   38   60   23   -41   9   61   33   -25   -2   14   4
y2=   6   38   60   23   -41   9   61   33   -25   -2   14   4
ny2=  -4   -3   -2   -1    0   1    2    3     4    5    6   7
y3=   6   38   60   23   -41   9   61   33   -25   -2   14   4
```

ny3＝　　−4　−3　−2　−1　0　1　2　3　4　5　6　7

【例 2-3】　已知线性时不变系统(LTI)的单位冲激响应为

$$h(n)=3\delta(n-3)+0.5\delta(n-4)+0.2\delta(n-5)+0.7\delta(n-5)-0.8\delta(n-8)$$

求此系统对输入序列 $x(n)=u(n-1)$ 的响应。

　　解　此题是求系统响应,因为没有给出初始条件,因此可以认为是求零状态响应,系统的零状态响应可以由输入序列和系统的单位冲激响应卷积求得。值得注意的是,由于给出的输入序列是无限长序列,对于计算机模拟而言,它只能求解有限长序列,因此,可以假设输入序列的长度为 100。MATLAB 程序代码如下：

```
clc;clear;close all;
xn=[0,ones(1,99)];                  %产生序列 u(n−1)
hn=[0,0,0.3,0.5,0.2,0.7,0,−0.8];    %序列 h(n)
y=conv(xn,hn);                      %调用 conv(  )函数求系统响应 y(n)
stem(0:length(y)−1,y);              %绘制系统响应
grid on;xlabel('n');ylabel('系统的响应');
```

该程序运行结果如图 2.3 所示。

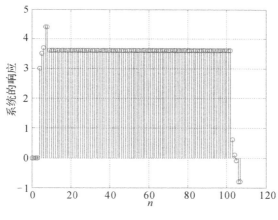

图 2.3　零状态响应

2.3.3　应用实例

　　【例 2-4】　回声隐藏(echo hiding)技术最早是由 Bender 等人在 1996 年提出来的一种基于音频的信息隐藏技术。它的基本原理是利用了人耳的听觉掩蔽效应,以添加回声的方式在原有音频信息中嵌入新信息,实现信息隐藏。添加回声的过程就相当于声音信号经过了冲激响应 $h(n)=\delta(n)+\delta(n-d)$($d$ 是常数)的滤波器。用 MATLAB 仿真此过程。

　　解　在进行仿真之前,需先做一些准备工作。用 Windows 系统自带的录音机软件录制一段声音信号,保存为 test. wav 文件。把此文件放入 MATLAB 安装目录下的 work 文件

夹内。将录制的语音信号记做 $x(n)$，产生的回声信号记做 $y(n)$。若已知声音信号 $x(n)$ 经过冲激响应 $h(n)$ 的滤波器，则有 $y(n)=x(n)*h(n)$，可以使用函数 conv（　）命令求解。MATLAB 程序代码如下：

```
clc;clear all;close all;
x=wavread('test. wav');              %读入语音信号
d=30;                                %参数 d 取 30
h=[1,zeros(1,d-2),1];                %单位冲激响应
y=conv(x,h);                         %对信号添加回声
subplot(2,1,1);stem(0:length(x)-1,x);title('原始语音信号');
subplot(2,1,2);stem(0:length(y)-1,y);title('回声信号');
```

程序运行结果如图 2.4 所示。

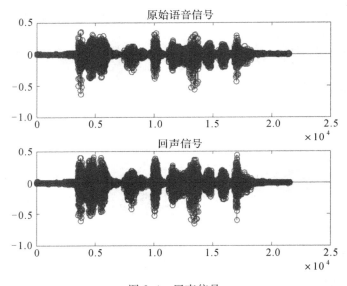

图 2.4　回声信号

【**例 2-5**】　已知某 LTI 系统，其单位冲激响应为 $h(n)=0.9^n[u(n)-u(n-50)]$，求在输入序列为 $x(n)=u(n+5)-u(n-10)$ 时该系统的零状态响应。

解　本题调用实验 1 中所编写的 stepseq（　）、sigshift（　）、sigmult（　）等函数命令实现。MATLAB 程序如下：

```
clear;clc;close all;
[x,nx]=stepseq(0,-5,9);              %产生输入序列 x(n)
[u,nu]=stepseq(0,0,50);             %产生矩形序列 R₅₀(n)
nh=nu;h=0.9.^nh. * u;               %产生冲激序列 h(n)
%求卷积和
[h1,nh1]=sigfold(h,nh);             %翻褶
```

```
nyb＝nx(1)＋nh(1);                    %求输出序列 y(n)的起点
nye＝nx(length(x))＋nh(length(h));    %求输出序列 y(n)的终点
for n＝nyb:nye
    [h2,nh2]＝sigshift(h1,nh1,n);     %序列移位
    y1＝sigmult(x,nx,h2,nh2);         %序列相乘
    y(n－1 * nyb＋1)＝sum(y1);         %序列求和
end
subplot(3,1,1);stem(nx,x);ylabel('x(n)');grid on;
subplot(3,1,2);stem(nh,h);ylabel('h(n)');grid on;
subplot(3,1,3);stem(nyb:nye,y);xlabel('n');ylabel('y(n)＝x(n) * h(n)');grid on;
```

程序运行结果如图 2.5 所示。

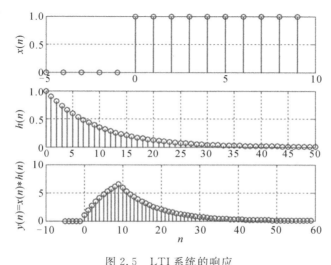

图 2.5　LTI 系统的响应

【例 2-6】　已知 LTI 离散系统的单位冲激响应为 $h[n]=(0.5)^n (n=0,1,2,\cdots,14)$，求输入信号序列为 $x[n]=1(-5\leqslant n\leqslant4)$ 的系统响应。

解　MATLAB 程序为

```
clear;clc;close all
x＝ones(1,10);                  %信号序列 x(n)
n＝[0:14];h＝0.5.^n;            %系统的单位冲激响应 h(n)
y＝conv(x,h);                   %调用卷积函数 conv(  )
stem(y);xlabel('n');ylabel('y(n)＝x(n) * y(n)');
```

该程序运行结果如图 2.6(a)所示。由于函数 conv( )不需要给定序列 $x(n)$、$h(n)$ 的时间序号，也不返回 $y(n)=x(n)*h(n)$ 的时间序号，因此，要正确地标识出函数 conv( )的计算结果，还需要构造 $x(n)$、$h(n)$ 及 $y(n)$ 的对应时间序号向量。于是，可将上面程序改写为

```
nx=[-5：4]；x=ones(1,10)；          %信号序列 x(n)及其时间序列 nx
nh=[0：14]；h=0.5.^nh；             %系统的单位冲激响应序列 h(n)及其时间序列 nh
y=conv(x,h)；                       %调用卷积函数 conv(  ),求系统输出 y
n0=nx(1)+nh(1)；                    %求卷积序列 y 起始时间位置
N=length(nx)+length(nh)-2；         %求卷积序列 y 的序列长度
ny=n0：n0+N；                       %求卷积序列 y 的时间向量
subplot(2,2,1)；stem(nx,x)；title('x(n)')；xlabel('n')；ylabel('x(n)')；%绘制 x(n)
subplot(2,2,2)；stem(nh,h)；title('h(n)')；xlabel('n')；ylabel('h(n)')；%绘制 y(n)
subplot(2,2,3)；stem(ny,y)；title('x(n)与 h(n)的卷积和 y(n)')；xlabel('n')；ylabel('y(n)')；
h=get(gca,'position')；h(3)=2.5*h(3)；
set(gca,'position',h)；             %将第三个子图的横坐标范围扩为原来的 2.5 倍
```

该程序程运行结果如图 2.6(b)所示。

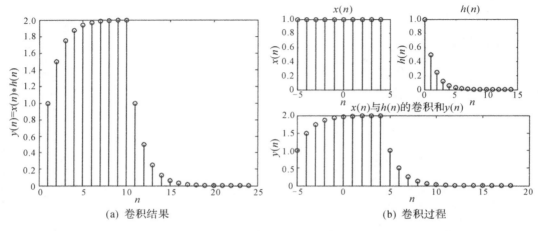

(a) 卷积结果	(b) 卷积过程

图 2.6 离散 LTI 系统的输出

为了更好地理解两序列的卷积,下面程序将给出卷积的动态演示过程。

```
x=ones(1,10)；lx=length(x)；        %信号序列 x(n)
h=0.5.^[0：14]；lh=length(h)；      %单位冲激响应序列 h(n)
lmax=max(lx,lh)；                   %求最长的序列
if lx>lh nx=0；nh=lx-lh；           %若 x 比 h 长,对 h 补 nh 个零
    elseif lx<lh nh=0；nx=lh-lx；   %若 h 比 x 长,对 x 补 nx 个零
    else nx=0；lh=0；               %若 h 与 x 同长,不补零
end
lt=lmax；                          %取长者为补零长度基准
u=[zeros(1,lt),x,zeros(1,nx),zeros(1,lt)]；%将 x 先补得与 h 同长,再在两边补以同长度的零
t1=(-lt+1：2*lt)；
h=[zeros(1,2*lt),h,zeros(1,nh)]；   %将 h 先补得与 u 同长,再在两边补以同长度的零
hf=fliplr(h)；                      %将 h 的左右翻褶,称为 hf
```

28

```
N＝length(hf);
y＝zeros(1,3 * lt);
for k＝0：2 * lt                          %动态演示绘图
    p＝[zeros(1,k),hf(1：N－k)];          %使 hf 向右循环移位
    y1＝u. * p;                           %使输入和翻褶移位的脉冲过渡函数逐项相乘
    yk＝sum(y1);                          %相加
    y(k＋lt＋1)＝yk;                       %将结果放入数组 y
    subplot(4,1,1);stem(t1,u);
    %set(gcf,′color′,′w′)                 %设置图形背景色为白色
    axis([－lt,2 * lt,min(u),max(u)]);hold on;ylabel(′x(n)′);
    subplot(4,1,2);stem(t1,p);axis([－lt,2 * lt,min(p),max(p)]);ylabel(′h(k－n)′);
    subplot(4,1,3);stem(t1,y1);axis([－lt,2 * lt,min(y1),max(y1)＋eps]);
    ylabel(′s＝u. * h(k－n)′);
    subplot(4,1,4);stem(k,yk);           %用 stem(　)函数表示每一次卷积和的结果
    axis([－lt,2 * lt,floor(min(y)＋eps),ceil(max(y＋eps))]);hold on;
    ylabel(′y(k)＝sum(s)′);
    pause(1);
end
```

注意:用 axis 命令是把各子图的横坐标统一起来,使纵坐标随数据自动调整的方法。

2.4　实验内容

1. 求序列 $x(n)$ 和 $h(n)$ 的卷积。其中

$$x(n)=\begin{cases}3,1\leqslant n\leqslant 6\\0,其他\end{cases},\qquad h(n)=\begin{cases}1,-2\leqslant n\leqslant 2\\0,其他\end{cases}$$

2. 已知某线性时不变系统,其单位冲激响应为 $h(n)=u(n)-u(n-4)$,求其在输入序列
为 $x(n)=\dfrac{\sin(0.3\pi n)}{n[u(n)-u(n-10)]}$ 时的零状态响应。

2.5　实验要求

1. 实验前必须进行充分的预习,熟悉实验内容。
2. 实验报告中应简述实验目的和原理。
3. 实验报告中应附上实验程序。
4. 思考:如果线性时不变离散系统的初始状态不为零,那么能否用计算卷积的办法求响
应,为什么?

实验 3

连续时间信号的抽样与重建

3.1 实验目的

本实验结合理论教学中有关连续时间信号的抽样与重建的内容,学习掌握连续时间信号的离散方法和重建原理,理解和掌握奈奎斯特(Nyquist)抽样定理的原理及验证的方法。

3.2 实验原理

3.2.1 连续信号抽样

将连续信号 $s_a(t)$ 转换为离散信号 $s_d(t) = s_a(t)\big|_{t=nT}$ 的过程称为抽样(或采样),T 为抽样周期,如图 3.1 所示。当抽样信号通过一特定的低通滤波器时,可重构连续信号,如图 3.2 所示。信号抽样后其频谱产生了周期延拓,每隔一个抽样频率 f_s,重复出现一次。为了保证抽样后信号的频谱形状不失真,抽样频率必须大于等于信号中最高频率成分的两倍,这称之为奈奎斯特抽样定理。根据奈奎斯特抽样定理,从抽样信号 $s_d(t)$ 恢复原信号 $s_a(t)$ 必须满足两个条件:

(1)$s_a(t)$ 必须是带限信号,只有带限信号才能适用抽样定理,即其频谱函数在 $|\Omega| > \Omega_h$ 各处为零。

(2)抽样频率不能过低,必须保证 $\Omega_s > 2\Omega_h$(或 $f_s > 2f_h$)。也就是说取样频率要足够大,采得的样值要足够多,才能恢复原信号。

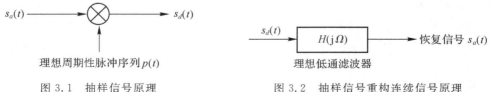

图 3.1　抽样信号原理　　　　　　图 3.2　抽样信号重构连续信号原理

由图 3.1 可知,对一个连续信号 $s_a(t)$ 进行理想抽样的过程可表示为

$$s_d(t) = s_a(t) \cdot p(t) \tag{3-1}$$

其中: $s_d(t)$ 为 $s_a(t)$ 的理想抽样; $p(t)$ 为理想周期性脉冲序列,即

$$p(t) = \sum_{n=-\infty}^{+\infty} \delta(t - nT) \tag{3-2}$$

其中, T 为抽样周期。

假设 $s_a(t)$ 的傅里叶变换为 $\hat{S}_a(\mathrm{j}\Omega)$,则 $s_d(t)$ 的傅里叶变换 $\hat{S}_d(\mathrm{j}\Omega)$ 为

$$\hat{S}_d(\mathrm{j}\Omega) = \frac{1}{T} \sum_{m=-\infty}^{\infty} \hat{S}_a \left[\mathrm{j}(\Omega - m\Omega_s) \right] \tag{3-3}$$

式(3-3)表明, $\hat{S}_d(\mathrm{j}\Omega)$ 为 $\hat{S}_a(\mathrm{j}\Omega)$ 的周期延拓,其延拓周期为抽样角频率 $\left(\Omega_s = \dfrac{2\pi}{T} \right)$ 。只有满足抽样定理时,才不会发生频率混叠失真。图 3.3 给出了三种不同抽样频率下的频谱图。

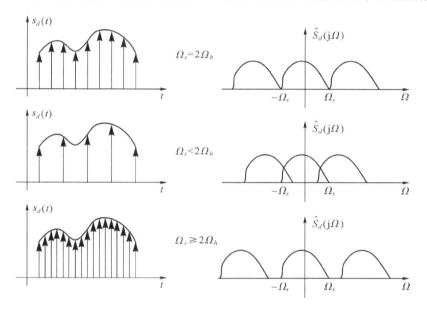

图 3.3　不同抽样频率下的抽样后信号频谱

3.2.2　连续信号的重构

设信号 $s_a(t)$ 被抽样后形成的抽样信号为 $s_d(t)$,信号的重构是指由 $s_d(t)$ 经过内插处理后,恢复出原来信号 $s_a(t)$ 的过程,又称为信号恢复。若设 $s_a(t)$ 是带限信号,截止频率为 Ω_h ,经周期为 T 的理想周期性抽样脉冲串抽样后频谱为 $\hat{S}_d(\mathrm{j}\Omega)$ 。则由式(3-3)知 $\hat{S}_d(\mathrm{j}\Omega)$ 是以 Ω_s 为周期的频谱。现选取一个频率特性如式(3-4)所示的理想低通滤波器(如图 3.2 所示)与 $\hat{S}_d(\mathrm{j}\Omega)$ 相乘,得到的频谱即为原信号的频谱 $\hat{S}_a(\mathrm{j}\Omega)$ 。

$$H(\mathrm{j}\Omega) = \begin{cases} T, & |\Omega| \leqslant \dfrac{\Omega_s}{2} \\ 0, & |\Omega| > \dfrac{\Omega_s}{2} \end{cases} \tag{3-4}$$

31

由 $\hat{S}_a(j\Omega) = \hat{S}_d(j\Omega)H(j\Omega)$ 可知，与之对应的时域表达式为

$$s(t) = h(t) * s_d(t) \tag{3-5}$$

而已知 $s_d(t) = s_a(t)\sum_{n=-\infty}^{\infty}\delta(t-nT) = \sum_{n=-\infty}^{\infty}s_a(nT)\delta(t-nT)$

$$h(t) = F^{-1}\big[H(j\Omega)\big] = \frac{\sin\left(\dfrac{\pi t}{T}\right)}{\dfrac{\pi t}{T}} \tag{3-6}$$

将 $h(t)$ 及 $s_d(t)$ 代入式(3-5)得

$$s(t) = s_a(t) * \frac{\sin\left(\dfrac{\pi t}{T}\right)}{\dfrac{\pi t}{T}} = \sum_{n=-\infty}^{\infty}s_a(nT)\frac{\sin\left[\dfrac{\pi(t-nT)}{T}\right]}{\dfrac{\pi(t-nT)}{T}} \tag{3-7}$$

式(3-7)即为内插公式，函数 $\text{sinc}(x) = \dfrac{\sin(x)}{x}$ 亦称为内插函数。内插公式(3-7)表明，模拟信号 $s_a(t)$ 等于各抽样点函数 $s_a(nT)$ 乘以对应内插函数的总和，即只要抽样频率高于信号频率的两倍，模拟信号就可用它的抽样信号代表，而不会丢失任何信息，是一种无失真的恢复。

3.3　预习与参考

3.3.1　相关 MATLAB 函数

eval( )：将括号内的字符串视为语句并运行。

figure：重新开辟图形窗口命令。

$Y = \text{sinc}(x)$：抽样函数，$\text{sinc}(x) = \dfrac{\sin(\pi x)}{\pi x}$。

line($[X_1,X_2]$,$[Y_1,Y_2]$)：绘制直线函数。输入参数 X_1 和 Y_1 表示所需绘制直线的起始坐标；X_2 和 Y_2 表示直线终点的坐标。

$y = \text{conv}(x,h)$：卷积和计算函数。输入参数 x、h 分别表示需要计算卷积的两个序列；输出参数 y 表示卷积和计算结果。

3.3.2　MATLAB 实现

1.时域抽样频率与频谱混叠

对于一个严格带限的连续信号 $x_a(t)$，要想对 $x_a(t)$ 抽样后能够不失真地还原出原模拟信号，则抽样频率 f_s（或 Ω_s）必须大于等于两倍信号谱的最高频率 f_h（或 Ω_h），即 $f_s \geqslant 2f_h$。

【例 3-1】 设连续信号 $x_a(t) = Ae^{-\alpha t}\sin\Omega_0 t \cdot u(t)$，其中 $A = 444.128$，$\Omega_0 = \alpha = 50\sqrt{2}\pi$。若分别以抽样频率 $f_s = 1000\,\text{Hz}$、$400\,\text{Hz}$、$200\,\text{Hz}$ 进行等间隔抽样，计算并图示三种抽样频率下的抽样信号 $x(n)$ 及其幅频特性函数 $|\hat{X}(j\Omega)|$，观察 $\hat{X}(j\Omega)$ 的周期以及频谱混叠程度与 f_s 的关系。

解 对 $x_a(t)$ 进行等间隔抽样，得到 $x(n) = x_a(nT) = x_a(t)\big|_{t=nT}$，$T = \dfrac{1}{f_s}$ 为抽样周期。

由式(3-3)可知，抽样信号的频谱是原模拟信号频谱的周期延拓，延拓周期为 $\Omega_s = \dfrac{2\pi}{T}$。对于频带限于 f_h 的模拟信号 $x_a(t)$，由奈奎斯特抽样定理，只有当 $f_s \geqslant 2f_h$ 时，抽样后 $\hat{X}(j\Omega)$ 才不会发生频谱混叠失真。

严格地讲，MATLAB 无法计算连续函数 $\hat{X}_a(j\Omega)$，因为 $\hat{X}_a(j\Omega) = \displaystyle\int_{-\infty}^{\infty} x(t)e^{-j\Omega t}\mathrm{d}t$，但工程上可以认为，当 f_s 足够大时，$\hat{X}_a(j\Omega) \approx \displaystyle\sum_n x(nT)e^{-j\Omega nt} \cdot T$，频谱混叠可忽略不计。因此，在下面的程序中，分别设定 4 种抽样频率，得到抽样序列 $x_a(t)$、$x_1(t)$、$x_2(t)$ 和 $x_3(t)$，分别画出它们的幅度频谱（为了便于比较，画出了幅值归一化的幅频曲线）。抽样时间区间均为 0.1 秒。

```
clear;close all;clc
fs=10000;fs1=1000;fs2=400;fs3=200;              %设置 4 种抽样频率
%求近似模拟信号频谱
t=0:1/fs:0.1;                                    %采集信号长度为 0.1 秒
A=444.128;a=50*sqrt(2)*pi;b=a;                   %连续信号 xₐ(t) 的参数
xa=exp(-a*t).*sin(b*t);
k=0:511;f=fs*k/512;                              %由 wk=2πk/512=2πfT 求得模拟频率 f
w=2*pi*k/512;
Xa=xa*exp(-j*[1:length(xa)]'*w);                 %近似模拟信号频谱
%求抽样频率为 1kHz 时抽样信号频谱
T1=1/fs1;t1=0:T1:0.1;                            %采集信号长度为 0.1 秒
x1=A*exp(-a.*t1).*sin(b*t1);                     %1kHz 抽样序列 x1(n)
X1=x1*exp(-j*[1:length(x1)]'*w);                 %x1(n)的 512 点 DTFT
%求抽样频率为 400Hz 时抽样信号频谱
T2=1/fs2;t2=0:T2:0.1;                            %采集信号长度为 0.1 秒
x2=A*exp(-a.*t2).*sin(b.*t2);                    %400Hz 抽样序列 x2(n)
X2=x2*exp(-j*[1:length(x2)]'*w);                 %x2(n)的 512 点 DTFT
%求抽样频率为 200Hz 时抽样信号频谱
T3=1/fs3;t3=0:T3:0.1;                            %采集信号长度为 0.1 秒
x3=A*exp(-a.*t3).*sin(b.*t3);                    %200Hz 抽样序列 x3(n)
X3=x3*exp(-j*[1:length(x3)]'*w);                 %x3(n)的 512 点 DTFT
figure(1);
subplot(2,2,1);plot(t,xa);
```

```
axis([0,max(t),min(xa),max(xa)]);title('模拟信号');
xlabel('t(s)');ylabel('Xa(t)');line([0,max(t)],[0,0])
subplot(2,2,2);plot(f,abs(Xa)/max(abs(Xa)));
title('模拟信号的幅度频谱');axis([0,500,0,1])
xlabel('f(Hz)');ylabel('|Xa(jf)|');
subplot(2,2,3);stem(t1,x1,'.');
line([0,max(t1)],[0,0]);axis([0,max(t1),min(x1),max(x1)])
title('抽样序列 x1(n)(fs1=1kHz)');xlabel('n');ylabel('X1(n)');
f1=fs1*k/512;
subplot(2,2,4);plot(f1,abs(X1)/max(abs(X1)));
title('x1(n)的幅度谱');xlabel('f(Hz)');ylabel('|X1(jf)|');
figure(2);
subplot(2,2,1);stem(t2,x2,'.');
line([0,max(t2)],[0,0]);axis([0,max(t2),min(x2),max(x2)]);
title('抽样序列 x2(n)(fs2=400Hz)');xlabel('n');ylabel('X2(n)');
f=fs2*k/512;
subplot(2,2,2);plot(f,abs(X2)/max(abs(X2)));
title('x2(n)的幅度谱');xlabel('f(Hz)');ylabel('|X2(jf)|');
subplot(2,2,3);stem(t3,x3,'.');
line([0,max(t3)],[0,0]);axis([0,max(t3),min(x3),max(x3)]);
title('抽样序列 x3(n)(fs3=200Hz)');xlabel('n');ylabel('X3(n)');
f=fs3*k/512;
subplot(2,2,4);plot(f,abs(X3)/max(abs(X3)));
title('x3(n)的幅度谱');xlabel('f(Hz)');ylabel('|X3(jf)|');
```

程序运行结果如图 3.4 所示。从图中可以看出,当 $f \geqslant 500\mathrm{Hz}$ 时,$|X_a(\mathrm{j}\Omega)|$ 的值很小。所以,$f_s=1\mathrm{kHz}$ 的抽样序列 $x_1(n)$ 的频谱混叠很小;而 $f_s=400\mathrm{Hz}$ 时,$x_2(n)$ 的频谱混叠较大;$f_s=200\mathrm{Hz}$ 时,$x_3(n)$ 的频谱混叠最严重。

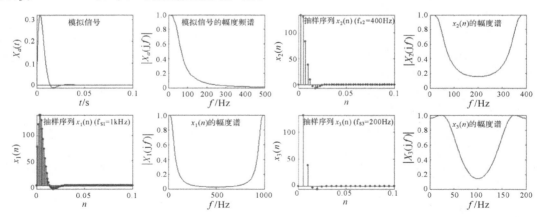

图 3.4　模拟信号的抽样及其频谱

2. 由离散序列恢复模拟信号

所谓连续信号恢复(或重构)就是根据离散点的抽样序列 $x(n) = x_a(nT)$ 估算抽样点之间的连续信号值,这一估算过程是通过时域内插公式(3-7)来实现的。

【**例 3-2**】 利用例 3-1 中的抽样值恢复 $x_a(t)$,观察恢复波形,计算出最大恢复误差。抽样频率 f_s 取 400 Hz 及 1000 Hz 两种做比较。

解 插函数 $g(t) = \mathrm{sinc}\left(\dfrac{\pi t}{T}\right)$ 是一个连续时间函数,MATLAB 不能产生连续函数。但可以把 t 数组取得足够密,使在一个抽样周期 T 中,插入 m 个点,使 $\mathrm{d}t = \dfrac{T}{m}$,就可以近似地将 $g(t) = \mathrm{sinc}\left(\dfrac{\pi t}{T}\right)$ 看作连续波形。

根据式(3-7)内插公式,用 MATLAB 实现的程序为

```
clear;close all;clc;
A=444.128;a=50 * sqrt(2) * pi;b=a;                 %连续信号的参数
for k=1:2
      if k==1 Fs=400;                               %抽样频率
      elseif k==2 Fs=1000;end
      T=1/Fs;dt=T/3;                                %每个抽样间隔 T 上 g(t)取三个样点
      Tp=0.03;                                      %重构时间区间为[0,0.03]s
      t=0:dt:Tp;                                    %生成序列 t
      n=0:Tp/T;                                     %生成序列 n
      TMN=ones(length(n),1) * t-n' * T * ones(1,length(t));   %生成 TMN 矩阵
      x=A * exp(-a. * n * T). * sin(b * n * T);     %生成模拟信号抽样序列 x(n)
      xa=x * sinc(Fs * TMN);                        %内插公式
      subplot(2,1,k);plot(t,xa);hold on;            %绘制重构信号
      axis([0,max(t),min(xa)-10,max(xa)+10]);
      st1=sprintf('由 Fs=%d',Fs);st2='Hz 抽样序列 x(n)重构的信号';
      ylabel('x_a(t)');
      st=[st1,st2];title(st)
      xo=A * exp(-a. * t). * sin(b * t);            %以 3Fs 对原始模拟信号抽样
      stem(t,xo,'.');line([0,max(t)],[0,0]);        %绘制抽样信号
      emax2=max(abs(xa-xo))                         %计算重构误差
end
```

该程序运行结果如图 3.5 所示,输出最大重构误差为

```
emax2=27.7015
emax2=9.9436
```

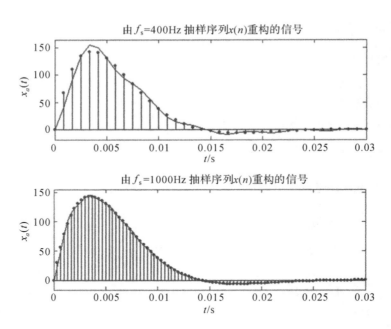

图 3.5　用 sinc 函数内插重构信号波形

可以看出，当抽样频率 f_s 取 1000Hz 时，重构误差较小，这说明重构原信号的精确度较高。值得注意的是，由于已经假设是一个有限抽样数，所以要通过重构得到准确的原始信号是不可能的。

【例 3-3】　已知信号 $f(t) = \sin(120\pi t) + \cos(50\pi t) + \cos(60\pi t)$，试求：

（1）画出该连续时间信号的时域波形及其幅频特性曲线；

（2）对信号进行抽样，得到抽样序列，画出抽样频率分别为 80Hz、120Hz、150Hz 时的抽样序列波形；

（3）对不同抽样频率下的抽样序列进行频谱分析，绘制其幅频曲线，对比不同抽样频率下抽样序列和幅频曲线有无差别；

（4）由抽样序列恢复出连续时间信号，画出其时域波形，与原连续时间信号的时域波形对比。

解　此题是用 MATLAB 验证奈奎斯特抽样定理，连续信号的最高频率 $f_{max} = 60$Hz。因为连续信号无法用计算机处理，所以把连续变量看成间隔为非常小的离散变量来绘制连续信号波形；整个验证过程分为抽样和恢复两个过程，尽管每次抽样频率不同，但执行的过程都是相同的，对于同样的重复操作，可以采用 M 文件函数来实现，下面分别用 caiyang（　）函数命令和 huifu（　）函数命令来实现抽样和信号的恢复操作。

（1）实现抽样频谱分析函数 caiyang（　）

其程序代码如下：

```
function fz=caiyang(fy,fs)
%实现抽样频谱分析绘图函数
```

%第一个输入变量 fy 是原信号函数,信号函数 fy 以字符串的格式输入
%第二个输入变量 fs 是抽样频率

```
fs0=10000;tp=0.1;                          %模拟信号的抽样率及持续时间
t=[-tp:1/fs0:tp];
k1=0:999;k2=-999:-1;
m1=length(k1);m2=length(k2);
f=[fs0*k2/m2,fs0*k1/m1];                    %设置原信号的频率数组
w=[-2*pi*k2/m2,2*pi*k1/m1];
fx1=eval(fy);
%求原信号的离散时间傅里叶变换
FX1=fx1*exp(-j*[1:length(fx1)]'*w);
figure;
%画原信号波形
subplot(2,1,1);plot(t,fx1,'r');
title('原信号');xlabel('时间 t/s');
axis([min(t),max(t),min(fx1),max(fx1)]);
%画原信号幅度频谱
subplot(2,1,2);plot(f,abs(FX1),'r')
title('原信号幅度频谱');xlabel('频率 f/Hz');
axis([-100,100,0,max(abs(FX1))+5]);
%对信号进行抽样
Ts=1/fs;                                   %抽样周期
t1=-tp:Ts:tp;                              %抽样时间序列
f1=[fs*k2/m2,fs*k1/m1];                    %设置抽样信号的频率数组
t=t1;                                      %变量替换
fz=eval(fy);                               %获取抽样序列
FZ=fz*exp(-j*[1:length(fz)]'*w);           %抽样信号的离散时间傅里叶变换
figure;
%画抽样序列波形
subplot(2,1,1);stem(t,fz,'.');
title('抽样信号');xlabel('时间 t/s');
line([min(t),max(t)],[0,0]);
%画抽样信号幅度频谱
subplot(2,1,2);plot(f1,abs(FZ),'m');
title('抽样信号幅度频谱');xlabel('频率 f/Hz');
```

(2)信号的恢复及频谱函数 huifu(　)
其程序代码如下:

```
function fh=huifu(fz,fs)
%信号的恢复及频谱函数
%第一个输入变量 fz 是抽样序列
```

```
%第二个输入变量 fs 是得到抽样序列所用的抽样频率
T=1/fs;dt=T/10;
tp=0.1;t=-tp:dt:tp;
n=-tp/T:tp/T;
TMN=ones(length(n),1)*t-n'*T*ones(1,length(t));
fh=fz*sinc(fs*TMN);                        %由抽样信号恢复原信号
k1=0:999;k2=-999:-1;
m1=length(k1);m2=length(k2);
w=[-2*pi*k2/m2,2*pi*k1/m1];
FH=fh*exp(-j*[1:length(fh)]'*w);           %恢复后的信号的离散时间傅里叶变换
figure;
%画恢复后的信号的波形
subplot(2,1,1);plot(t,fh,'g');
st1=sprintf('由抽样频率 f-s=%d',fs);
st2='恢复后的信号';
st=[st1,st2];
title(st);xlabel('时间 t/s');
axis([min(t),max(t),min(fh),max(fh)]);
line([min(t),max(t)],[0,0]);               %画重构信号的幅度频谱
f=[10*fs*k2/m2,10*fs*k1/m1];               %设置频率数组
subplot(2,1,2);plot(f,abs(FH),'g');
title('恢复后信号的频谱');xlabel('频率 f/Hz');
axis([-100,100,0,max(abs(FH))+2]);
```

这样,三次调 caiyang( )函数、huifu( )函数的主程序如下:

```
f1='sin(2*pi*60*t)+cos(2*pi*25*t)+cos(2*pi*30*t)';    %输入一个信号
fs0=caiyang(f1,80);                %频率 $f_s < 2f_{max}$,欠抽样
fr0=huifu(fs0,80);
fs1=caiyang(f1,120);               %频率 $f_s = 2f_{max}$,临界抽样
fr1=huifu(fs1,120);
fs2=caiyang(f1,150);               %频率 $f_s > 2f_{max}$,过抽样
fr2=huifu(fs2,150);
```

程序运行结果如图 3.6 至图 3.12 所示。当频率 $f_s < 2f_{max}$ 时,为原信号的欠抽样信号和恢复,抽样频率不满足时域抽样定理,那么频移后的各相邻频谱会发生相互重叠,这样就无法将它们分开,因而也不能再恢复原信号,图 3.7 和图 3.8 也验证了这一点。

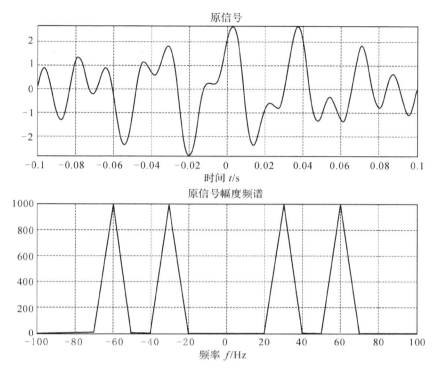

图 3.6 原信号及其频谱

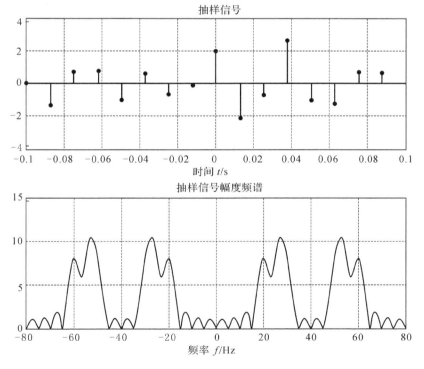

图 3.7 抽样频率为 80 Hz 的信号及频谱

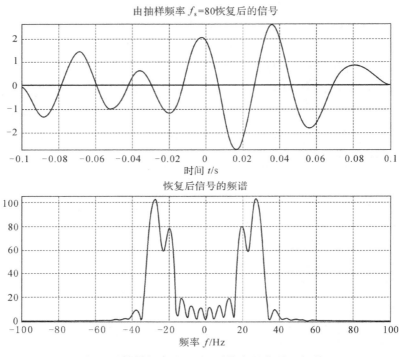

图 3.8　抽样频率为 80 Hz 时恢复的信号及频谱

当频率 $f_s = 2f_{max}$ 时,为原信号的临界抽样信号和恢复,图 3.9 为其抽样的离散波形和频谱,从图 3.10 恢复后信号和原信号对比可知,此时只恢复了低频信号,高频信号未能恢复。

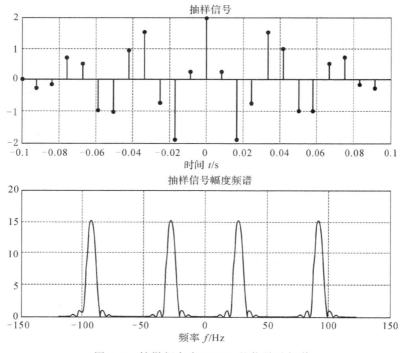

图 3.9　抽样频率为 120 Hz 的信号及频谱

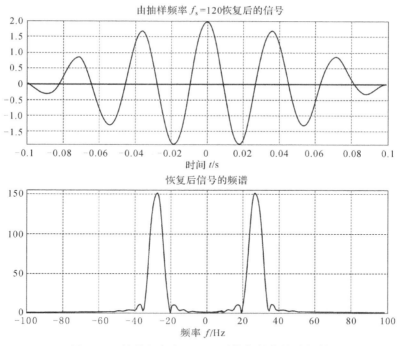

图 3.10   抽样频率为 120 Hz 时恢复的信号及频谱

当频率 $f_s > 2f_{max}$ 时，为原信号的过抽样信号和恢复，由图 3.11 的抽样信号离散波形和频谱，可以看出抽样信号的频谱是原信号频谱进行周期延拓形成的，从图 3.12 抽样恢复后的波形和频谱，可看出其与原信号误差很小了，说明恢复信号的精度已经很高。

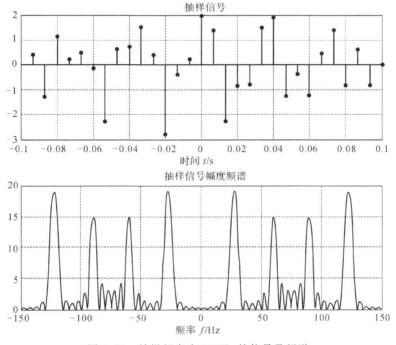

图 3.11   抽样频率为 150 Hz 的信号及频谱

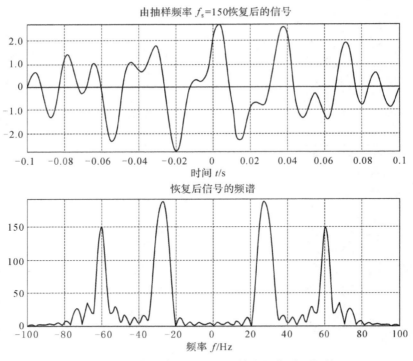

图 3.12　抽样频率为 150 Hz 时恢复的信号及频谱

至于当抽样频率 $f_s = 2f_{\max}$ 和抽样频率 $f_s > 2f_{\max}$ 时,按照奈奎斯特定理,应该能够恢复出原始信号,而实验结果显示恢复结果与原始信号略有差距,造成这种情况的原因是我们不能用计算机处理连续信号,在对图 3.6 中的原信号进行离散化处理时,造成了这种偏差。

3.3.3　应用实例

由抽样值 $x(n)$ 重构 $x_a(t)$ 的流程如图 3.13 所示。

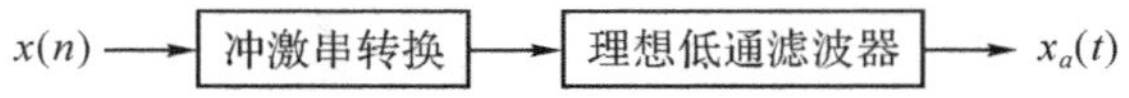

$$x(n) \longrightarrow \boxed{冲激串转换} \longrightarrow \boxed{理想低通滤波器} \longrightarrow x_a(t)$$

图 3.13　离散信号重构连续信号流程

首先,将抽样值转换为一个加权的冲激串,即

$$\sum_{n=-\infty}^{\infty} x(n)\delta(t-nT) = \cdots + x(-1)\delta(t+T) + x(0)\delta(t) + x(1)\delta(t-T) + \cdots \quad (3\text{-}8)$$

然后,将该冲激串经由一个带宽限制到 $\left[-\dfrac{\Omega_s}{2}, \dfrac{\Omega_s}{2}\right]$ 的理想模拟低通滤波器过滤。整个重构过程在数学上用式(3-9)来描述,即

$$x_a(t) = \sum_{n=-\infty}^{\infty} x(n)\,\text{sinc}\left[\frac{\pi(t-nT)}{T}\right] \quad (3\text{-}9)$$

事实上,式(3-9)所表示的是一个理想内插的重构。由于整个系统是非因果的,因此,在实际应用中是不可实现的,需要一个实际的模拟低通滤波器去替代理想低通滤波器。

对式(3-9)的一种解释是:它是一个无穷阶的内插。而要用一个限阶(事实上是低阶)的内插来取代它,可以有几种途径来实现。

1.零阶保持(ZOH)内插

零阶保持(ZOH)内插是指一个给定样本值在样本间隔内一直保持到下一个样本被接收到为止,即

$$\hat{x}_a(t) = x(n), \qquad nT \leqslant n < (n+1)T \tag{3-10}$$

这可以将冲激串通过如式(3-11)所示形式的内插滤波器过滤而得到,即

$$h_0(t) = \begin{cases} 1, & 0 \leqslant t < T \\ 0, & \text{其他} \end{cases} \tag{3-11}$$

由于 $h_0(t)$ 是一个矩形脉冲,所获得的信号是一个分段常数(阶梯)的波形,因此,对于要求准确的波形重建就需要一个适当设计的模拟后置滤波器,如图 3.14 所示。

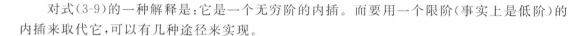

图 3.14　离散信号重构连续信号时设置后置滤波器

2.一阶保持(FOH)内插

一阶保持(FOH)内插是指相邻样本点用直线相连。这时,将冲激串通过如式(3-12)所示形式的滤波器过滤。

$$h_1(t) = \begin{cases} 1 + \dfrac{t}{T}, & 0 \leqslant t < T \\ 1 - \dfrac{t}{T}, & T \leqslant t \leqslant 2T \\ 0, & \text{其他} \end{cases} \tag{3-12}$$

当然,对于精确重建来说还是需要一个适当设计的模拟后置滤波器。

3.三次样条内插

三次样条内插是 MATLAB 提供的一种特别有用的内插方式,函数命令为 spline( )。它是通过利用一组分段连续的三阶多项式(称为三次样条)得到的,即

$$x_a(t) = a_0(n) + a_1(n)(t-nT) + a_2(n)(t-nT)^2 + a_3(n)(t-nT)^3 \tag{3-13}$$

其中:$nT \leqslant n < (n+1)T$;$\{a_i(n), 0 \leqslant i \leqslant 3\}$ 是多项式系数,它们是由样本值通过应用最小二乘法分析确定的。

三次样条内插方式利用样条内插器得到一个更加平滑但不一定是更加准确,在样本之间对模拟信号的估计。因此,这种内插不要求一个模拟后置滤波器。

【例 3-4】 设 $x_a(t) = e^{-1000|t|}$,若用抽样频率 $f_s = 5000\text{Hz}$ 对它抽样,试分别用理想内插和三次样条内插,分析不同重构方法的重建误差。

解　MATLAB 程序如下:

```
clear;clc;close all
fs=5000;ts=1/fs;
n=-25∶1∶25;nts=n*ts;x=exp(-1000*abs(nts));
dt=0.00005;t=-0.005∶dt∶0.005;
%对式(3-9),调用 sinc(  ),采用矩阵向量乘法实现
xa1=x*sinc(fs*(ones(length(n),1)*t-nts'*ones(1,length(t))));
xa2=spline(nts,x,t);                        %调用三次样条插值函数
error1=max(abs(xa1-exp(-1000*abs(t))))      %求理想内插重构误差
error2=max(abs(xa2-exp(-1000*abs(t))))      %求三次样条内插重构误差
subplot(2,1,1);plot(t*1000,xa1);hold on;
stem(n*ts*1000,x);hold off;title('理想内插重构');
ylabel('x_a_1(t)');                         %绘制重构信号 xa1(t)
subplot(2,1,2);plot(t*1000,xa2);hold on;
stem(n*ts*1000,x);hold off;title('三次样条内插重构');
xlabel('t');ylabel('x_a_2(t)');             %绘制重构信号 xa2(t)
```

程序运行结果如图 3.15 所示,重构误差分别为

error1=0.0363
error2=0.0317

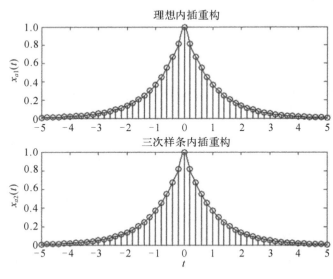

图 3.15   sinc 函数和 spline 函数重构信号

利用理想内插函数 sinc 重建的和真正的模拟信号之间的最大误差是 0.0363,这是由于 $x_a(t)$ 不是严格带限而产生的,况且它还是一个有限的样本数。从图 3.15 可以看到,重构是很成功的。由三次样条内插函数 spline 重建的和真正的模拟信号之间的最大误差是 0.0317,这是由非理想内插以及 $x_a(t)$ 非带限造成的。与 sinc(即理想)内插的结果相比,

spline 重建误差较小。由于时限（或者说由于有限个样本数）的原因，一般来说理想内插会更差一些。

3.4 实验内容

1.设模拟信号为 $x_a(t) = e^{-1000|t|}$：

(1)画出 $x_a(t)$ 的时域波形及其幅频特性曲线；

(2)若用两种不同的抽样频率 $f_{s1} = 5000\,\text{Hz}$、$f_{s2} = 1000\,\text{Hz}$ 分别对 $x_a(t)$ 抽样，试分别求出并画出抽样得到的序列 $x_1(n)$、$x_2(n)$ 的频谱 $X_1(e^{j\omega})$、$X_2(e^{j\omega})$；

(3)分别利用抽样值 $x_1(n)$、$x_2(n)$ 重建 $x_a(t)$，并对结果进行讨论。

2.已知信号 $f(t) = 1 + \cos(2000\pi t) + 2\sin(4000\pi t)$：

(1)画出 $f(t)$ 的时域波形及其幅频特性曲线；

(2)不失真地恢复出 $f(t)$ 的最小抽样频率是多少？绘制出此抽样频率抽样后的序列及其幅频特性曲线；

(3)由抽样序列恢复出连续时间信号，画出其时域波形，与原连续时间信号的时域波形进行对比。

3.考虑模拟信号 $x_a(t) = \cos(20\pi t + \theta)$，$0 \leqslant t \leqslant 1$，用 $T_s = 0.05\,\text{s}$ 的间隔对它抽样得到 $x(n)$。

(1)利用 plot(n,x,'o') 函数画出 $x_a(t)$，并将 $x(n)$ 也叠画在 $x_a(t)$ 上；

(2)利用 sinc 内插（用 $\Delta t = 0.001\,\text{s}$）从抽样值 $x_2(n)$ 重构模拟信号 $x_a(t)$，并将 $x(n)$ 也叠画在 $y_a(t)$ 上；

(3)采用三次样条内插从抽样值 $x(n)$ 重构模拟信号 $y_a(t)$，并将 $x(n)$ 也叠画在 $y_a(t)$ 上；

(4)通过观察会发现，在每种情况下所得重建都有正确的频率但有不同的幅度，试对此做解释。对 $x_a(t)$ 的相位在信号抽样和重建中的作用给予讨论。

3.5 实验要求

1.实验前必须进行充分的预习，熟悉实验内容；

2.实验报告中应简述实验目的和原理；

3.实验报告中应附上实验程序；

4.总结对连续信号抽样恢复的主要步骤，思考哪些环节容易导致恢复的信号与原信号不同。

用 Z 变换分析系统特性

4.1 实验目的

本实验结合理论教学内容,学习和掌握利用变换分析系统特性的方法,加深对系统函数、零极点分布对系统特性的影响,以及离散系统的频率响应分析的理解。

4.2 实验原理

4.2.1 Z变换和Z逆变换

离散时间信号 $x(n)$ 的 Z 变换定义为

$$X(z) = \sum_{n=-\infty}^{+\infty} x(n)z^{-n} \tag{4-1}$$

由 Z 变换表达式及相应的收敛域(ROC)求原序列 $x(n)$ 的过程称为 Z 逆变换。求逆变换一般有三种方法:围线积分法、部分分式法和长除法。在本教程中只讨论部分分式法。

当 $X(z)$ 是 z 的有理分式时,一般可以表示为

$$X(z) = \frac{B(z)}{A(z)} = \frac{\sum_{i=0}^{M} b_i z^{-i}}{1 + \sum_{i=1}^{N} b_i z^{-i}} = X_1(z) + X_2(z) + \cdots + X_k(z) \tag{4-2}$$

其中,$A(z)$、$B(z)$ 都是变量 z 的实数系数多项式,且没有公因式。当将 $X(z)$ 展开成式(4-2)所示的部分分式形式后,对每一个部分分式求 Z 逆变换,最后将每个逆变换加起来,就可以得到所求的 $x(n)$。

4.2.2 离散系统的系统函数与系统特性

线性时不变离散系统(LTI)可用线性常系数差分方程描述为

$$\sum_{k=0}^{N} a_k y(n-k) = \sum_{k=0}^{M} b_k x(n-k) \tag{4-3}$$

其中：$y(n)$ 为系统的输出序列；$x(n)$ 为输入序列。

将式(4-3)两边进行 Z 变换得

$$H(z) = \frac{Y(z)}{X(z)} = \frac{\sum\limits_{k=0}^{M} b_k z^{-k}}{\sum\limits_{k=0}^{N} a_k z^{-k}} = \frac{B(z)}{A(z)} \tag{4-4}$$

将式(4-4)进行因式分解后有

$$H(z) = K \frac{\prod\limits_{k=1}^{M}(1 - c_k z^{-1})}{\prod\limits_{i=1}^{N}(1 - p_i z^{-1})} \tag{4-5}$$

其中：K 为常数；$c_k(k = 1, 2, \cdots, M)$ 为 $H(z)$ 的 M 个零点；$p_i(i = 1, 2, \cdots, N)$ 为 $H(z)$ 的 N 个极点。

系统函数 $H(z)$ 的零极点分布完全决定了系统的特性，若某系统函数的零极点已知，则系统函数便可确定下来。

因此，系统函数的零极点分布对离散系统特性的分析具有非常重要的意义。通过对系统函数零极点的分析，可以从系统单位冲激响应 $h(n)$ 的时域特性、离散系统的稳定性、离散系统的频域特性等方面分析离散系统的特性。

1.离散系统零极点分布与系统的因果稳定性

（1）离散系统稳定的条件

时域条件：离散系统稳定的充要条件是，系统单位冲激响应 $h(n)$ 绝对可和，即 $\sum\limits_{n=-\infty}^{+\infty} |h(n)| < \infty$。

Z 域条件：离散系统稳定的充要条件为系统函数 $H(z)$ 的所有极点均位于 z 平面的单位圆内。

（2）离散系统为因果系统的条件

时域条件：离散系统为因果系统的充要条件为 $h(n), n < 0$。

Z 域条件：因果系统的收敛域(ROC)包含 $z = \infty$ 在内。

2.零极点分布与系统单位冲激响应的时域特性关系

离散系统的系统函数 $H(z)$ 与单位冲激响应 $h(n)$ 是一对 Z 变换对，因而，$H(z)$ 必然包含了 $h(n)$ 的固有特性。离散系统的系统函数可以写为

$$H(z) = K \frac{\prod\limits_{k=1}^{M}(z - c_k)}{\prod\limits_{i=1}^{N}(z - p_i)} \tag{4-6}$$

若系统的 N 个极点均为单极点，$N > M$，可将 $H(z)$ 进行部分分式展开，即

$$H(z) = \sum_{i=1}^{N} \frac{k_i z}{z - p_i} \tag{4-7}$$

若系统为因果系统，由 Z 逆变换得

$$h(n) = \sum_{i=1}^{N} k_i (p_i)^n u(n) \tag{4-8}$$

从式(4-7)和(4-8)可以看出，离散系统的单位冲激响应 $h(n)$ 的时域特性完全由系统函数 $H(z)$ 的极点位置决定。总结的规律如下：

(1) 位于 z 平面单位圆内的极点决定了 $h(n)$ 随时间衰减的信号分量；

(2) 位于 z 平面单位圆上的一阶极点决定了 $h(n)$ 的稳定信号分量；

(3) 位于 z 平面单位圆外的极点或单位圆上高于一阶的极点决定了 $h(n)$ 随时间增长的信号分量。

3. 系统函数的零极点对系统频率响应的影响

系统频率响应 $H(e^{j\omega})$ 定义为单位圆上的系统函数，即

$$H(e^{j\omega}) = H(z) \big|_{z=e^{j\omega}} = \sum_{n=-\infty}^{+\infty} h(n) e^{-j\omega n} \tag{4-9}$$

也可以将系统频率响应 $H(e^{j\omega})$ 表示为

$$H(e^{j\omega}) = |H(e^{j\omega})| e^{j\phi(\omega)} \tag{4-10}$$

其中：$|H(e^{j\omega})|$ 称为离散系统的幅度响应；$\phi(\omega)$ 称为离散系统的相位响应。

$H(e^{j\omega})$ 是以 2π 为周期的周期函数，只要分析 $H(e^{j\omega})$ 在 $|\omega| \leqslant \pi$ 范围内的情况，便可分析出系统的整个频域特性。

由式(4-5)可得

$$H(e^{j\omega}) = H(z) \big|_{z=e^{j\omega}} = K \frac{\prod_{k=1}^{M} (1 - c_k e^{-j\omega})}{\prod_{i=1}^{N} (1 - p_i e^{-j\omega})}$$

$$= K e^{j(N-M)\omega} \frac{\prod_{k=1}^{M} (e^{j\omega} - c_k)}{\prod_{i=1}^{N} (e^{j\omega} - p_i)} = |H(e^{j\omega})| e^{j\phi(\omega)} \tag{4-11}$$

其中幅度响应和相位响应分别为

$$|H(e^{j\omega})| = |K| \frac{\prod_{k=1}^{M} |(e^{j\omega} - c_k)|}{\prod_{i=1}^{N} |(e^{j\omega} - p_i)|} \tag{4-12}$$

$$\phi(\omega) = \arg[K] + \sum_{k=1}^{M} \arg[e^{j\omega} - c_k] - \sum_{i=1}^{N} \arg[e^{j\omega} - p_i] + (N-M)\omega \tag{4-13}$$

式(4-12)表示系统的幅度响应等于零点至 $e^{j\omega}$ 点矢量长度之积除以各极点至 $e^{j\omega}$ 点矢量长度之积，再乘以常数 K。式(4-13)表示系统的相位响应等于零点至 $e^{j\omega}$ 点矢量的相角之和

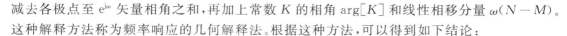

减去各极点至 $e^{j\omega}$ 矢量相角之和,再加上常数 K 的相角 $\arg[K]$ 和线性相移分量 $\omega(N-M)$。这种解释方法称为频率响应的几何解释法。根据这种方法,可以得到如下结论:

(1) 在原点处的极点或零点至单位圆的距离大小不变,其值为 $|e^{j\omega}|=1$,故对幅度响应不起作用;

(2) 单位圆附近的零点将对系统的幅度响应的凹谷的位置和深度有明显的影响;

(3) 单位圆内且靠近单位圆附近的极点将对系统的幅度响应的凸峰的位置和峰度有明显的影响。

4.离散系统的滤波特性

从频率角度来看,离散线性时不变系统(LTI)对输入信号的响应过程实质上是利用系统幅度响应 $|H(e^{j\omega})|$ 的大小,完成对信号频率成分的选择过程。系统在实现让某些频率分量通过的同时而让另一些频率成分得到抑制。根据 LTI 系统对频率的不同选择性,可将 LTI 系统分成以下几种滤波器。

(1) 低通滤波器:让信号的低频率成分通过而抑制信号的高频率成分。

(2) 高通滤波器:让信号的高频率成分通过而抑制信号的低频率成分。

(3) 带通滤波器:让信号中某一范围的频率成分通过而抑制其他频率成分。

(4) 带阻滤波器:抑制信号中的某一范围的频率成分而让其他频率成分通过;

(5) 全通滤波器:让信号的所有频率通过。

离散系统的相位响应 $\phi(\omega)$ 起到对信号频率成分的不同延时作用,因此,离散系统的相位响应 $\phi(\omega)$ 随频率 ω 的变化关系,决定了离散 LTI 系统是线性相位滤波器还是非线性相位滤波器。当相位响应 $\phi(\omega)$ 满足 $\phi(\omega)=\alpha\omega+\beta$ 或 $\phi(\omega)=\alpha\omega(\alpha、\beta$ 为常数) 时,系统具有线性相位响应特性,为线性相位滤波器;反之,则为非线性相位滤波器。

4.3　预习与参考

4.3.1　相关 MATLAB 函数

$y=\text{ztrans}(x)$:Z 变换函数。输入参数为进行 Z 变换的表达式。输出参数为 Z 变换的结果。

$y=\text{iztrans}(x)$:Z 逆变换函数。输入参数为进行 Z 逆变换的表达式。输出参数为 Z 逆变换的结果。

$[z,p,k]=\text{residuez}(b,a)$:有理多项式的部分分式展开函数。输入参数 $b、a$ 分别表示有理多项式的分子、分母系数。输出参数 $z、p、k$ 分别表示展开后的零点向量、极点向量及增益向量。

$\text{zplane}(z,p,k)$:绘制零极点图。输入参数 $z、p、k$ 分别表示系统函数的零点向量、极点向量和增益向量。

$\text{zplane}(b,a)$:绘制零极点图。输入参数 $b、a$ 分别表示系统函数的分子、分母系数。

$Y=\text{dlsim}(b,a,x)$:计算离散时间系统 $H(z)$ 的系统响应。输入参数 $b、a$ 分别表示 $H(z)$ 的分子、分母系数,x 表示输入信号。输出参数 y 表示系统的响应。当此函数不带输出参数时,可绘制出系统的输出响应曲线。

$h=\mathrm{dimpulse}(b,a)$：计算离散时间系统 $H(z)$ 的单位冲激响应。输入参数 b、a 分别是系统函数分子、分母系数。输出参数 h 是离散时间系统的单位冲激响应。此函数当不带输出变量时,可绘制出单位冲激响应曲线。

$[h,T]=\mathrm{dimpulse}(b,a)$：计算离散时间系统 $H(z)$ 的单位冲激响应函数。输入参数 b、a 分别是系统函数分子、分母系数。输出参数 h 是单位冲激响应的列向量；T 是时间变量。

$[h,T]=\mathrm{impz}(b,a,N)$：计算离散时间系统 $H(z)$ 的单位冲激响应。输入参数 b、a 分别是系统函数分子、分母系数。当 N 为整数向量时,仅计算 N 指定的整数点上的 $h(n)$。输出参数 h 是单位冲激响应的列向量；T 是时间变量。

$[H,W]=\mathrm{freqz}(b,a,N)$：求离散线性时不变系统的频率响应函数。输入参数 b、a 分别表示离散线性时不变系统的分子、分母系数,N 为在 $0\sim\pi$ 之间的频率抽样点数,默认 $N=512$。输出参数 H、W 分别表示频率响应向量和相应的频率。

4.3.2　MATLAB 实现

【例 4-1】　计算以下序列的 Z 变换：

①$x_1(n)=a^n u(n)$；②$x_2(n)=na^n$；③$x_3(n)=e^{j\omega_0 n}$。

解　此题可以直接调用 Z 变换函数 ztrans( ) 来进行计算,但要注意该函数只能对符号变量进行变换,因此在调用该函数之前应首先定义一些变量。MATLAB 程序如下：

```
syms w0 n z a        %定义 w0、n、z、a 为符号变量
x1=a^n;
x2=n*a^n;
x3=exp(j*w0*n);
X1=ztrans(x1)
X2=ztrans(x2)
X3=ztrans(x3)
```

程序运行结果如下：

```
X1=z/a/(z/a-1)
X2=z*a/(-z+a)^2
X3=z/exp(i*w0)/(z/exp(i*w0)-1)
```

【例 4-2】　求下列函数的 Z 逆变换：

①$X_1(z)=\dfrac{z}{z-1}$；②$X_2(z)=\dfrac{z}{(z-1)^3}$。

解　此题是求 Z 逆变换,可以直接调用 Z 逆函数 iztrans( )。iztrans( ) 函数的输入参数同样必须是符号表达式,因此同例 4-1 类似,需要首先进行符号变量定义。程序代码如下：

```
syms z;
XZ1=z/(z-1);
XZ2=z/(z-1)^3;
X1=iztrans(XZ1)
X2=iztrans(XZ2)
```

程序运行结果如下：

```
X1=1
X2=-1/2*n+1/2*n^2
```

【例 4-3】 一因果线性时不变系统(LTI)由下面的差分方程描述：
$$y(n)=0.81y(n-2)+x(n)-x(n-2)$$

试求：

(1)系统函数 $H(z)$，并画出零极点分布图；

(2)单位冲激响应 $h(n)$；

(3)系统频率响应 $H(e^{j\omega})$，并在 $0 \leqslant \omega < \pi$ 上画出它的幅度和相位。

解 (1)对差分方程两边取 Z 变换，可得系统函数 $H(z)$ 为
$$H(z)=\frac{Y(z)}{X(z)}=\frac{1-z^2}{1-0.81z^{-2}}=\frac{1-z^2}{(1+0.9z^{-1})(1-0.9z^{-1})}$$

由于系统是因果系统，因此有

系统的收敛域(ROC)：$|z|>0.9$；

极点：$z_1=0.9, z_2=-0.9$；

零点：$z=\pm 1$。

利用 zplane( )函数画出零极点分布图，如图 4.1 所示。

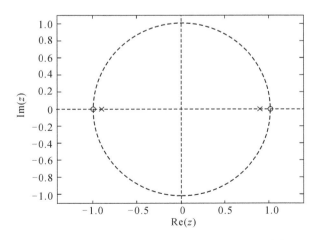

图 4.1　因果线性时不变系统(LTI)的零极点分布

```
>>b=[1,0,-1];a=[1,0,-0.81];%注意对分子、分母中一阶系数的补零
>>zplane(b,a);
```

（2）利用 residuez（　）函数作部分分式展开。

```
>>b=[1,0,-1];a=[1,0,-0.81];
>>[r,p,k]=residuez(b,a);
```

可得

```
r=   -0.1173
     -0.1173
p=   -0.9000
      0.9000
k=    1.2346
```

因此，系统函数 $H(z)$ 可展开为

$$H(z)=1.2346-0.1173\times\frac{1}{1+0.9z^{-1}}-0.1173\times\frac{1}{1-0.9z^{-1}}$$

系统的单位冲激响应 $h(n)$ 为

$$h(n)=1.2346\delta(n)-0.1173[1+(-1)^n](0.9)^n u(n)$$

（3）在 $H(z)$ 中代入 $z=\mathrm{e}^{\mathrm{j}\omega}$ 得系统频率响应 $H(\mathrm{e}^{\mathrm{j}\omega})$ 为

$$H(\mathrm{e}^{\mathrm{j}\omega})=\frac{1-\mathrm{e}^{-\mathrm{j}2\omega}}{1-0.81\mathrm{e}^{-\mathrm{j}2\omega}}$$

利用 freqz（　）函数画出系统的幅度响应 $|H(\mathrm{e}^{\mathrm{j}\omega})|$ 和相位响应 $\phi(\omega)=\angle H(\mathrm{e}^{\mathrm{j}\omega})$。MATLAB
程序为

```
clear all;close all;clc
b=[1,0,-1];a=[1,0,-0.81];                    %系统函数的分子、分母系数
figure(1);subplot(2,1,1);zplane(b,a);        %绘制零极点
h=impz(b,a);                                 %求单位冲激响应 h(n)
subplot(2,1,2);stem(h);                      %绘制单位冲激响应 h(n)
title('系统单位冲激响应');
xlabel('n');ylabel('h(n)');
[H,W]=freqz(b,a);                            %求系统频率响应 H(ejw)
figure(2);subplot(2,1,1);
plot(W/pi,abs(H));                           %绘制幅度响应|H(ejw)|曲线
title('幅度响应曲线');grid on;
xlabel('\omega x \pi');ylabel('|H(e^j^\omega)|');
subplot(2,1,2);
plot(W/pi,angle(H));                         %绘制相位响应 arg(H(ejw))曲线
```

title('相位响应曲线');

xlabel('\omega x \pi');ylabel('相角');grid on;

程序运行结果如图 4.2 和图 4.3 所示。

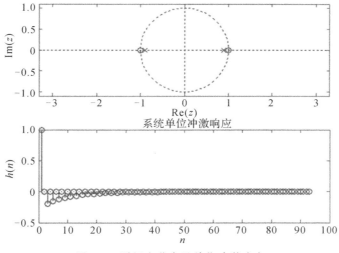

图 4.2　零极点分布及单位冲激响应

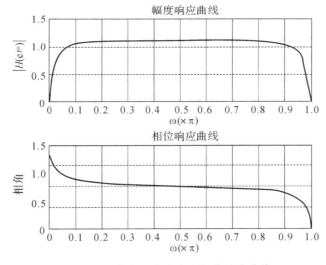

图 4.3　系统的幅度响应和相位响应曲线

【例 4-4】　已知 $x(n)$ 的 Z 变换表达式如下：

$$X(z) = \frac{1 + 3z^{-1}}{1 + 3z^{-1} + 2z^{-2}}$$

(1)画出该系统的零极点图；

(2)若 $x(n)$ 为因果序列，判断该系统函数的收敛域及稳定性。

解　首先使用函数 zplane（　）绘制出零极点图，然后根据实验原理中总结的零极点与系统因果性的关系来判断收敛域(ROC)和稳定性。零极点图中用"×"表示极点,用"○"表示零点。

MATLAB 程序代码如下:

```
b=[1,3];           %系统函数的分子系数
a=[1,3,2];         %系统函数的分母系数
zplane(b,a);       %绘制零极点
```

该程序运行结果如图 4.4 所示。由图 4.4 可知,该系统中有 2 个极点,分别是 $p_1=-1$, $p_2=-2$;零点的标示有 2 个,但是值得注意的是 $z=0$ 这个点不应看作零点,它是求零点时 $H(z)$ 等式上下同乘 z^2 导致的,所以真正的零点只有一个,即 $z=-3$。

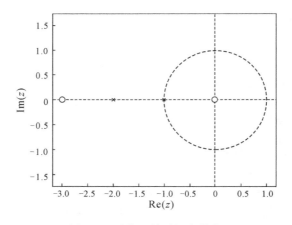

图 4.4 系统函数零极点分布

根据极点分布情况,它的收敛域(ROC)应该分为 3 个部分:$|z|<1$、$1<|z|<2$ 和 $|z|>2$。又因为 $x(n)$ 为因果序列,它的收敛域(ROC)包含 $z=\infty$,所以只有 $|z|>2$ 才是它的收敛域,因为此收敛域不包含单位圆 $|z|=1$,故该系统不稳定。

【例 4-5】 已知线性因果系统的差分方程为
$$y(n)=0.9y(n-1)+x(n)+0.9x(n-1)$$
(1)求系统单位冲激响应;

(2)画出该系统的零极点图;

(3)绘制出系统的幅度响应曲线,并根据幅度响应曲线判断系统的滤波特性;

(4)若将差分方程改写为 $y(n)=-0.9y(n-1)+x(n)-0.9x(n-1)$,讨论该系统的滤波特性。

解 对差分方程两边进行 Z 变换,可得系统函数为
$$H(z)=\frac{1+0.9z^{-1}}{1-0.9z^{-1}}$$

求系统的单位冲激响应可以调用函数 impz( ),绘制系统的幅度响应曲线可以调用函数 freqz( )。MATLAB 程序代码如下:

```
clear all;close all;clc
b=[1,0.9];a=[1,-0.9];                          %系统函数的分子、分母系数
figure(1);subplot(2,1,1);zplane(b,a);          %绘制零极点
h=impz(b,a);                                    %求单位冲激响应 h(n)
subplot(2,1,2);stem(h);                         %绘制单位冲激响应 h(n)
title('系统单位冲激响应');
xlabel('n');ylabel('h(n)');
[H,W]=freqz(b,a);                               %求系统频率响应 H(e^{jw})
figure(2);subplot(2,1,1);
plot(W/pi,abs(H));                              %绘制幅度响应|H(e^{jw})|曲线
title('幅度响应曲线');
xlabel('\omega(x \pi)');ylabel('|H(e^j\omega)|');
subplot(2,1,2);
plot(W/pi,angle(H));                            %绘制相位响应 arg[H(e^{jw})]曲线
title('相位响应曲线');
xlabel('\omega(x \pi)');ylabel('相角');
```

程序运行结果如图 4.5 和图 4.6 所示。因此,从系统幅度响应曲线可以得出,该系统具有低通特性,属于低通滤波器且具有非线性相位响应。

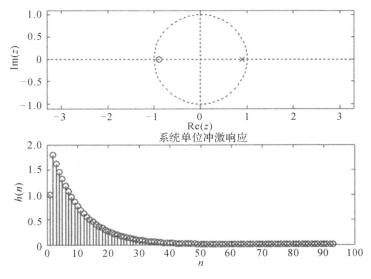

图 4.5　系统函数零极点及单位冲激响应

当线性因果系统的差分方程为 $y(n)=-0.9y(n-1)+x(n)-0.9x(n-1)$ 时,对差分方程两边进行 Z 变换,可得系统函数为

$$H(z)=\frac{1-0.9z^{-1}}{1+0.9z^{-1}}$$

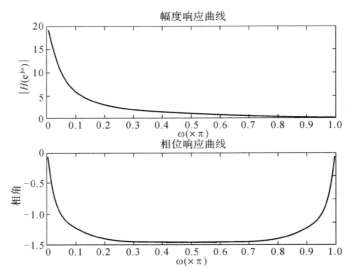

图 4.6 系统的幅度响应与相位响应曲线

因此,只需将程序中系统函数的分子、分母系数改写为

$$b=[1,-0.9];a=[1,0.9];\qquad\qquad\%系统函数的分子、分母系数$$

重新运行程序,所得结果如图 4.7 和图 4.8 所示。从系统幅度响应曲线可以得出,该系统具有高通特性,属于高通滤波器且具有非线性相位响应。由此可以看出,零极点的位置分布对系统的滤波特性有较大影响。

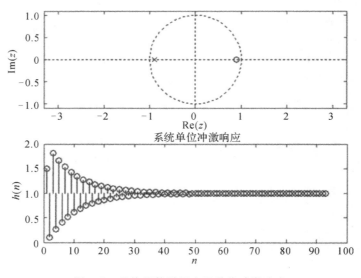

图 4.7 系统函数零极点及单位冲激响应

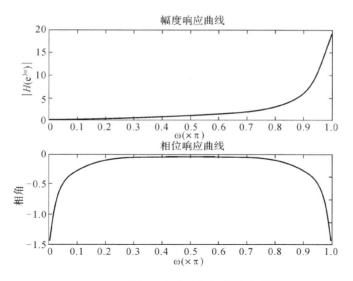

图 4.8   系统的幅度响应与相位响应曲线

4.3.3   应用实例

【例 4-6】   已知离散系统函数 $H(z)$ 有一个零点在 $z=-2$ 处,两个极点在 $p=0.5e^{\frac{j\pi}{3}}$ 及其共轭位置处。若其直流增益为 1,求 $H(z)$ 的系数和单位冲激响应,并画出系统零极点图和频率响应曲线,判断系统的滤波特性。

     解   可使用 MATLAB 中的函数命令 poly( )将其零极点分别代入,求出系统函数的分子和分母系数。再根据向量求和的性质求得系统函数,调用函数命令 plot( )画出系统零极点图和频率响应曲线。MATLAB 程序代码如下:

```
clear all;clc;clf
%求系统函数的分子和分母
b=poly([-2]);b=[0,b];
a=poly([0.5*exp(j*pi*3),0.5*exp(-j*pi*3)]);
b=b/4;                      %直流增益
figure(1);subplot(2,1,1);
zplane(b,a);                %绘制零极点
xlabel('Re(z)');ylabel('Im(z)');
title('零极点图');
N=20;
n=0:N-1;
h=impz(b,a,20);             %求单位冲激响应
subplot(2,1,2);
stem(n,h);                  %绘制单位冲激响应
xlabel('n');ylabel('h(n)');
```

```
title('单位冲激响应');
[H,W]=freqz(b,a);                    %求系统频率响应
figure(2);subplot(2,1,1);
plot(W/pi,abs(H));                   %绘制系统幅度响应
xlabel('\omega(x \pi)');ylabel('|H(e^j\omega)|');
title('幅度响应');grid on;
subplot(2,1,2);
plot(W/pi,angle(H));                 %绘制系统相位响应
xlabel('\omega(x \pi)');ylabel('相角');
title('相位响应');grid on;
```

程序运行结果如图 4.9 和图 4.10 所示。从幅度响应和相位响应曲线可以看出，该系统具有非线性相位的高通滤波特性。

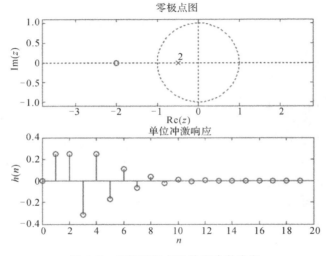

图 4.9 系统零极点及单位冲激响应

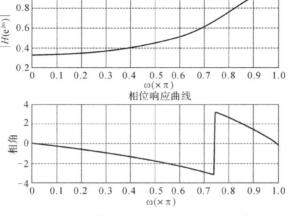

图 4.10 系统的幅度响应和相位响应曲线

【例 4-7】 已知某滤波器的系统函数 $H(z)=1-z^{-8}$，求该滤波器的频率响应。

解 MATLAB 程序为

```
b=[1,0,0,0,0,0,0,0,-1];a=1;          %系统函数
freqz(b,a)
```

程序运行结果如图 4.11 所示。从系统的幅度响应和相位响应曲线可以看出，系统具有多通带滤波特性，且相位响应具有线性相位性。

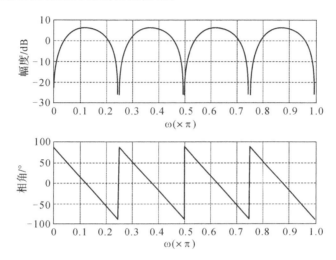

图 4.11 系统的幅度响应和相位响应

4.4 实验内容

1.求以下序列的 Z 的变换：

$(1)x_1(n)=2^n u(n)$；$(2)x_2(n)=\dfrac{n(n-1)}{2}$；$(3)x_3(n)=\sin(\omega_0 n)$。

2.求 $X(z)=\dfrac{z^{-1}-a^{-1}}{1-a^{-1}z^{-1}}$ 的 Z 逆变换。

3.已知一因果系统的差分方程为

$$y(n)=0.9y(n-1)+x(n)$$

(1)求 $H(z)$ 并画出它的零极点图；

(2)画出 $|H(e^{j\omega})|$ 和 $\angle H(e^{j\omega})$ 曲线，大致判断系统的滤波特性；

(3)求单位冲激响应 $h(n)$。

4.已知一个线性时不变因果系统，用如下差分方程描述：

$$y(n)=y(n-1)+y(n-2)+x(n-1)$$

(1)求出该系统的系统函数，并绘制出零极点分布图，指出其收敛域；

（2）求系统的冲激响应；

（3）如果该系统是不稳定系统,则求出其满足稳定系统的冲激响应；

（4）绘制出系统函数的幅度响应曲线,并判断系统的滤波特性；

（5）实验前根据零极点分布图大致绘制出此系统的幅度响应曲线图,并与实验后调用函数后绘制出的幅度响应曲线图进行对比,分析它与零极点的关系。

4.5 实验要求

1. 实验前必须进行充分的预习,熟悉实验内容；

2. 实验报告中应简述实验目的和原理；

3. 实验报告中应附上实验程序；

4. 思考调用 iztrans( ) 函数求 $x(n)$ 时,是否需要考虑其收敛域? 为什么?

5. 总结如何根据系统的零极点图判断收敛域、因果性、稳定性以及系统的滤波特性。

LTI 系统对信号的响应分析

5.1 实验目的

本实验结合理论教材教学内容,学习利用系统的频率响应特性分析线性时不变(LTI)系统对信号的响应,加深对滤波概念的理解。

5.2 实验原理

5.2.1 LTI 系统对任意信号的系统响应

若设线性时不变(LTI)系统的单位冲激响应为 $h(n)$,则系统对任意输入信号 $x(n)$ 的响应 $y(n)$ 为

$$y(n) = \sum_{m=-\infty}^{\infty} x(m)h(n-m) = x(n) * h(n) \tag{5-1}$$

这就是线性时不变(LTI)系统对任意序列(或信号)的系统响应卷积和表达式。它表示 LTI 系统的响应 $y(n)$ 等于输入序列(或信号)$x(n)$ 与单位冲激响应 $h(n)$ 的卷积和,即将序列 $x(n)$ 通过式(5-1)变换成序列 $y(n)$,如图 5.1 所示。

图 5.1　线性时不变(LTI)系统

由于式(5-1)中 n 代表离散时间,因此,式(5-1)也称为离散 LTI 系统对输入信号的时域响应表示,即从时域角度反映系统对输入序列的序列变换。

5.2.2 离散系统的滤波特性

为了研究离散 LTI 系统对输入信号频谱的处理作用,可设系统的输入序列是频率为 ω 的复指数序列,即

$$x(n) = e^{j\omega n + j\phi} \tag{5-2}$$

因此,由式(5-1)可得,LTI 系统的对复指数序列 $x(n)$ 的响应为

$$y(n) = x(n) * h(n) = \sum_{m=-\infty}^{\infty} h(m) e^{j\omega(n-m)+j\phi}$$

$$= e^{j\omega n + j\phi} \sum_{m=-\infty}^{\infty} h(m) e^{-j\omega m} \tag{5-3}$$

由于 LTI 系统的频率响应 $H(e^{j\omega})$ 定义为

$$H(e^{j\omega}) = H(z)\big|_{z=e^{j\omega}} = \sum_{n=-\infty}^{\infty} h(n) e^{-j\omega n} \tag{5-4}$$

因此,式(5-3)可改写为

$$y(n) = e^{j\omega n + j\phi} H(e^{j\omega}) = \big| H(e^{j\omega}) \big| e^{j\omega n + \Theta(H) + j\phi} \tag{5-5}$$

其中: $\big| H(e^{j\omega}) \big|$ 称为系统的幅度响应; $\Theta(H)$ 称为系统的相位响应。

式(5-5)表明,当系统输入为正弦序列时,系统的输出为同频率 ω 的正弦序列,其幅度受幅度响应 $\big| H(e^{j\omega}) \big|$ 的加权,而输出的相位则为输入相位与系统相位响应之和。正是由于这种幅度加权,使得线性时不变(LTI)系统对是否让信号的频率成分通过该系统具有选择性。当需要信号的某频率成分 ω 通过系统时,该频率成分的幅度加权 $\big| H(e^{j\omega}) \big| \neq 0$;当需要阻止该频率成分通过时,则幅度加权 $\big| H(e^{j\omega}) \big| = 0$。这种频率选择过程就称为系统对信号的滤波,所对应的线性时不变(LTI)系统则称为滤波器。

因此,离散 LTI 系统对输入信号的响应过程,从频率角度来看,实质上是对信号频率成分的选择过程,系统在实现让某些频率分量通过的同时而让另一些频率成分得到抑制。根据 LTI 系统对频率的不同选择性,可将 LTI 系统分成低通滤波器、高通滤波器、带通滤波器、带阻滤波器以及全通滤波器等几种滤波器。

由此可以看出,LTI 系统的频率响应 $H(e^{j\omega})$ 决定了系统的滤波特性,而系统的频率响应 $H(e^{j\omega})$ 的特性则由系统函数 $H(z)$ 的零极点决定。

5.2.3 LTI 差分方程描述及系统响应

在离散时间 LTI 系统中,采用常系数线性差分方程来描述系统的输入输出关系,即

$$\sum_{k=0}^{N} a_k y(n-k) = \sum_{m=0}^{M} b_m x(n-m), n \geqslant 0 \tag{5-6}$$

其中,系数 a_k 与 b_m 均为常数。

在求常系数差分方程时,必须给出初始条件,不同的初始条件会导致不同的输入输出关系。在大多数情况下都给出初始松弛条件:若 $n < n_0$ 时 $x(n) = 0$,那么 $n < n_0$ 时 $y(n) = 0$,即初始状态为零。在初始松弛条件下,由常系数差分方程式(5-6)描述的系统才是 LTI 系统。

通常,求解常系数差分方程(即系统响应 $y(n)$)的方法有三种:卷积和法、递推法(迭代

法）和经典法。

1. 卷积和计算法

卷积和计算法用于系统初始状态为零时的求解。首先，利用 Z 变换求得系统的单位冲激响应 $h(n)$，然后再利用卷积和求任意输入序列下系统的输出 $y(n) = x(n) * h(n)$。

2. 递推法（迭代法）

首先，将式（5-6）改写为

$$y(n) = \frac{1}{a_0} \Big[\sum_{m=0}^{M} b_m x(n-m) - \sum_{k=1}^{N} a_k y(n-k) \Big] \tag{5-7}$$

由于式（5-7）是一个递归方程，因此，求解差分方程的条件除了给定的输入序列 $x(n)$ 外，还需包括输出序列的 N 个初始条件，这样才能得到唯一的解。例如求 n_0 时刻以后的输出，初始条件就是 n_0 时刻以前的 N 个输出序列值，即 $y(n_0-1), y(n_0-2), \cdots, y(n_0-N)$。然后，利用式（5-7）进行递推求解。这种方法较简单，但只能得到数值解，不容易得到闭合形式（即表达式）解。

3. 经典解法

类似于连续时间系统中求解微分方程的方法，经典解法包括齐次解与特解，由边界条件求待定系数。计算较麻烦，实际中很少采用。为了简化计算，可利用 Z 变换来实现求解。

若设序列 $x(n)$ 为因果序列，根据 Z 变换的定义可得 $x(n)$ 的 Z 变换为

$$X(z) = Z[x(n)u(n)] = \sum_{n=0}^{\infty} x(n)z^{-n} \tag{5-8}$$

为了区别，将式（5-8）定义为单边 Z 变换，记为 $X^+(z)$，即

$$Z^+[x(n)] = Z[x(n)u(n)] = X^+(z) = \sum_{n=0}^{\infty} x(n)z^{-n} \tag{5-9}$$

由单边定义可得移位性质：

$$Z^+[x(n-k)] = Z[x(n-k)u(n)]$$

$$= \sum_{n=0}^{\infty} x(n-k)z^{-n} = \sum_{m=-k}^{\infty} x(m)z^{-(m+k)}$$

$$= \sum_{m=-k}^{-1} x(m)z^{-(m+k)} + \Big[\sum_{m=0}^{\infty} x(m)z^{-m} \Big] z^{-k}$$

即

$$Z^+[x(n-k)] = x(-1)z^{1-k} + x(-2)z^{2-k} + \cdots + x(-k) + z^{-k}X^+(z) \tag{5-10}$$

这样，可利用式（5-10）来求解具有初始条件的差分方程，即

$$\begin{cases} y(n) + \sum_{k=1}^{N} a_k y(n-k) = \sum_{m=0}^{M} b_m x(n-m) \\ \text{初始条件：} \{y(i), i=-1, \cdots, -N\}; \{x(i), i=-1, \cdots, -M\} \end{cases} \tag{5-11}$$

注意，需将系数 a_0 进行归一化处理，即 $a_0 = 1$。

5.3 预习与参考

5.3.1 MATLAB 对 LTI 系统的描述

在 MATLAB 中,对离散 LTI 系统的系统函数 $H(z)$ 采用以下四种方式描述:

(1)传递函数模型(tf)

$$H(z) = \frac{Y(z)}{X(z)} = \frac{b_0 + b_1 z^{-1} + \cdots + b_M z^{-M}}{a_0 + a_1 z^{-1} + \cdots + a_M z^{-N}} \tag{5-12}$$

(2)零 — 极点增益模型(zp)

$$H(z) = k \frac{(z - q_1)(z - q_2) \cdots (z - q_M)}{(z - p_1)(z - p_2) \cdots (z - p_N)} \tag{5-13}$$

(3)二阶分式模型(sos)

$$H(z) = g \prod \frac{b_{0k} + b_{1k} z^{-1} + b_{2k} z^{-2}}{1 + a_{1k} z^{-1} + a_{2k} z^{-2}} \tag{5-14}$$

(4)状态空间模型(ss)

$$\begin{cases} x[n+1] = A \cdot x[n] + B \cdot u[n] \\ y[n] = C \cdot x[n] + D \cdot u[n] \end{cases} \tag{5-15}$$

其中:A、B、C、D 表示系统的状态空间矢量。

5.3.2 相关 MATLAB 函数

$[y, x, n] = \text{dinitial}(A, B, C, D, x_0)$:计算离散时间 LTI 系统由初始状态 x_0 所引起的零输入响应 y 和状态响应 x,取样点数由函数自动选取。n 为仿真所用的点数。A、B、C、D 表示系统的状态空间矢量。

$[y, x] = \text{dstep}(A, B, C, D)$:返回离散 LTI 系统的单位阶跃响应 y 向量和时间状态历史记录 x 向量。A、B、C、D 表示系统的状态空间矢量。

$[H, W] = \text{freqz}(b, a, N)$:计算出 N 个频率点上的频率响应存放在 H 向量中,N 个频率存放在向量 W。freqz 函数自动将这 N 个频点均匀设置在频率范围 $[0, \pi]$ 上。默认 W 和 N 时,freqz 函数自动选取 512 个频率点计算。b 和 a 分别为数字滤波器系统函数 $H(z)$ 的分子和分母多项式系数向量。

$y = \text{filter}(b, a, x, \text{xic})$:对向量 x 中的数据进行滤波处理,产生输出序列向量 y。b 和 a 分别为数字滤波器系统函数 $H(z)$ 的分子和分母多项式系数向量。xic 为系统的等效初始状态输入数组。

$\text{xic} = \text{filtic}(b, a, Y, X)$:由于初始条件 Y 和 X 计算系统的等效于初始状态输入数组。

$[b, a] = \text{ss2tf}(A, B, C, D, i_u)$:将指定输入量 i_u 的线性系统 (A, B, C, D) 转换为传递函数模型 $[b, a]$。

$[A,B,C,D]=\mathrm{tf2ss}(b,a)$：将给定系统的传递函数模型转换为等效的状态空间模型。要求分子多项式 b 与分母多项式 a 的长度必须相同，否则补零。该函数是 ss2tf 函数的逆过程。

$[z,p,k]=\mathrm{ss2zp}(\boldsymbol{A},\boldsymbol{B},\boldsymbol{C},\boldsymbol{D},i_u)$：将指定输入量 i_u 的线性系统 (A,B,C,D) 转换为零—极点增益模型 $[z,p,k]$。z、p、k 分别为零点向量、极点向量和增益系数。

$[A,B,C,D]=\mathrm{zp2ss}(z,p,k)$：将给定系统的零—极点增益模型转换为等效的状态空间模型。$\boldsymbol{z}$、$\boldsymbol{p}$、$\boldsymbol{k}$ 分别为零点向量、极点向量和增益系数。该函数是 ss2zp 的逆过程。

$[z,p,k]=\mathrm{tf2zp}(b,a)$：求系统传递函数的零点向量 z、极点向量 $\boldsymbol{p}$ 和增益系数 $\boldsymbol{k}$。用于离散系统时分子多项式与分母多项式的长度必须相同，否则补零。

$[b,a]=\mathrm{zp2tf}(z,p,k)$：将给定系统的零—极点增益模型转换为传递函数模型，z、$\boldsymbol{p}$、$\boldsymbol{k}$ 分别为零点向量、极点向量和增益系数。

$[b,a]=\mathrm{sos2tf}(\mathrm{sos},g)$：将二次分式模型 sos 转换为传递函数模型 $[b,a]$，增益系数 g 默认值为 1。

$[\mathrm{sos},g]=\mathrm{tf2sos}(b,a)$：将传递函数模型 $[b,a]$ 转换为二次分式模型 sos，g 为增益系数。

$[z,p,k]=\mathrm{sos2zp}(\mathrm{sos},g)$：将二次分式模型转换为零—极点增益模型，增益系数 g 默认值为 1。

$[\mathrm{sos},g]=\mathrm{zp2sos}(b,a)$：将零—极点增益模型转换为二次分式模型 sos，$g$ 为增益系数。

$[A,B,C,D]=\mathrm{sos2ss}(\mathrm{sos},g)$：将二次分式模型 sos 转换为状态空间模型 $[A,B,C,D]$。

$[\mathrm{sos},g]=\mathrm{ss2sos}(A,B,C,D,i_u)$：将状态空间模型 $[A,B,C,D]$ 转换为二次分式模型。

5.3.3 MATLAB 实现

【例 5-1】 将系统 $H(z)=2\dfrac{(z-3)}{(z-2)(z-1)}$ 转换为状态空间模型 $[A,B,C,D]$。

解 在 MATLAB 命令窗口中输入以下命令求解。

```
>>z=[3];p=[1,2];k=2;          %零极点及增益
>>[A,B,C,D]=zp2ss(z,p,k)      %调用零极点增益转换状态空间模型函数
```

可得

```
A=   3.0000   -1.4142
     1.4142        0
B=   1
     0
C=   2.0000   -4.2426
D=   0
```

【例 5-2】 求离散时间系统 $H(z)=\dfrac{2+3z^{-1}}{1+0.4z^{-1}+z^{-2}}$ 的零、极点向量和增益系数。

解 在 MATLAB 命令窗口中输入以下命令求解。

```
>>b=[2,3];a=[1,0.4,1];          %系统函数的分子分母多项式系数
>>[b,a]=eqtflength(b,a);        %使长度相等
>>[z,p,k]=tf2zp(b,a)
```

可得

```
z=    0
     -1.5000
p=   -0.2000+0.9798i
     -0.2000-0.9798i
k=    2
```

【例 5-3】 某因果线性时不变系统(LTI)由下面差分方程描述：
$$y(n)=0.81y(n-2)+x(n)-x(n-2)$$
试求系统对单位阶跃 $u(n)$ 的响应 $v(n)$（即单位阶跃响应）。

解 由于系统初始状态为零，因此可用卷积和方法来求单位阶跃响应 $v(n)$。对差分方程两边取 Z 变换，可得系统函数 $H(z)$ 为
$$H(z)=\frac{Y(z)}{X(z)}=\frac{1-z^2}{1-0.81z^{-2}}=\frac{1-z^2}{(1+0.9z^{-1})(1-0.9z^{-1})}$$

由于 $Z[u(n)]=U(z)=\dfrac{1}{1-z^{-1}}$，$|z|>1$，因此，由 $v(n)=u(n)*h(n)$ 得

$$V(z)=H(z)U(z)=\frac{1+z^{-1}}{(1+0.9z^{-1})(1-0.9z^{-1})}，|z|>0.9$$

利用 residuez（ ）函数，将 $V(z)$ 部分分式展开：

```
>>b=[1,1,0];a=[1,0,-0.81];      %注意补零，使得分子、分母中系数个数相同。
>>[z,p,k]=residuez(b,a)         %求零极点和增益
```

可得

```
z=   -0.0556
      1.0556
p=   -0.9000
      0.9000
k=    0
```

因此有
$$V(z)=-0.0556\times\frac{1}{1+0.9z^{-1}}+1.0556\times\frac{1}{1-0.9z^{-1}}$$

这样，系统对单位阶跃信号 $u(n)$ 的响应 $v(n)$（即单位阶跃响应）为

$$v(n)=[-0.0556\times(-0.9)^n+1.0556\times(0.9)^n]u(n)$$

可用调用 filter（　）函数来验证正确性，MATLAB 序列如下：

```
b=[1,0,-1];a=[1,0,-0.81];        %注意对分子、分母中一阶系数的补零
x=ones(1,100);                   %产生阶跃信号,取 100 个点
y=filter(b,a,x);                 %调用 filter 函数
plot(y,'k-x');                   %绘制响应曲线
xlabel('n');ylabel('y(n)');hold on
n=0:99;v=-0.0556*(-0.9).^n+1.0556*(0.9).^n;
plot(v,'b--o');                  %由理论推导绘制阶跃响应曲线
legend('仿真数据','理论推导数据');grid on;
hold off
```

程序运行结果如图 5.2 所示，表明两种方法所得结果完全一致。

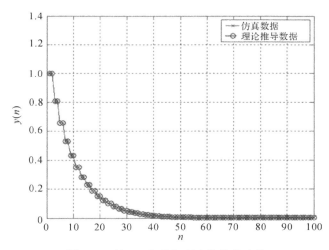

图 5.2　例 5-3 仿真与理论推导的比较

【例 5-4】　某 LTI 系统由下列差分方程描述 $y(n)-\dfrac{3}{2}y(n-1)+\dfrac{1}{2}y(n-2)=x(n)$，$n\geqslant0$，若系统的初始条件为 $y(-1)=4$ 和 $y(-2)=10$，求系统对信号 $x(n)=2^{-n}u(n)$ 的响应。

解　将差分方程两边进行单边 Z 变换，利用式（5-9）可得

$$Y^+(z)-\frac{3}{2}\left[y(-1)+z^{-1}Y^+(z)\right]+\frac{1}{2}\left[y(-2)+z^{-1}y(-1)+z^{-2}Y^+(z)\right]$$

$$=\frac{1}{1-\dfrac{1}{4}z^{-1}}$$

$$Y^+(z)=\frac{\dfrac{1}{1-\dfrac{1}{4}z^{-1}}}{1-\dfrac{3}{2}z^{-1}+\dfrac{1}{2}z^{-2}}+\frac{\left(\dfrac{3}{2}-\dfrac{1}{2}z^{-1}\right)y(-1)-\dfrac{1}{2}y(-2)}{1-\dfrac{3}{2}z^{-1}+\dfrac{1}{2}z^{-2}}$$

代入初始条件整理得

$$Y^+(z)=\frac{\dfrac{1}{1-\dfrac{1}{4}z^{-1}}}{1-\dfrac{3}{2}z^{-1}+\dfrac{1}{2}z^{-2}}+\frac{1-2z^{-1}}{1-\dfrac{3}{2}z^{-1}+\dfrac{1}{2}z^{-2}}$$

利用部分分式展开得

$$Y^+(z)=\frac{2-\dfrac{9}{4}z^{-1}+\dfrac{1}{2}z^{-2}}{(1-\dfrac{1}{2}z^{-1})(1-z^{-1})(1-\dfrac{1}{4}z^{-1})}=\frac{1}{1-\dfrac{1}{2}z^{-1}}+\frac{\dfrac{2}{3}}{1-z^{-1}}+\frac{\dfrac{1}{3}}{1-\dfrac{1}{4}z^{-1}}$$

因此，经 Z 逆变换得系统的响应为

$$y(n)=\left[\left(\frac{1}{2}\right)^n+\frac{2}{3}+\frac{1}{3}\left(\frac{1}{4}\right)^n\right]u(n)$$

该响应也称为系统的完全响应。它能表示成以下几种形式：

(1)齐次解和特解部分

$$y(n)=\underbrace{\left[\left(\frac{1}{2}\right)^n+\frac{2}{3}\right]u(n)}_{齐次部分}+\underbrace{\frac{1}{3}\left(\frac{1}{4}\right)^n u(n)}_{特解部分}$$

齐次部分是由系统极点产生的，特解部分是由输入极点产生的。

(2)暂态和稳态响应

$$y(n)=\underbrace{\left[\frac{1}{3}\left(\frac{1}{4}\right)^n+\left(\frac{1}{2}\right)^n\right]u(n)}_{暂态响应}+\underbrace{\frac{2}{3}u(n)}_{稳态响应}$$

暂态响应是由位于单位圆内的极点决定的，而稳态响应则是由单位圆上的极点决定的。注意，极点在单位圆外时的响应称为无界响应。

(3)零输入(或初始状态)和零状态响应

对 $Y^+(z)=\dfrac{\dfrac{1}{1-\dfrac{1}{4}z^{-1}}}{1-\dfrac{3}{2}z^{-1}+\dfrac{1}{2}z^{-2}}+\dfrac{1-2z^{-1}}{1-\dfrac{3}{2}z^{-1}+\dfrac{1}{2}z^{-2}}$ 中每一部分做 Z 逆变换得

$$y(n)=\underbrace{\left[\frac{1}{3}\left(\frac{1}{4}\right)^n-2\left(\frac{1}{2}\right)^n+\frac{8}{3}\right]u(n)}_{零状态响应}+\underbrace{\left[3\left(\frac{1}{2}\right)^n-2\right]u(n)}_{零输入响应}$$

从该例可以看出，对于 LTI 系统，由于初始状态不为零，因此求系统的响应要相对复杂一些。针对这种情况，在 MATLAB 中，可调用 $y=filter(b,a,x,xic)$ 来实现，其中 xic 为系统的等效初始状态输入数组。为了求得等效初始状态，可调用 $xic=filtic(b,a,Y,X)$ 实现，其中 Y、X 为系统的初始条件。MATLAB 程序为

```
clear;clc;close all
b=[1,0,0];a=[1,-3/2,1/2];        %系统函数的分子、分母系数
Y=[4,10];X=0;                    %系统的初始条件
```

```
xic＝filtic(b,a,Y,X);                   %求等效初始状态
n=0：99;x＝(1/4).^n;                     %产生输入信号,取 100 个点
y＝filter(b,a,x,xic);                    %求系统响应
plot(y,'k-x');                          %绘制响应曲线
xlabel('n');ylabel('y(n)');hold on
t＝(1/2).^n+2/3+1/3 * (1/4).^n;
plot(t,'b--o');                         %由理论推导绘制系统响应曲线
legend('仿真数据','理论推导数据');grid on;
hold off
```

程序运行结果如图 5.3 所示,表明两种方法所得结果完全一致。

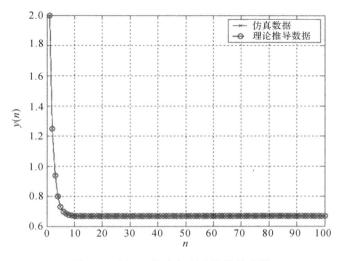

图 5.3　例 5-4 仿真与理论推导的比较

5.3.4　应用实例

【例 5-5】　求二阶系统 $H(z)=\dfrac{2z^2-3.4z+5.5}{z^2-1.2z+0.8}$ 对 100 点随机噪声的响应曲线。

解　由于系统的初始状态为零,因此可用卷积和方法求解。

方法一:直接调用 dlsim(　)函数实现。MATLAB 程序为

```
clear;clc;close all
b＝[2,−3.4,5.5];                 %系统函数分子系数
a＝[1,−1.2,0.8];                 %系统函数分母系数
x＝randn(1,100);                 %产生随机噪声
y＝dlsim(b,a,x);                 %求系统响应
plot(y);                         %绘出系统的输出响应曲线
title('随机噪声响应曲线');
```

xlabel('t/s)');ylabel('幅度');

程序运行结果如图 5.4 所示。

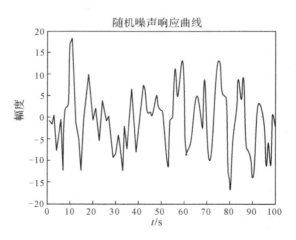

图 5.4 利用 dlsim 函数获得离散系统的响应曲线

方法二:利用卷积 $y(n) = x(n) * h(n)$ 实现。首先利用 impz（ ）函数求出系统的单位冲激响应 $h(n)$,然后利用 conv（ ）函数求输入信号 $x(n)$ 与 $h(n)$ 的卷积获得系统的响应 $y(n)$。MATLAB 程序为

```
clear all;clf;clc
b=[2,-3.4,5.5];a=[1,-1.2,0.8];          %系统函数分子、分母系数
h=impz(b,a);                            %求单位冲激响应 h(n)
subplot(2,1,1);stem(h);                 %绘制单位冲激响应 h(n)
title('系统单位冲激响应');
xlabel('n');ylabel('h(n)');
x=randn(1,100);                         %产生随机噪声
y=conv(x,h);                            %卷积求响应
subplot(2,1,2);plot(y(1,1:100));        %绘出系统的输出响应曲线
title('随机噪声响应曲线');
xlabel('t/s');ylabel('幅度');
```

程序运行结果如图 5.5 所示。由于采用了相同的随机噪声信号,因此,两种方法实现的系统输出响应曲线相同。

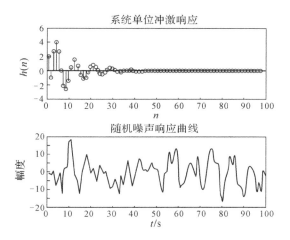

图 5.5　利用卷积和方法获得离散系统的响应曲线

【**例 5-6**】　已知某离散系统的差分方程为

$$y(n)=\frac{1}{3}[x(n)+x(n-1)+x(n-2)]+0.95y(n-1)-0.9025y(n-2),n\geqslant 0$$

系统的初始条件为 $y(-1)=-2,y(-2)=-3;x(-1)=1,x(-2)=1$。试求该系统对

信号 $x(n)=\left[\cos\left(\dfrac{\pi n}{3}\right)+\cos\left(\dfrac{2\pi n}{3}\right)\right]u(n)$ 的系统响应。

解　MATLAB 程序为

```
clear;clc;close all
b=[1,1,1]/3;a=[1,-0.95,0.9025];            %系统函数的分子、分母系数
Y=[-2,-3];X=[1,1];                         %系统的初始条件
xic=filtic(b,a,Y,X);                       %求等效初始状态
N=100;n=0:N-1;                             %取 100 个点
x=2*cos(pi.*n/3)+3*cos(2*pi.*n/3);         %产生输入信号
y=filter(b,a,x,xic);                       %求系统响应
figure(1);subplot(2,1,1);stem(x);          %系统输入信号
xlabel('n');ylabel('输入信号 x(n)');
subplot(2,1,2);stem(y);                    %绘制响应曲线
xlabel('n');ylabel('系统响应 y(n)');grid on;
figure(2);freqz(b,a);                      %求系统的频率响应
X=abs(fft(x));Y=abs(fft(y));               %求原信号 x(n)的频谱和滤波后信号 y(n)的频谱
figure(3);k=0:N/2-1;
subplot(2,1,1);plot(2*k/N,X(1,1:N/2),'b--o');
xlabel('\omega(x\pi)');ylabel('x(n)的频谱');grid on;
subplot(2,1,2);plot(2*k/N,Y(1,1:N/2),'k-*');
xlabel('\omega(x\pi)');ylabel('y(n)的频谱');grid on;
```

程序运行结果如图 5.6、图 5.7 和图 5.8 所示。从系统的幅度响应曲线可以看出,系统对频率成分为 $\omega=\dfrac{\pi}{3}$ 左右信号的幅度进行放大,放大幅度近 20dB,而对 $\omega=\dfrac{2\pi}{3}$ 左右频率成分的信号进行了抑制,抑制幅度超过 60dB。由于输入信号 $x(n)$ 含有 $\omega=\dfrac{\pi}{3}$、$\dfrac{2\pi}{3}$ 两个频率,因此,信号 $x(n)$ 通过该系统后,$\omega=\dfrac{2\pi}{3}$ 附近的频率成分得到了抑制,这可以从图 5.8 所示系统响应信号 $y(n)$ 的频谱图得到验证。

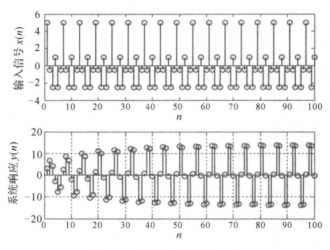

图 5.6　滤波前后信号的比较

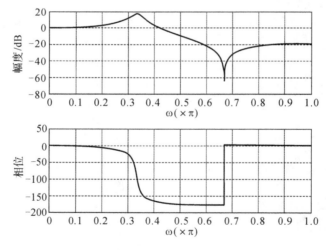

图 5.7　系统的幅度频率和相位响应曲线

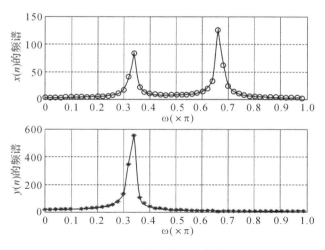

图 5.8 滤波前后信号的频谱比较

5.4 实验内容

1. 已知线性因果系统的差分方程为 $y(n) = 0.9y(n-1) + x(n) + 0.9x(n-1)$。

(1) 求系统的系统函数 $H(z)$ 及其单位冲激响应 $h(n)$；

(2) 写出系统频率响应 $H(e^{j\omega})$ 的表达式,并定性画出其幅度特性曲线；

(3) 设输入 $x(n) = e^{j\omega_0 n}$,求稳态输出 $y(n)$。

2. 一个因果的线性时不变系统(LTI),其系统函数在 z 平面有一对共轭极点 $z_{1,2} = 0.5e^{\pm j\frac{\pi}{3}}$,在 $z = 0$ 处有二阶零点,且有 $H(z)\big|_{z=1} = 4$。试求:

(1) 系统函数 $H(z)$ 和单位冲激响应 $h(n)$；

(2) 输入信号为 $x(n) = 10 + 5\cos\left(\frac{\pi}{2}n\right)$ 的响应 $y(n)$。

3. 若某数字滤波器的系统频率响应为

$$H(e^{j\omega}) = [1 + 2\cos(\omega) + 3\cos(2\omega)]\cos\left(\frac{\omega}{2}\right)e^{-j\frac{5\omega}{2}}$$

(1) 求出该系统的系统函数。

(2) 用 freqz( ) 函数画出该滤波器的幅度响应和相位响应曲线。留意 $\omega = \frac{\pi}{2}$ 和 $\omega = \pi$ 的幅度和相位。

(3) 产生信号 $x(n) = \sin\left(\frac{\pi n}{2}\right) + 5\cos(\pi n)$ 的 200 个样本,并通过该滤波器。试求滤波器的稳态响应并与 $x(n)$ 作比较,分析两个正弦的幅度和相位是如何受到该滤波器影响的?

5.5　实验要求

1. 实验前必须进行充分的预习,熟悉实验内容;
2. 实验报告中应简述实验目的和原理;
3. 实验报告中应附上实验程序;
4. 总结系统零极点对系统频率响应的影响;
5. 分析 LTI 系统对输入信号幅度和相位的影响。

DFT 及信号的频谱分析

6.1 实验目的

本实验结合理论教材中有关离散傅里叶变换(DFT)的教学内容,学习离散时间信号的频谱分析方法,掌握离散傅里叶变换(DFT)的基本原理,掌握利用 DFT 实现线性卷积、线性相关运算以及分析连续信号的频谱的方法。

6.2 实验原理

6.2.1 非周期序列傅里叶变换

离散时间非周期信号的频谱分析,可以用序列傅里叶变换(DTFT)来实现。设离散时间非周期信号为 $x(n)$,则信号序列 $x(n)$ 的频谱 $X(e^{j\omega})$ 大小为

$$\mathrm{DTFT}[x(n)] = X(e^{j\omega}) = \sum_{n=-\infty}^{\infty} x(n)e^{-j\omega n} \tag{6-1}$$

若将频谱 $X(e^{j\omega})$ 表示成

$$X(e^{j\omega}) = |X(e^{j\omega})|e^{\Theta(\omega)} \tag{6-2}$$

则 $|X(e^{j\omega})|$ 称为频谱 $X(e^{j\omega})$ 的幅度特性,$\Theta(\omega) = \arg[X(e^{j\omega})]$ 称为频谱 $X(e^{j\omega})$ 的相位特性。其中:ω 称为数字角频率,它与模拟角频率 Ω 的关系为 $\omega = \Omega T$;T 为模拟信号 $x(t)$ 离散成序列 $x(n) = x(nT)$ 的抽样时间间隔或抽样周期。可以看出,信号在时域上离散,其频谱在频域上是连续函数,即离散时间非周期信号具有连续的频谱特性。序列傅里叶变换的逆变换(IDTFT)为

$$x(n) = \mathrm{IDTFT}[X(e^{j\omega})] = \frac{1}{2\pi}\int_{-\pi}^{+\pi} X(e^{j\omega})e^{j\omega n}\,d\omega \tag{6-3}$$

6.2.2 周期序列的离散傅里叶级数

若离散时间信号为周期序列 $\tilde{x}(n)$，则满足

$$\tilde{x}(n) = \tilde{x}(n+kN) \tag{6-4}$$

其中：N（正整数）为离散时间信号（或序列）的周期；k 为任意整数。周期序列 $\tilde{x}(n)$ 的频谱分析则采用离散傅里叶级数（DFS）的方法实现，其频谱只有 N 个是独立谐波成分，其大小定义为

$$\tilde{X}(k) = \sum_{n=0}^{N-1} \tilde{x}(n) e^{-j\frac{2\pi}{N}kn} = \text{DFS}[\tilde{x}(n)], \ k = 0,1,\cdots,N-1 \tag{6-5}$$

其中：k 代表 k 次谐波 $\frac{2\pi k}{N}(k=1,2,\cdots,N-1)$，即 $\tilde{X}(k) = \tilde{X}(e^{j\frac{2\pi k}{N}})$，基率为 $\frac{2\pi}{N}$；周期序列的频谱 $\tilde{X}(k)$ 也是一个以 N 为周期的周期序列，即 $\tilde{X}(k) = \tilde{X}(k+mN)$。

离散傅里叶级数的逆变换（IDFS）为

$$\tilde{x}(n) = \text{IDFS}[\tilde{X}(k)] = \frac{1}{N} \sum_{k=0}^{N-1} \tilde{X}(k) W_N^{-nk}, n = 0,1,\cdots,N-1 \tag{6-6}$$

6.2.3 有限长序列的离散傅里叶变换（DFT）

对于长度为 N 的有限长序列 $x(n)$ 的频谱分析，采用离散傅里叶变换（DFT）来实现，其频谱只有 N 个独立谐波成分，大小定义为

$$X(k) = \text{DFT}[x(n)] = \sum_{n=0}^{N-1} x(n) W_N^{nk}, \qquad k = 0,1,\cdots,N-1 \tag{6-7}$$

其中：$X(k)$ 代表 k 次谐波 $\frac{2\pi k}{N}(k=1,2,\cdots,N-1)$，即 $X(k) = X(e^{j\frac{2\pi k}{N}})$，基率为 $\frac{2\pi}{N}$。

值得注意的是，在使用离散傅里叶变换（DFT）时，所处理的有限长序列都是作为周期序列的一个周期来表示的，即离散傅里叶变换隐含有周期性，周期为 N。

离散傅里叶变换的逆变换（IDFT）为

$$x(n) = \text{IDFT}[X(k)] = \frac{1}{N} \sum_{k=0}^{N-1} X(k) W_N^{-nk}, \qquad n = 0,1,\cdots,N-1 \tag{6-8}$$

6.2.4 利用 DFT 对连续时间信号的频谱分析

连续时间信号的傅里叶变换，由于积分原因，不便于直接用计算机进行计算处理，使其应用受到限制。离散傅里叶变换（DFT）是一种时域和频域均离散化的变换，适合数值运算，成为分析离散信号和系统的有力工具。因此，对连续信号和系统的频谱分析，可以通过时域抽样，利用 DFT 进行近似频谱分析。

1.混叠失真与参数选择

设连续信号 $x_a(t)$ 持续时间为 T_p，最高频率为 f_h。$x_a(t)$ 的傅里叶变换（即频谱）为

$$X_a(jf) = \int_{-\infty}^{+\infty} x_a(t) e^{-j2\pi ft} dt \tag{6-9}$$

其中：模拟角频率 $\Omega = 2\pi f$。

若对 $x_a(t)$ 进行等间隔抽样 $x(n) = x_a(t)\big|_{t=nT}$，抽样间隔 T（或抽样周期）满足 Nyquist 抽样定理，有

$$T = \frac{1}{f_s} < \frac{1}{2f_h} \tag{6-10}$$

其中：$f_s = \dfrac{1}{T}$ 为抽样频率。从频域角度，对 $X_a(\mathrm{j}f)$ 在区间 $[0, f_s]$ 上等间隔抽样 N 点，抽样间隔为 F（称为频谱分辨率），即

$$F = \frac{f_s}{N} = \frac{1}{NT} \tag{6-11}$$

因此，对持续时间有限的带限信号，在其满足时域抽样定理时，连续信号的频谱可以通过对连续信号抽样并进行 DFT 分析近似得到，即

$$X_a(k) = T \sum_{n=0}^{N-1} x(n) \mathrm{e}^{-\mathrm{j}\frac{2\pi}{N}kn} = T \cdot \mathrm{DFT}[x(n)] \tag{6-12}$$

值得注意的是，在 DFT 对连续信号频谱做近似分析时，信号的最高频率分量 f_h 与频率分辨率 F 之间存在矛盾。从理论上讲，希望随着信号的频率成分 f_h 的增加，频率的分辨率也能提高，即要求 F 减少。但事实并非如此，这是因为随着 f_h 增加，由式（6-11）可知，时域抽样间隔 T 就一定减少，即抽样频率 f_s 增加。由于抽样点数满足

$$N = \frac{f_s}{F} = \frac{T_p}{T} \tag{6-13}$$

若 N 固定不变，必须要求 F 增加而不是减少，所以频率分辨率反而下降而不是提高。反之，要提高分辨率（减少 F），就需增加 T_p。当 N 给定时，必然导致 T 的增加（f_s 减少）。要不产生频率混叠失真，则必然会减少高频容量（信号的最高频率分量）f_h。

因此，要想兼顾高频容量 f_h 与频率分辨率 F，使一个性能提高而另一个性能不变（或也得到提高）的唯一办法就是增加记录长度的点数 N，三者要满足：

$$N = \frac{f_s}{F} > \frac{2f_h}{F} \tag{6-14}$$

该条件是在未采用任何特殊数据处理的情况下，为实现基本 DFT 算法所必须满足的最低条件。

2. 频谱泄漏

在利用 DFT 对连续时间信号进行频谱分析时，在对信号进行截断时，会引起频谱泄漏现象。因此，减少泄漏的方法，首先是取更长的数据，也就是将窗宽加宽，当然数据也不能太长，否则会增加运算量和存储量；其次是数据不要突然截断，也就是说不要加矩形窗，而是要缓慢截断。

3. 栅栏效应

在利用 DFT 对连续时间信号进行频谱分析时，得到的 $X(k)$ 是 $x(n)$ 的傅里叶变换 $X(\mathrm{e}^{\mathrm{j}\omega})$ 在频率区间 $[0, 2\pi]$ 上的 N 点等间隔抽样，即只能知道 N 个离散的频谱值，各个抽样

点之间的频谱函数是不知道的,这种现象被称为栅栏效应。

为了把原来被漏掉的频谱分量检测出来,可以采用在原序列尾部补零的方法,增加序列长度 N,即增加 DFT 变换的点数。这样,可以增加频域抽样点数和抽样点位置,使得原来被漏掉的某些频谱分量被检测出来。

但值得注意的是:第一,对于连续信号的谱分析,只要抽样频率 f_s 足够高,且抽样点数满足频率分辨率要求,就可以认为 DFT 分析后所得的离散频谱的包络近似代表原信号的频谱。第二,在原序列尾部补零并不能增加分辨率。

6.3 预习与参考

6.3.1 相关的 MATLAB 函数

$A=\mathrm{abs}(H)$:返回 H 的每个元素的绝对值。如果 H 的元素是复数,则返回其模。其算法为 $\mathrm{abs}(H)=\mathrm{sqrt}(\mathrm{real}(H).\hat{\ }2+\mathrm{imag}(H).\hat{\ }2)$,公式为 $|H|=\sqrt{x^2+y^2}$,其中 $H=x+\mathrm{j}y$。

$P=\mathrm{angle}(H)$:对 H 的每个元素求相角,所求得的 P 的值域为 $\pm\pi$,$H=x+\mathrm{j}y=|H|\mathrm{e}^P$。

6.3.2 MATLAB 实现

1.DTFT 的 MATLAB 实现

由离散时间傅里叶变换(DTFT)式(6-1)可知,离散序列的频谱具有连续性。因此,在利用 MATLAB 进行数值仿真时,如果 $x(n)$ 为无限长,那么就不能用 MATLAB 直接计算 $X(\mathrm{e}^{\mathrm{j}\omega})$,只可以用它对表达式 $X(\mathrm{e}^{\mathrm{j}\omega})$ 在 $[0,\pi]$ 或 $[0,2\pi]$ 频率点上求值,再画出它的幅度和相位(或者实部和虚部);如果 $x(n)$ 为有限长,那么就可直接用 MATLAB,在任意频率对 $X(\mathrm{e}^{\mathrm{j}\omega})$ 进行数值计算。说明,$X(\mathrm{e}^{\mathrm{j}\omega})$ 是连续的频谱,指数字频率 ω 的变化是连续的。由于 MATLAB 是通过计算机软件进行处理的,对连续函数是用抽样点的数据来表示,严格说来,这种表示方法是不能表示连续函数的,因为它给出的是各个样本点的数据,只有当样本点取得很密时才可看成连续函数。所谓密,是相对于函数变化的快慢而言的。这里我们假设相对于采样点的密度而言,函数变化足够慢。

【例 6-1】 求离散时间信号 $x(n)=(0.5)^n u(n)$ 的频谱。

解 根据离散时间傅里叶变换(DTFT)定义式(6-1),可求得离散时间信号的频谱为

$$X(\mathrm{e}^{\mathrm{j}\omega}) = \mathrm{DTFT}[x(n)] = \sum_{n=-\infty}^{\infty} x(n)\mathrm{e}^{-\mathrm{j}\omega n} = \sum_{n=0}^{\infty} x(n)\mathrm{e}^{-\mathrm{j}\omega n}$$

$$= \sum_{n=0}^{\infty} (0.5\mathrm{e}^{-\mathrm{j}\omega})^n = \frac{1}{1-0.5\mathrm{e}^{-\mathrm{j}\omega}} = \frac{\mathrm{e}^{\mathrm{j}\omega}}{\mathrm{e}^{\mathrm{j}\omega}-0.5}$$

因此,用 MATLAB 对 $X(\mathrm{e}^{\mathrm{j}\omega})$ 在 $[0,\pi]$ 区间的 N 个等分点上求值,并画出它的幅度、相位、实部和虚部。MATLAB 程序如下:

```
N=500；w=[0:N]*pi/N；
X=exp(j*w)./(exp(j*w)-0.5*ones(1,N+1))；          %序列傅里叶变换
magX=abs(X)；angX=angle(X)；                        %求幅度和相位
realX=real(X)；imagX=imag(X)；                       %求幅度的实部和虚部
subplot(2,2,1)；plot(w/pi,magX)；grid on；
xlabel('频率（单位\pi）')；ylabel('幅度|H(e^j\omega)|')；
subplot(2,2,2)；plot(w/pi,realX)；grid on；
xlabel('频率（单位\pi）')；ylabel('实部')；
subplot(2,2,3)；plot(w/pi,angX)；grid on；
xlabel('频率（单位\pi）')；ylabel('相位（弧度）')；
subplot(2,2,4)；plot(w/pi,imagX)；grid on；
xlabel('频率（单位\pi）')；ylabel('虚部')；
```

程序运行结果如图 6.1 所示。

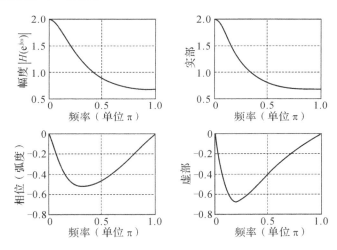

图 6.1　例 6-1 的幅频和相频曲线

2. DFT 的 MATLAB 实现

离散傅里叶变换（DFT）实现了有限长序列频谱的离散化，使时域有限长序列与频域有限长序列相对应，从而可以在频域用计算机进行信号处理。对离散傅里叶变换（DFT）式(6-7)和式(6-8)的计算，可采用以下两种方法实现。

(1)利用 for 循环方法实现 DFT 的函数命令 DFTfor（　）

其 MATLAB 程序为

```
function X=DFTfor(xn)
% 利用 for 循环方法计算 DFT
% xn 为输入序列 x(n)；
```

```
%  X 为 X＝DFT[x(n)];
%－－－－－－－－－－－－－－－－－－－－－－－－－－－－－－－－－－
N＝length(xn);                        %序列长度
X＝zeros(1,N);                        %频谱存储单元清零
for k＝0：N－1                        %利用循环嵌套计算 N 点 DFT
    for n＝0：N－1
        X(k+1)＝X(k+1)+xn(n+1)*exp(－j*2*pi*n*k/N);    %按定义式计算频谱 X(k)
    end
end
```

（2）利用矩阵相乘法实现 DFT 的函数命令 DFTmat（ ）

由 DFT 变换式（6-7）可知，设定一个 k 值求 $X(k)$ 的问题，可归结为一个行向量 $x(n)$ 和一个同长的由 n 构成的列向量 $\mathbf{W}(n)＝e^{-j\frac{2\pi nk}{N}}$ 相乘，即 $\mathbf{X}＝\mathbf{x}(n)\times\mathbf{W}(n)$，这里面已包括了求和运算。因此可以把式（6-7）改写成矩阵乘法运算：

$$\mathbf{X}＝\mathbf{x}_n \cdot \mathbf{W}_{nk}$$

其中：$\mathbf{x}_n$ 为序列行向量；$\mathbf{W}_{nk}$ 是一个 $N\times N$ 阶方阵，大小由命令

```
Wnk＝WN.^([0:N－1]'*[0:N－1])
```

产生，即

$$\mathbf{W}_{nk}＝\begin{bmatrix} W_N^{0\times0} & W_N^{0\times1} & \cdots & W_N^{0\times(N-1)} \\ W_N^{1\times0} & W_N^{1\times1} & \cdots & W_N^{1\times(N-1)} \\ \vdots & \vdots & \cdots & \vdots \\ W_N^{(N-1)\times0} & W_N^{(N-1)\times1} & \cdots & W_N^{(N-1)\times(N-1)} \end{bmatrix}$$

因此，利用矩阵乘法计算 N 点 DFT 的程序如下：

```
function Xk＝DFTmat(xn)
%  利用矩阵相乘方法计算 DFT
%  xn 为输入序列 x(n);
%  Xk 为 X(k)＝DFT[x(n)];
%－－－－－－－－－－－－－－－－－－－－－－－－－－－－－－－－－－
N＝length(xn);                        %序列长度
n＝0:N－1;k＝n;nk＝n'*k;              %生成[0:N－1]'*[0:N－1]方阵
WN＝exp(－j*2*pi/N);Wnk＝WN.^nk;     %生成 Wnk 矩阵
Xk＝xn*Wnk;                           %计算 N 点 DFT
```

由于采用矩阵乘法，方法（2）的运算速度比方法（1）的略快一些。但这两种方法都属于 DFT 直接计算，因此随着序列长度的增加，这两种实现方法的运算速度与 DFT 快速算法

（FFT）相比将显得较慢。

【例 6-2】 设 $x(n)=(-0.9)^n$，$-5\leqslant n\leqslant 5$，

（1）计算离散时间傅里叶变换 $X(e^{j\omega})$，并画出它的幅度和相位；

（2）计算 $x(n)$ 的 11 点 DFT。

解 （1）利用定义直接计算离散时间傅里叶变换 $X(e^{j\omega})$，MATLAB 程序如下：

```
n=-5:5;x=(-0.9).^n;                    %生成序列
k=-200:200;w=(pi/100)*k;
X=x*(exp(-j*pi/100)).^(n'*k);          % 求 DTFT
magX=abs(X);angX=angle(X);             %求幅度和相位
subplot(2,1,1);plot(w/pi,magX);grid on;   %绘制幅度曲线
axis([-2,2,0,15]);
xlabel('\omega(x\pi)');ylabel('幅度|H(e^j^\omega)|');
subplot(2,1,2);plot(w/pi,angX/pi);grid on;   %绘制相位曲线
axis([-2,2,-1,1]);xlabel('\omega(x\pi)');ylabel('相位(弧度/\pi)');
```

该程序运行结果如图 6.2 所示。由图 6.2 可以看出，$X(e^{j\omega})$ 不仅是周期信号，还是共轭对称的，实际上 $x(n)$ 为实序列，与理论结果是一致的。

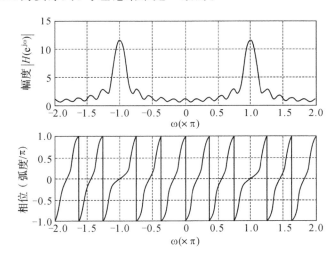

图 6.2　$X(e^{j\omega})$ 的幅频和相频曲线

（2）计算 $x(n)$ 的 11 点 DFT。MATLAB 程序如下：

```
clear; clc; close all
n=-5:5; xn=(-0.9).^n;                  %序列 x(n)
k1=0:1000;w=(pi/500)*k1;
X=xn*(exp(-j*pi/500)).^(n'*k1);        %求连续频谱
magX=abs(X);angX=angle(X);             %求连续频谱的幅度及相位
```

```
Xk＝DFTmat(xn);                           ％调用矩阵相乘法求离散频谱 X(k)＝DFT[x(n)]
N＝length(xn); k＝0:N－1;
Xk1＝Xk. * exp(j * 2 * pi * 5 * k/N);       ％利用 x(n)中 n 的实际取值范围求解
magXk＝abs(Xk1);angXk＝angle(Xk1);
subplot(2,1,1);plot(w/pi,magX,′－－′);      ％绘制|X(e^jw)|幅度曲线
hold on; stem(2 * k/N,magXk);            ％绘制|X(k)|
hold off; axis([0,2,0,15]); grid on;
xlabel(′\omega(x\pi)′);ylabel(′幅度|X(k)|′);
subplot(2,1,2);plot(w/pi,angX/pi,′－－′);
hold on; stem(2 * k/N,angXk/pi);          ％绘制相位曲线
hold off;axis([0,2,－1,1]); grid on;
xlabel(′\omega(x\pi)′); ylabel(′相位(弧度/\pi)′);
```

该程序运行结果如图 6.3 所示。值得注意的是,求解离散傅里叶变换(DFT)时,根据定义式(6-7)可知,n、k 的取值范围为 $0,1,\cdots,N-1$。但在本例中,n 的取值为 $-5\leqslant n\leqslant 5$,因此,需将式(6-7)改写为式(6-15)来求解,即

$$X(k) = \mathrm{DFT}[x(n)] = \sum_{n=0}^{N-1} x(n)W_N^{nk} = W_N^{-5k}\sum_{n=-5}^{N-6} x(n)W_N^{nk} \qquad k = 0,1,\cdots,N-1 \quad (6\text{-}15)$$

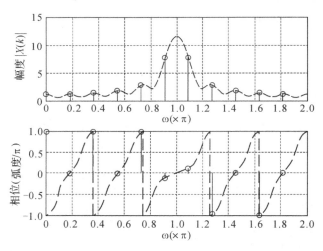

图 6.3　$X(k)$ 的幅度和相位

【例 6-3】　设 $x(n)$ 是 4 点序列:

$$x(n)=\begin{cases}1, & 0\leqslant n\leqslant 3 \\ 0, & \text{其他}\end{cases}$$

(1)计算离散时间傅里叶变换 $X(\mathrm{e}^{\mathrm{j}\omega})$,并画出它的幅度和相位;
(2)计算 $x(n)$ 的 4 点 DFT。

解　(1)由离散时间傅里叶变换(DTFT)的定义得

$$X(\mathrm{e}^{\mathrm{j}\omega}) = \sum_{n=0}^{3} x(n)\mathrm{e}^{-\mathrm{j}n\omega} = 1 + \mathrm{e}^{-\mathrm{j}\omega} + \mathrm{e}^{-\mathrm{j}2\omega} + \mathrm{e}^{-\mathrm{j}3\omega}$$

$$= \frac{1 - \mathrm{e}^{-\mathrm{j}4\omega}}{1 - \mathrm{e}^{-\mathrm{j}\omega}} = \frac{\sin(2\omega)}{\sin\left(\frac{\omega}{2}\right)} \mathrm{e}^{-\mathrm{j}\frac{3\omega}{2}}$$

所以,幅度为 $|X(\mathrm{e}^{\mathrm{j}\omega})| = \left| \dfrac{\sin(2\omega)}{\sin\left(\dfrac{\omega}{2}\right)} \right|$,相位为 $\angle X(\mathrm{e}^{\mathrm{j}\omega}) = \begin{cases} -\dfrac{3\omega}{2}, & \dfrac{\sin(2\omega)}{\sin\left(\dfrac{\omega}{2}\right)} > 0 \\[4mm] -\dfrac{3\omega}{2} \pm \pi, & \dfrac{\sin(2\omega)}{\sin\left(\dfrac{\omega}{2}\right)} < 0 \end{cases}$。

MATLAB 程序如下:

```
clear; clc; close all
N=1000; w=[0:N-1] * 2 * pi/N;
X=(sin(2 * w)./sin(w/2)). * exp(-j * 3 * w/2);        %序列傅里叶变换
magX=abs(X); angX=angle(X);                           %求幅度响应和相位响应
subplot(2,1,1); plot(w/pi,magX); grid on;
xlabel('\omega(x\pi)'); ylabel('幅度 |X(e^j\omega)|');
subplot(2,1,2); plot(w/pi,angX); grid on;
xlabel('\omega(x\pi)'); ylabel('相位');
```

程序运行结果如图 6.4 所示。

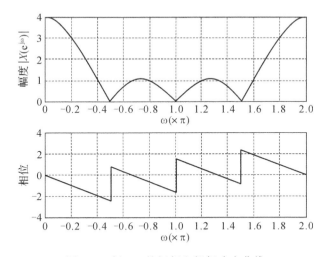

图 6.4　例 6-3 的幅频和相频响应曲线

（2）计算 $x(n)$ 的 4 点 DFT。为了比较方便,将 $x(n)$ 的连续频谱 $X(\mathrm{e}^{\mathrm{j}\omega})$ 的幅度和相位用虚线绘制。MATLAB 程序如下:

```
clear; clc; close all;
n=0:3;xn=[1,1,1,1];                                   %序列 x(n)
```

```
k1=0:1000;w=(pi/500)*k1;
X=xn*(exp(-j*pi/500)).^(n'*k1);
magX=abs(X);angX=angle(X);
N=length(xn);                          %序列长度
n1=0:N-1;k=n1;nk=n1'*k;                %生成[0:N-1]'*[0:N-1]方阵
WN=exp(-j*2*pi/N);Wnk=WN.^nk;          %生成 Wnk 矩阵
Xk=xn*Wnk;                             %计算 N 点 DFT
magXk=abs(Xk);angXk=angle(Xk);
subplot(2,1,1);plot(w/pi,magX,'k--');  %绘制|X(e^jω)|幅度曲线
hold on;
stem(2*k/N,magXk);                     %绘制|X(k)|
hold off;axis([0,2,0,5]);grid on;
xlabel('\omega(x\pi)');ylabel('幅度|X(k)|');
subplot(2,1,2);plot(w/pi,angX/pi,'k--');
hold on;
stem(2*k/N,angXk/pi);                  %绘制相位曲线
hold off;axis([0,2,-1,1]);grid on;
xlabel('\omega(x\pi)');ylabel('相位/\pi');
```

程序运行结果如图 6.5 所示。

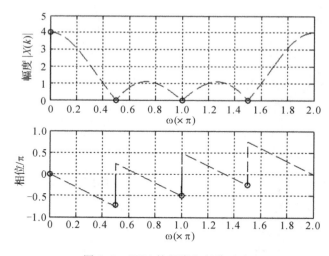

图 6.5　$X(k)$ 的幅度和相位响应

【**例 6-4**】　设 $x(n)=\cos(0.48\pi n)+\cos(0.52\pi n)$，试分析下列情况的频谱特性。

(1)若令 $x_1(n)=x(n),0\leqslant n<10$，求出并画出 $x_1(n)$ 的离散傅里叶变换；

(2)若令 $x_2(n)=\begin{cases} x(n), & 0\leqslant n<10 \\ 0, & 10\leqslant n<100 \end{cases}$，求出并画出 $x_2(n)$ 的离散傅里叶变换；

(3)若令 $x_3(n)=x(n),0\leqslant n<100$，求出并画出 $x_3(n)$ 的离散傅里叶变换。

解　(1)利用 DFTfor（　）函数，求信号 $x_1(n)$ 的 10 点 DFT。MATLAB 程序如下：

```
clear；clc；close all；
n=0:99；x=cos(0.48 * pi * n)＋cos(0.52 * pi * n)；
n1=0:9；x1=x(1:10)；N=length(x1)；
X1=DFTfor(x1)；              %调用 DFTfor（  ）函数求 X1=DFT[x1(n)]
k=n1；w=2 * pi * k/N；
magX1=abs(X1)；             %求幅度 |X1(k)|
subplot(2,1,1)；stem(n1,x1)；ylabel('x(n)')；xlabel('n')；grid on；
subplot(2,1,2)；stem(w/pi,magX1)；
ylabel('|X_1_0(k)|')；xlabel('\omega(x\pi)')；grid on；
```

该程序运行结果如图 6.6 所示。

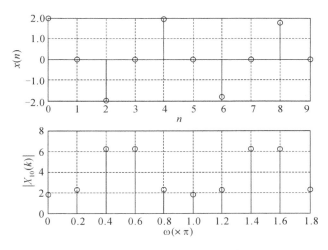

图 6.6　信号 $x_1(n)$ 及其频谱

(2)利用 DFTfor（ ）函数,求信号 $x_2(n)$ 的 100 点 DFT。MATLAB 程序如下：

```
clear；clc；close all；
n=0:99；x=cos(0.48 * pi * n)＋cos(0.52 * pi * n)；
x2=[x(1:10),zeros(1,90)]；        %序列末尾补零
N=length(x2)；
X2=DFTfor(x2)；                  %调用 DFTfor（ ）函数求 X2=DFT[x2(n)]
k=n；w=2 * pi * k/N；
magX2=abs(X2)；                 %求幅度 |X2(k)|
subplot(2,1,1)；stem(n,x2)；ylabel('x(n)')；xlabel('n')；grid on；
subplot(2,1,2)；plot(w/pi,magX2)；
ylabel('|X(e^j^\omega)|')；xlabel('\omega(x\pi)')；grid on；
```

该程序运行结果如图 6.7 所示。

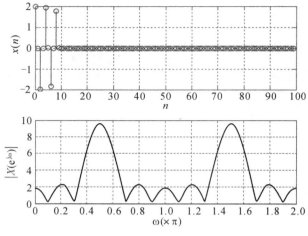

图 6.7　信号 $x_2(n)$ 及其频谱

（3）利用 DFTmat( )函数，求信号 $x_3(n)$ 的 100 点 DFT。MATLAB 程序如下：

```
clear;clc;close all;
n=0:99; x3=cos(0.48 * pi * n)+cos(0.52 * pi * n);
N=length(x3);
X3=DFTmat(x3);                    %调用 DFTmat( )函数求 X3=DFT[x3(n)]
k=n;w=2 * pi * k/N;
magX3=abs(X3);                    %求幅度|X3(k)|
subplot(2,1,1); stem(n,x3); ylabel('x(n)');xlabel('n');grid on;
subplot(2,1,2); plot(w/pi,magX3);
ylabel('|X(e^j^\omega)|'); xlabel('\omega(x\pi)');grid on;
```

该程序运行结果如图 6.8 所示。

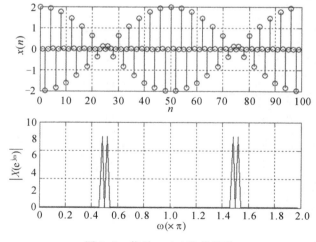

图 6.8　信号 $x_3(n)$ 及其频谱

从该例可以看出,原信号 $x(n)$ 含有 0.48π、0.52π 两个频率成分。当对它取 10 点样本值进行频谱分析时,从图 6.6 中可以看出,无法分辨出两个频率成分。这是因为两个成分之间的频率差为 $\Delta\omega=0.52\pi-0.48\pi=0.04\pi$,而 10 点 DFT 的频率分辨率 $\Delta F=2\pi/10=0.2\pi$,$\Delta F>0.04\pi$(即频率分辨率大于频差),因此,无法分辨。信号 $x_2(n)$ 是在 $x_1(n)$ 的末尾补充 90 个零点获得的,这时虽然将 10 点 DFT 变换变成了 100 点 DFT,但样本值仍是 10 点,所以分辨率不变,补零只是减小栅栏效应,使得频谱更为平滑(如图 6.7 所示,该序列 $x_2(n)$ 有一个主要频率在 $\omega=0.5\pi$ 处,但这一点并不被原序列 $x(n)$ 支持),但不能提高分辨率。当增加样本值(即增加记录长度)时,情况就不同了。当对 $x(n)$ 取 100 点样本值做 100 点的 DFT 变换时,所得频谱如图 6.8 所示,从频谱图中可以清晰地分辨出两个频率成分。这是因为这时频率分辨率 $\Delta F=2\pi/100=0.02\pi$,$\Delta F<0.04\pi$(即频率分辨率小于频差)。

6.4　实验内容

1.已知序列 $x(n)=2n+5,-3\leqslant n\leqslant14$,求出并画出 $x(n)$ 的离散傅里叶变换,并与直接调用函数 DFTfor（　）和 DFTmat（　）命令对比计算结果是否正确。

2.信号 $x_a(t)$ 由三个正弦组成,即 $x_a(t)=\sin(2\pi f_1 t)+\sin(2\pi f_2 t)+\sin(2\pi f_3 t)$,其频率分别为 $f_1=2\,\mathrm{Hz},f_2=2.02\,\mathrm{Hz},f_3=2.07\,\mathrm{Hz}$。利用 DFT 对信号 $x_a(t)$ 进行频谱分析,其抽样频率为 $f_s=10\,\mathrm{Hz}$。试用 DFT 进行频谱分析:

(1)若信号的记录长度 $T_p=25.6\,\mathrm{s}$,能否分辨出信号 $x_a(t)$ 中的频率成分?求出并画出此时的频谱图。

(2)若将信号的记录长度增加为 $T_p=102.4\,\mathrm{s}$,情况又如何?求出并画出此时的频谱图,分析比较两种情况得出结论。

6.5　实验要求

1.实验前必须进行充分的预习,熟悉实验内容;

2.实验报告中应简述实验目的和原理;

3.实验报告中应附上实验程序;

4.简述利用 DFT 分析连续信号的频谱的步骤,以及应注意的问题。

序列圆周卷积与线性相关运算

7.1 实验目的

本实验结合教材有关序列圆周卷积与线性相关运算的教学内容,学习掌握序列圆周卷积和序列相关运算的计算原理和实现方法。

7.2 实验原理

7.2.1 周期卷积和运算

1.时域计算法

设有限长序列 $x(n)$ 和 $h(n)$,长度分别为 N_1 和 N_2,$N=\max[N_1,N_2]$。序列圆周卷积是指按式(7-1)所示计算时,称序列 $y(n)$ 为序列 $x(n)$ 和 $h(n)$ 的 N 点圆周卷积(或循环卷积)。

$$y(n) = x(n) \textcircled{N} h(n) = \sum_{m=0}^{N-1} x(m)h((n-m))_N R_N(n) \tag{7-1}$$

圆周卷积的求解过程与周期卷积和类似,只是这里的运算都是在主值区间进行的。从圆周卷积和公式(7-1)可以看出,圆周卷积和 $y(n)$ 求解可按以下步骤进行:

①序列圆周翻褶:首先将 $h(m)$ 周期延拓,形成周期序列 $h((m))_N$,然后以 $m=0$ 的纵轴为对称轴翻褶形成 $h((-m))_N$;

②序列圆周移位:将 $h((-m))_N$ 圆周移位 n(设 n 为某一给定值,$0 \leqslant n \leqslant N-1$)得到 $h((n-m))_N$,然后取主值区 $h((n-m))_N R_N(n)$;

③序列相乘:将 $h((n-m))_N$ 与 $x(m)$ 的相同时刻的序列值对应相乘,得乘积序列 $w(n)=x(m)h((n-m))_N$;

④序列求和：将乘积序列 $w(n)$ 中的所有的序列值相加就得到 $y(n)$ 的第 n 个序列值 $y(n)=\sum w(n)$。

⑤改变 n，重复步骤②、③和④，求得 $0\leqslant n\leqslant N-1$ 区间上所有对应的序列值 $y(n)$。

2. 频域计算法

若对圆周卷积和定义式(7-1)两边进行离散傅里叶变换(DFT)，则有

$$Y(k)=\mathrm{DFT}[y(n)]=\sum_{n=0}^{N-1}\Big[\sum_{m=0}^{N-1}x(m)h((n-m))_N R_N(n)\Big]W_N^{kn}$$
$$=\sum_{m=0}^{N-1}x(m)\Big[\sum_{n=0}^{N-1}h((n-m))_N W_N^{kn}\Big] \tag{7-2}$$

令 $n-m=n'$，则

$$Y(k)=\sum_{m=0}^{N-1}x(m)\Big[\sum_{n'=-m}^{N-1-m}h((n'))_N W_N^{k(n'+m)}\Big]=\sum_{m=0}^{N-1}x(m)W_N^{km}\sum_{n'=-m}^{N-1-m}h((n'))_N W_N^{kn'} \tag{7-3}$$

由于式(7-3)中的求和项 $h((n'))_N W_N^{kn'}$ 是以 N 为周期的，对其在任一个周期上求和的结果不变。因此，式(7-3)可改写为

$$Y(k)=\sum_{m=0}^{N-1}x(m)W_N^{km}\sum_{n'=0}^{N-1}h((n'))_N W_N^{kn'}=X(k)H(k) \tag{7-4}$$

然后，再利用离散傅里叶逆变换(IDFT)即可求得圆周卷积和序列 $y(n)=\mathrm{IDFT}[Y(k)]$。因此，频域法求解圆周卷积和的实现流程框图如图 7.1 所示，具体实现步骤如下：

①利用离散傅里叶变换(DFT)求出有限长序列 $x(n)$ 与 $h(n)$ 的频谱 $X(k)=\mathrm{DFT}[x(n)]$ 和 $H(k)=\mathrm{DFT}[h(n)]$；

②利用式(7-4)求得圆周卷积和序列 $y(n)$ 的频谱 $Y(k)=X(k)H(k)$；

③利用离散傅里叶逆变换(IDFT)，求出相应的圆周卷积序列 $y(n)=\mathrm{IDFT}[Y(k)]$。

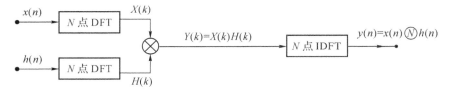

图 7.1　圆周卷积的频域实现流程

在实际应用中，频域法求解圆周卷积和是最常用的方法，其原因是 DFT 和 IDFT 有快速算法(FFT)。利用快速算法(FFT)可以使求解圆周卷积的速度提高若干倍。关于 DFT 的快速算法(FFT)将在实验 8 中详细讨论。

7.2.2　序列线性相关运算

1. 两序列的线性相关

所谓相关是指两个信号之间的相似性。对于序列 $x(n)$ 和 $y(n)$，两个序列的线性相关定义为

$$r_{xy}(m) = \sum_{n=-\infty}^{\infty} x(n)y^*(n-m) \tag{7-5}$$

或

$$r_{xy}(m) = \sum_{n=-\infty}^{\infty} x(n+m)y^*(n) \tag{7-6}$$

从定义可以得出,相关函数不满足交换律 $r_{xy} \neq r_{yx}$。另外,在相关函数 $r_{xy}(m)$ 中的延时 m 是由式(7-5)中信号 $x(n)$ 的时间 n 减去信号 $y^*(n-m)$ 的时间 $(n-m)$ 得到的,即 $m=n-(n-m)$,所以,通常 $x(n)$ 与 $y(n+m)$ 的相似程度是和 $x(n)$ 与 $y(n-m)$ 的相似程度不同的,即 $r_{xy}(-m) \neq r_{xy}(m)$。

当信号 $x(n)$ 与自身相关时,称 $r_{xx}(m)$ 为 $x(n)$ 的自相关函数。

$$r_{xx}(m) = \sum_{n=-\infty}^{+\infty} x(n)x^*(n-m) = \sum_{n=-\infty}^{+\infty} x^*(n)x(n+m) = r_{xx}^*(-m) \tag{7-7}$$

从线性相关定义式(7-5)可以看出,线性相关的求解与卷积和的求解是相似的,它包括了平移、相乘与相加三个步骤,只是没有翻褶这一步骤。因此,时域法求两序列线性相关的实现步骤如下:

①序列平移:将序列 $y(n)$ 平移并共轭,形成序列 $y^*(n-m)$。

②序列相乘:将序列 $x(n)$ 与序列 $y^*(n-m)$ 相同时刻点对应相乘,得乘积序列 $w(n) = x(m)y^*(n-m)$。

③序列求和:将乘积序列 $w(n)$ 中的所有的序列值相加得到 $r_{xy}(m)$ 第 m 个序列值 $r_{xy}(m) = \sum w(n)$。

④改变 m,重复①、②和③步,求得 $-\infty < m < \infty$ 区间上所有对应的序列值 $r_{xy}(m)$。

2.圆周相关

设有限长序列 $x(n)$ 和 $y(n)$,长度分别为 N_1 和 N_2,$N=N_1+N_2-1$。两有限长序列 $x(n)$ 和 $y(n)$ 的圆周相关定义为

$$r_{xy}(m) = \sum_{n=0}^{N-1} y^*(n)x((n+m))_N R_N(m) = \sum_{n=0}^{N-1} x(n)y^*((n-m))_N R_N(m) \tag{7-8}$$

则圆周相关序列 $r_{xy}(n)$ 的 DFT 与两序列 $x(n)$ 和 $y(n)$ 的 DFT 满足

$$R_{xy}(k) = X(k)Y^*(k) \tag{7-9}$$

式(7-9)表明两有限长序列 $x(n)$ 和 $y(n)$ 圆周相关,与圆周卷积类似,也可从频域来实现,其实现流程如图 7.2 所示。

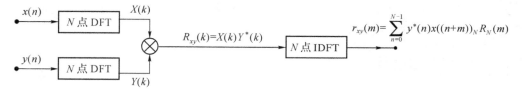

图 7.2　圆周相关的频域实现流程

具体实现步骤如下:

①分别对序列 $x(n)$、$y(n)$ 做 N 点离散傅里叶变换(DFT),$X(k) = \mathrm{DFT}[x(n)]$、$Y(k) =$

$\mathrm{DFT}[y(n)]$；

②将 $X(k)$ 与 $Y^*(k)$ 相乘，$R_{xy}(k)=X(k)Y^*(k)$；

③对 $R_{xy}(k)$ 做 N 点离散傅里叶逆变换（IDFT），获得圆周相关 $r_{xy}(m)=\mathrm{IDFT}[R_{xy}(k)]$。

7.3　预习与参考

7.3.1　相关 MATLAB 函数

$y=\mathrm{sum}(x)$：序列累加。

$m=\mathrm{mod}(x,y)$：返回 x 关于 y 的余数。

7.3.2　MATLAB 实现

1. 圆周移位函数 cirshftt（　）

圆周移位 $y(n)=x((n-m))_N R_N(n)$ 是指对有限长序列 $x(n)$ 进行如下操作：首先，对序列 $x(n)$ 作周期延拓，形成周期序列 $\tilde{x}(n)=\sum\limits_{k=-\infty}^{+\infty}x(n+kN)$；然后对周期序列 $\tilde{x}(n)$ 做 m 点移动形成 $\tilde{x}(n-m)$；最后取周期序列 $\tilde{x}(n-m)$ 的主值序列 $\tilde{x}(n-m)R_N(n)=\left[\sum\limits_{k=-\infty}^{+\infty}x(n-m+kN)\right]R_N(n)$，获得圆周移位序列 $y(n)=x((n-m))_N R_N(n)$。因此，根据圆周移位的操作步骤，利用 mod（　）函数，可编写圆周移位函数 cirshftt（　）来实现。

圆周移位 cirshftt（　）函数的 MATLAB 程序如下：

```
function y=cirshftt(x,m,N)
%圆周移位:y(n)=x((n-m))_N
%x(n)为输入序列
%m 为圆周移位量
%N 为圆周移位序列长度
%y(n)为输出的圆周移位序列
%————————————————————————————
if  length(x)>N
error
    ('N must be >=the length of x')
end
x=[x,zeros(1,N-length(x))];%补零
n=0:N-1;
n=mod(n-m,N);
y=x(n+1);
```

【例 7-1】　已知一个 11 点序列 $x(n)=10\times(0.8)^n$, $0\leqslant n\leqslant 10$,

(1)画出 $x((-n))_{15}R_{15}(n)$ 样本;(2)画出 $x((n-6))_{15}R_{15}(n)$ 样本;(3)画出 $x((n+4))_{15}R_{15}(n)$ 样本。

解　调用函数 mod( )和圆周移位函数 cirshftt( )来实现,MATLAB 程序为

```
clear;clc;close all
n=0:10;xn=10*0.8.^n;                %原序列 x(n)
m=0:14;
xn1=[xn,zeros(1,15-11)];           %序列 x(n)补零
yn1=xn1(mod(-m,15)+1);             %求圆周翻褶序列 x((-n))15
subplot(2,2,1);stem(n,xn);ylabel('x(n)');xlabel('n');             %绘制原序列 x(n)
subplot(2,2,2);stem(m,yn1);ylabel('x((-n))_1_5');xlabel('n');     %绘制 x((-n))15 序列
yn2=cirshftt(xn,6,15);             %调用圆周移位函数 cirshftt( ),求 x((n-6))15
yn3=cirshftt(xn,-4,15);            %调用圆周移位函数 cirshftt( ),求 x((n+4))15
subplot(2,2,3);stem(m,yn2);ylabel('x((n-6))_1_5');xlabel('n');    %绘制 x((n-6))15 序列
subplot(2,2,4);stem(m,yn3);ylabel('x((n+4))_1_5');xlabel('n');    %绘制 x((n+4))15 序列
```

程序运行结果如图 7.3 所示。

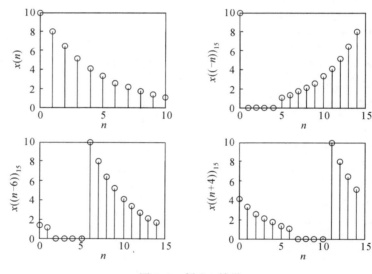

图 7.3　例 7-1 结果

2.圆周卷积函数

方法一:时域计算

根据圆周卷积的定义式(7-1),利用 cirshftt( )函数、mod( )函数和 for 循环实现。编程思路如下。

①圆周翻褶:利用 mod( )函数形成圆周翻褶序列 $h((-m))_N$。

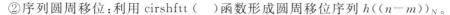

②序列圆周移位：利用 cirshftt（ ）函数形成圆周移位序列 $h((n-m))_N$。

③序列相乘：将 $h((n-m))_N$ 与 $x(m)$ 的相同时刻的序列值对应相乘，得乘积序列 $w(n)$ $=x(m)h((n-m))_N$。

④序列求和：利用 sum（ ）函数，将乘积序列 $w(n)$ 中的所有的序列值相加 $\sum w(n)$，就得到 $y(n)$ 第 n 个序列值。

⑤利用 for 循环实现 n 的循环，求得 $0 \leqslant n \leqslant N-1$ 区间上所有对应的序列值 $y(n)$。

这样，根据以上编程思路，可编写时域法圆周卷积和计算函数 circonvtim（ ）。

时域法圆周卷积和计算函数 circonvtim（ ）的 MATLAB 程序如下：

```
function y＝circonvtim(x1,x2,N)
%时域计算 N 点圆周卷积 y(n)＝sum(x1(m) * x2((n－m))N;
% x1(n),x2(n)分别为输入序列
% y(n)为输出所求的圆周卷积序列
%－－－－－－－－－－－－－－－－－－－－－－－－－－－－－－－－
n＝0：N－1；
x1＝[x1,zeros(1,N－length(x1))];        %对序列 x1(n)补零,使其长度为 N
x2＝[x2,zeros(1,N－length(x2))];        %对序列 x2(n)补零,使其长度为 N
x3＝x2(mod(－n,N)+1);                   %求圆周翻褶序列 x((-n))N
for m＝0：N－1
    x4＝cirshftt(x3,m,N);              %求圆周移位序列 x3((n－m))N
    x5＝x1. * x4;                      %序列相乘
    y(m+1)＝sum(x5);                   %序列求和
end
```

方法二：频域计算

根据图 7.1 所示的圆周卷积的频域实现流程框图，可编写频域法圆周卷积和计算函数 circonvfre（ ）。

频域法圆周卷积和计算函数 circonvfre（ ）的 MATLAB 编程如下：

```
function yn＝circonvfre(x1,x2,N)
%频域计算 N 点圆周卷积 y(n)＝sum[x1(m) * x2((n－m))N];
% x1(n),x2(n)分别为输入序列
% y(n)为输出所求的圆周卷积序列
%－－－－－－－－－－－－－－－－－－－－－－－－－－－－－－－－
x1＝[x1,zeros(1,N－length(x1))];        %对序列 x1(n)补零,使其长度为 N
x2＝[x2,zeros(1,N－length(x2))];        %对序列 x2(n)补零,使其长度为 N
Xk1＝DFTmat(x1);                       %调用函数 DFTmat( ),求 X1(k)＝DFT[x1(n)]
Xk2＝DFTmat(x2);                       %调用函数 DFTmat( ),求 X2(k)＝DFT[x2(n)]
Yk＝Xk1. * Xk2;                        %求 Y(k)＝X1(k) * X2(k)
%计算 N 点 IDFT
```

```
n=0:N-1;k=n;nk=n'*k;              %生成[0:N-1]'*[0:N-1]方阵
WN=exp(j*2*pi/N);Wnk=WN.^nk;      %生成 Wnk 矩阵
yn=Yk*Wnk/N;                       %x(n)=IDFT[X(k)]
```

【例 7-2】 已知序列 $x_1(n)=\{1,1,1\}$,$0{\leqslant}n{\leqslant}2$;$x_2(n)=\{1,2,3,0,0,0,4\}$,$0{\leqslant}n{\leqslant}6$,试求:

(1)$y_1(n)=x_1(n)⑦x_2(n)$;(2)$y_1(n)=x_1(n)⑩x_2(n)$。

解 (1)调用函数 circonvtim( )来实现:

```
>>x1=[1,1,1];x2=[1,2,3,0,0,0,4];
>>y1=circonvtim(x1,x2,7)
y1=
5   7   6   5   3   0   4
```

(2)调用函数 circonvfre( )来实现:

```
>>x1=[1,1,1];x2=[1,2,3,0,0,0,4];
>>y2=circonvfre(x1,x2,10)
y2=
1.0000-0.0000i   3.0000+0.0000i   6.0000+0.0000i   5.0000-0.0000i
3.0000-0.0000i   -0.0000+0.0000i  4.0000+0.0000i   4.0000-0.0000i
4.0000-0.0000i   -0.0000-0.0000i
```

说明:y2 中出现复数,虚部为 ±0.0000i,这是计算误差造成的。为了去除虚部,可取其模。

```
>>y2=abs(y2)
y2=
1.0000   3.0000   6.0000   5.0000   3.0000   0.0000   4.0000
4.0000   4.0000   0.0000
```

【例 7-3】 已知序列 $x_1(n)=\{1,1,1\}$,$0{\leqslant}n{\leqslant}2$;$x_2(n)=\{1,2,3,4,5\}$,$0{\leqslant}n{\leqslant}4$。试验证线性卷积和 $y_l(n)=x_1(n)*x_2(n)$ 与圆周总卷积和 $y(n)=x_1(n)Ⓝx_2(n)$ 的关系。

解 MATLAB 验证程序如下:

```
clear;clc;close all
x1=[1,1,1];x2=[1,2,3,4,5];         %序列 x1(n)和 x2(n)
ylin=conv(x1,x2)                   %线性卷积 y(n)=x1(n)*x2(n)
y1=circonvtim(x1,x2,5)             %5 点圆周卷积
y2=circonvtim(x1,x2,6)             %6 点圆周卷积
```

```
y3＝circonvtim(x1,x2,7)              ％7 点圆周卷积
y4＝circonvtim(x1,x2,8)              ％8 点圆周卷积
subplot(5,1,1);stem(ylin);          ％绘制序列
axis([1,8,0,20]);title('y(n)＝x_1(n) ＊ x_2(n)');
subplot(5,1,2);stem(y1);
axis([1,8,0,20]);title('y_1(n)＝x_1(n)⑤x_2(n)');
subplot(5,1,3);stem(y2);
axis([1,8,0,20]);title('y_2(n)＝x_1(n)⑥x_2(n)');
subplot(5,1,4);stem(y3);
axis([1,8,0,20]);title('y_3(n)＝x_1(n)⑦x_2(n)');
subplot(5,1,5);stem(y4);xlabel('n');
axis([1,8,0,20]);title('y_4(n)＝x_1(n)⑧x_2(n)');
```

程序运行结果如图 7.4 所示。

```
ylin＝  1   3   6   9   12   9   5
y1＝   10   8   6   9   12
y2＝    6   3   6   9   12   9
y3＝    1   3   6   9   12   9   5
y4＝    1   3   6   9   12   9   5   0
```

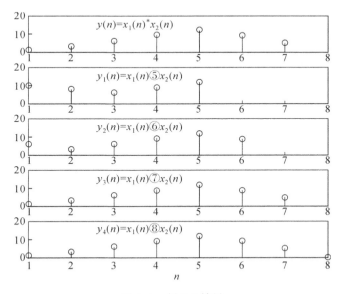

图 7.4　例 7-3 结果

由以上结果得出以下结论：

(1) 若设两有限长序列 $x_1(n)$、$x_2(n)$ 的长度分别为 N_1 和 N_2，当圆周卷积和长度 $N \geqslant N_1 +$

$N_2 - 1$ 时，线性卷积和可由圆周卷积和替代，即 $y_l(n) = x_1(n) * x_2(n) = x_1(n) Ⓝ x_2(n)$。

（2）当圆周卷积和长度 $N < N_1 + N_2 - 1$ 时，会产生序列混叠误差。这是因为 N 点圆周卷积 $y(n)$ 是线性卷积 $y_l(n)$ 以 N 为周期的周期延拓序列的主值序列，即 $y(n) = x_1(n) Ⓝ x_2(n) = \left[\sum_{k=-\infty}^{+\infty} y_l(n + kN) \right] R_N(n)$。

由于序列 $y_1(n) = x_1(n) Ⓢ x_2(n)$，线性卷积 $y_l(n)$ 以 5 为周期进行延拓，即

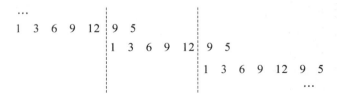

所以，$y_1(n) = x_1(n) Ⓢ x_2(n) = \{10, 8, 6, 9, 12\}$。同样对于序列 $y_2(n) = x_1(n) Ⓢ x_2(n)$，线性卷积 $y_l(n)$ 按 6 为周期进行延拓，即

$$
\begin{array}{cccccccccccc}
\cdots & & & & & & & & & & & \\
1 & 3 & 6 & 9 & 12 & 9 & 5 & & & & & \\
 & & & & & & 1 & 3 & 6 & 9 & 12 & 9 & 5 \\
 & & & & & & & & & & & & 1 & 3 & 6 & 9 & 12 & 9 & 5 \\
 & & & & & & & & & & & & & & & & & \cdots
\end{array}
$$

所以，$y_2(n) = x_1(n) Ⓢ x_2(n) = \{6, 3, 6, 9, 12, 9\}$。

3. 线性相关

根据线性相关定义 $r_{xy}(m) = \sum_{n=-\infty}^{+\infty} x(n) y^*(n-m)$，编程思路为

① 将序列 $y(n)$ 平移 m 并共轭，形成序列 $y^*(n-m)$；

② 将序列 $x(n)$ 与序列 $y^*(n-m)$ 相同时刻点对应相乘得 $w(n) = x(m) y^*(n-m)$；

③ 利用 sum（ ）函数，求序列和 $\sum w(n)$；

④ 利用 for 循环，重复 ①、② 和 ③ 步，求得 $-\infty < m < \infty$ 区间上所有对应的序列值 $r_{xy}(m)$。

根据以上编程思路，可编写线性相关计算函数 lincorrtime（ ）。

线性相关计算函数 lincorrtime（ ）的 MATLAB 程序如下：

```
function [r,m]=lincorrtime(x,y)
%  求两个有限序列 x(n) 与 y(n) 的线性相关
%  r(m)=∑x(n)y*(n−m)
%  r 是线性相关输出序列
%  m 为延时时间
%  x 是长度为 N1 的输入序列
%  y 是长度为 N2 的输入序列
```

```
%——————————————————————————————————————————
N1＝length(x);N2＝length(y);N＝N1＋N2－1;
%为了序列相加或相乘,需对序列补零,使得 x 与 y 等长度
M＝N1＋2＊N2－2;                         %补零后 y 与 x 的长度
x＝[zeros(1,N2－1),x,zeros(1,N2－1)];     %x(n)补零
y＝[y,zeros(1,N－1)];                     %y(n)补零
y＝conj(y);                              %共轭
%利用 for 循环,求 y(m)＝∑x(n)y＊(n－m)
for n＝0：M－1
    yy＝[zeros(1,n),y(1,1：M－n)];        %移位 y(n－m)
    r(n+1)＝sum(x.＊yy);                %求和
end
r＝r(1,1：N);
m＝[－N2+1：N1－1];
```

4.圆周相关

方法一:时域计算

根据圆周相关定义 $r_{xy}(m) = \sum\limits_{n=0}^{N-1} x(n) y^*((n-m))_N R_N(m)$,直接从时域计算,编程思路如下:

① 序列圆周移位:利用 cirshftt( ) 函数形成圆周移位序列 $y((n-m))_N$,调用 conj( ) 函数形成 $y^*((n-m))_N$。

② 序列相乘:将 $y^*((n-m))_N$ 与 $x(n)$ 相乘,得乘积序列 $w(m) = x(n) y^*((n-m))_N$。

③ 序列求和:利用 sum( ) 函数,将乘积序列 $w(n)$ 中的所有的序列值相加 $\sum w(n)$,就得到 $r_{xy}(m)$ 第 m 个值。

④ 利用 for 循环实现 m 的循环,求得 $0 \leqslant m \leqslant N-1$ 区间上所有对应的序列值 $r_{xy}(m)$。

根据以上编程思路,可编写时域圆周相关计算函数 circorrtime( )。

时域法圆周相关计算函数 circorrtime( )的 MATLAB 程序如下:

```
function [r,m]＝circorrtime(x,y)
%圆周相关 r(m)＝sum[x(n).y＊((n－m))N];
% x(n),y(n)分别为输入序列
% r 为输出的圆周相关序列
% m 为延时时间
%——————————————————————————————————————————
N1＝length(x);N2＝length(y);N＝N1＋N2－1;
x＝[x,zeros(1,N－length(x))];             %对序列 x(n)补零,使其长度为 N
y＝[y,zeros(1,N－length(y))];             %对序列 y(n)补零,使其长度为 N
```

```
for m=0:N-1
    y1=cirshftt(y,m,N);              %求圆周移位序列 y1((n-m))N
    rm=x. * conj(y1);                %序列相乘
    r(m+1)=sum(rm);                  %序列求和
end
m=0:N-1;
```

方法二:频域计算

根据图 7.2 所示的圆周相关的频域实现流程框图,利用 DFT 变换实现,可编写频域法圆周相关计算函数 circorrfre( )。

频域法圆周相关计算函数 circorrfre( )的 MATLAB 程序如下:

```
function [r,m]=circorrfre(x,y)
%频域计算 N 点圆周相关 r(m)=sum[x(n). y*((n-m))N];
% x(n),y(n)分别为输入序列
% r 为输出所求的圆周相关
% m 为延时时间
%————————————————————————————————————————
N1=length(x);N2=length(y);N=N1+N2-1;
x=[x,zeros(1,N-length(x))];          %对序列 x(n)补零,使其长度为 N
y=[y,zeros(1,N-length(y))];          %对序列 y(n)补零,使其长度为 N
Xk=DFTmat(x);                        %调用函数 DFTmat( ),求 X(k)=DFT[x(n)]
Yk=DFTmat(y);                        %调用函数 DFTmat( ),求 Y(k)=DFT[y(n)]
Yk=conj(Yk);                         %共轭
Rk=Xk. * Yk;                         %求 R(k)=X(k) * Y(k)
rm=IDFTmat(Rk);                      %调用 IDFTmat( )函数,计算 N 点 IDFT
r=abs(rm);m=0:N-1;
```

【例 7-4】 已知序列 $x(n)=\{1,1,1,1\},0 \leqslant n \leqslant 3; y(n)=\{1,2,3,4,5,6,7\},0 \leqslant n \leqslant 6$,

(1)求两序列的自相关序列,并绘制自相关序列图;

(2)计算两序列线性相关 $r_l(m)$,绘制 $r_l(m)$ 序列图;

(3)计算两序列的圆周相关 $r_{xy}(m)$ 和 $r_{yx}(m)$,绘制出圆周相关序列图。

解 (1)直接调用线性相关函数 lincorrtime( )或圆周相关时域法求解函数 circorrtime( )或圆周相关频域法求解函数 circorrfre( )实现,MATLAB 程序如下:

```
clear;clc;close all
x=[1,1,1,1];y=[1,2,3,4,5,6,7];
[rl1,ml1]=lincorrtime(x,x);          %调用线性相关函数求解
subplot(2,2,1);stem(ml1,rl1);xlabel('n');
title('用线性相关法求 x1(n)自相关');
```

```
[r1,m1]=circorrtime(x,x);          ％调用圆周相关时域法函数求解
subplot(2,2,2);stem(m1,r1);xlabel('n');
title('用圆周相关法求 x(n)自相关');
[rl2,ml2]=lincorrtime(y,y);
subplot(2,2,3);stem(ml2,rl2);xlabel('n');
title('用线性相关法求 x2(n)自相关');
[r2,m2]=circorrfre(y,y);           ％调用圆周相关频域法函数求解
subplot(2,2,4);stem(m2,r2);xlabel('n');
title('用圆周相关法求 y(n)自相关');
```

该程序运行结果如图 7.5 所示。

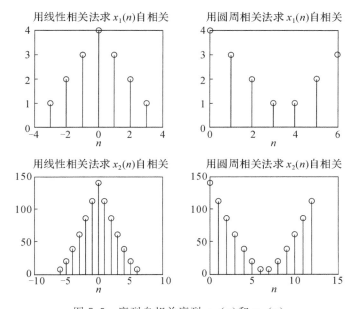

图 7.5　序列自相关序列 $r_{xx}(n)$ 和 $r_{yy}(n)$

（2）调用线性相关函数 lincorrtime（　）实现，MATLAB 程序如下：

```
clear;clc;close all
x=[1,1,1,1];y=[1,2,3,4,5,6,7];
[rxy,mxy]=lincorrtime(x,y);        ％调用线性相关函数 rxy
subplot(2,1,1);stem(mxy,rxy);      ％绘制 rxy
ylabel('r_x_y(n)');xlabel('n');
[ryx,myx]=lincorrtime(y,x);        ％调用线性相关函数 ryx
subplot(2,1,2);stem(myx,ryx);      ％绘制 ryx
ylabel('r_y_x(n)');xlabel('n');
```

该程序运行结果如图 7.6 所示。

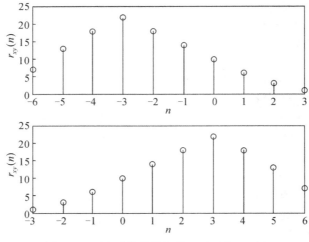

图 7.6　两序列的线性相关 $r_{xy}(n)$ 和 $r_{yx}(n)$

（3）调用圆周相关时域法求解函数 circorrtime（　）或圆周相关频域法求解函数 circorrfre（　）实现，MATLAB 程序如下：

```
clear;clc;close all
x=[1,1,1,1];y=[1,2,3,4,5,6,7];
[rxy,mxy]=circorrtime(x,y);          %调用圆周相关时域法函数求解 rxy
subplot(2,1,1);stem(mxy,rxy);
ylabel('r_x_y(n)');xlabel('n');
[ryx,myx]=circorrfre(y,x);           %调用圆周相关频域法函数求解 ryx
subplot(2,1,2);stem(myx,ryx);
ylabel('r_y_x(n)');xlabel('n');
```

该程序运行结果如图 7.7 所示。

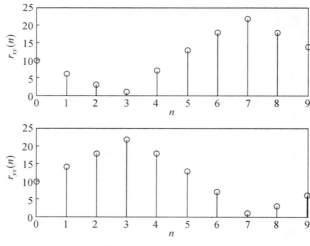

图 7.7　两序列的圆周相关 $r_{xy}(n)$ 和 $r_{yx}(n)$

7.4 实验内容

1.已知一个 11 点序列 $x(n)=5\times(0.9)^n, 0\leqslant n\leqslant 10$,求出并画出:

(1) $x((n+4))_{11}R_{11}(n)$;(2) $x((n-5))_{15}R_{15}(n)$。

2.已知序列 $x_1(n)=\{2,1,1,2\}$ 和 $x_2(n)=\{1,-1,-1,1\}$。

(1)计算循环卷积 $x_1(n) \circledN x_2(n)$,$N=4$、7 和 8;

(2)计算线性卷积 $x_1(n) * x_2(n)$;

(3)利用计算结果,确定所需要的最小 N 值使得在 N 点区间内有相同的线性卷积与循环卷积。

3.已知 $x(n)=\{1+2*n, 1\leqslant n\leqslant 6\}$,$y(n)=\{n, -2\leqslant n\leqslant 2\}$,

(1)求两序列的自相关序列,并绘制自相关序列图;

(2)计算两序列线性相关 $r_l(m)$,绘制 $r_l(m)$ 序列图;

(3)计算两序列的圆周相关 $r_{xy}(m)$ 和 $r_{yx}(m)$,绘制出圆周相关序列图。

7.5 实验要求

1.实验前必须进行充分的预习,熟悉实验内容;

2.实验报告中应简述实验目的和原理;

3.实验报告中应附上实验程序;

4.思考当用圆周卷积 $y(n)=x_1(n) \circledN x_2(n)$ 替代线性卷积 $y_l(n)=x_1(n) * x_2(n)$,即 $y(n)=y_l(n)$ 时,如何确定序列 $y(n)$ 的起始位置,为什么?

快速傅里叶变换(FFT)

8.1 实验目的

本实验结合理论教材中有关快速傅里叶变换(FFT)的教学内容,学习和掌握按时间抽取的基-2FFT算法原理和实现方法。

8.2 实验原理

长度为 N 的有限长序列 $x(n)$ 的 DFT 为

$$X(k) = \sum_{n=0}^{N-1} x(n) W_N^{nk}, k = 0,1,2\cdots,N-1 \tag{8-1}$$

考虑到 $x(n)$ 一般为复数序列的情况,按照式(8-1)计算每一个 $X(k)$ 值需要 N 次复数乘法,$N-1$ 次复数加法。为了减少计算量,考虑把 N 点 DFT 分解成几个较短的 DFT,并利用因子 W_N^k 的周期性、对称性进行合并归类处理,减少 DFT 运算次数。基于这一思想提出的快速算法称为快速傅里叶变换(Fast Fourier Transform)算法,又称为 FFT 算法。

基 2-FFT 算法基本上分为两大类:时域抽取法 FFT(简称 DIT-FFT)和频域抽取法 FFT(简称 DIF-FFT),下面简要介绍其原理。

8.2.1 时域抽取法 FFT(DIT-FFT)算法原理

设序列 $x(n)$ 的长度为 N,且满足 $N=2^M$,M 是自然数。如果序列的长度不满足这个条件,可以在序列末尾补零使之满足。将序列 $x(n)$ 按 n 为奇、偶数分为 $x_1(n)$、$x_2(n)$ 两组长度为 $\frac{N}{2}$ 的子序列。

$$\begin{cases} x_1(r) = x(2r) \\ x_2(r) = x(2r+1) \end{cases} \qquad r = 0,1,\cdots,\frac{N}{2}-1 \tag{8-2}$$

用 $\dfrac{N}{2}$ 点 $X_1(k)$ 和 $X_2(k)$ 表示序列 $x(n)$ 的 N 点 DFT$X(k)$，其中 $X_1(k)$ 和 $X_2(k)$ 分别表示序列 $x_1(n)$、$x_2(n)$ 的 $\dfrac{N}{2}$ 点 DFT。

$$
\begin{aligned}
X(k) &= \sum_{n=偶数} x(n)W_N^{nk} + \sum_{n=奇数} x(n)W_N^{nk} = \sum_{r=0}^{\frac{N}{2}-1} x(2r)W_N^{2rk} + \sum_{r=0}^{\frac{N}{2}-1} x(2r+1)W_N^{(2r+1)k} \\
&= \sum_{r=0}^{\frac{N}{2}-1} x_1(r)W_N^{2rk} + W_N^k \sum_{r=0}^{\frac{N}{2}-1} x_2(r)W_N^{2rk} = \sum_{r=0}^{\frac{N}{2}-1} x_1(r)W_{\frac{N}{2}}^{rk} + W_N^k \sum_{r=0}^{\frac{N}{2}-1} x_2(r)W_{\frac{N}{2}}^{rk} \\
&= X_1(k) + W_N^k X_2(k) \quad k=0,1,\cdots,\frac{N}{2}-1
\end{aligned} \tag{8-3}
$$

由于 $X_1(k)$ 和 $X_2(k)$ 均以 $\dfrac{N}{2}$ 为周期，且 $W_N^{k+\frac{N}{2}} = -W_N^k$，所以 $X(k)$ 又可表示为

$$
\begin{cases}
X(k) = X_1(k) + W_N^k X_2(k) \\
X\left(k+\dfrac{N}{2}\right) = X_1(k) - W_N^k X_2(k)
\end{cases}
\quad k=0,1,\cdots,\frac{N}{2}-1 \tag{8-4}
$$

这样就将一个 N 点 DFT 计算分解成了两个 $\dfrac{N}{2}$ 点 DFT 计算。式(8-4)可以用一个蝶形运算流图符号来表示，如图 8.1 所示。

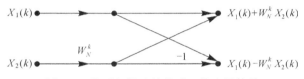

图 8.1 按时间抽取的蝶形运算流图符号

可以看出，每个蝶形运算需要一次复数乘法和两次复数加法。对比直接按照 DFT 定义式计算全部的 $X(k)$ 需要的 N^2 次复数乘法，$N(N-1)$ 次复数加法，采用 FFT 算法计算全部的 $X(k)$ 的运算量是 $\dfrac{MN}{2}$ 次复数乘法和 MN 次复数加法，当 N 的数值较大时，可以大大降低计算的复杂度。为了进一步降低运算量，可以继续对两个子序列 $x_1(n)$ 和 $x_2(n)$ 按照 n 为奇数、偶数继续分解，直至最后分解的子序列只包含两个元素为止。

8.2.2 频率抽取法 FFT(DIF-FFT)算法原理

设序列 $x(n)$ 的长度为 N，且满足 $N=2^M$，M 是自然数。如果序列的长度不满足这个条件，可以在序列末尾补零使之满足。将序列 $x(n)$ 按前后对半分为 $x_1(n)$、$x_2(n)$ 两组长度为 $\dfrac{N}{2}$ 的子序列。

$$
\begin{aligned}
X(k) &= \sum_{n=0}^{N-1} x(n)W_N^{nk} = \sum_{n=0}^{\frac{N}{2}-1} x(n)W_N^{nk} + \sum_{n=\frac{N}{2}}^{N-1} x(n)W_N^{nk} \\
&= \sum_{n=0}^{\frac{N}{2}-1} x(n)W_N^{nk} + \sum_{n=0}^{\frac{N}{2}-1} x\left(n+\frac{N}{2}\right)W_N^{\left(n+\frac{N}{2}\right)k} = \sum_{n=0}^{\frac{N}{2}-1} \left[x(n) + W_N^{\frac{N}{2}k}x\left(n+\frac{N}{2}\right)\right]W_N^{nk}
\end{aligned}
$$

因为 $W_N^{\frac{N}{2}k} = (-1)^k = \begin{cases} 1, & k\text{ 是偶数} \\ -1, & k\text{ 是奇数} \end{cases}$ ，将 $X(k)$ 分成偶数组和奇数组。当 k 取偶数 $k=2r$

$\left(r=0,1,\cdots,\dfrac{N}{2}\right)$ 时,有

$$X(2r) = \sum_{n=0}^{\frac{N}{2}-1} \left[x(n)+x\left(n+\frac{N}{2}\right)\right]W_N^{2m} = \sum_{n=0}^{\frac{N}{2}-1} \left[x(n)+x\left(n+\frac{N}{2}\right)\right]W_{\frac{N}{2}}^{m} \tag{8-5}$$

记 $x_1(n) = x(n) + x\left(n+\dfrac{N}{2}\right)$;当 k 取奇数 $k=2r+1\left(r=0,1,\cdots,\dfrac{N}{2}\right)$ 时,有

$$X(2r+1) = \sum_{n=0}^{\frac{N}{2}-1} \left[x(n)-x\left(n+\frac{N}{2}\right)\right]W_N^{(2r+1)n} = \sum_{n=0}^{\frac{N}{2}-1} \left[x(n)-x\left(n+\frac{N}{2}\right)\right]W_N^{n}W_{\frac{N}{2}}^{m}$$

$$\tag{8-6}$$

记 $x_2(n) = \left[x(n)-x\left(n+\dfrac{N}{2}\right)\right]W_N^n$ 。将 $x_1(n)$ 、 $x_2(n)$ 分别代入式(8-5)和式(8-6)可得

$$\begin{cases} X(2r) = \displaystyle\sum_{n=0}^{\frac{N}{2}-1} x_1(n)W_{\frac{N}{2}}^{m} \\ X(2r+1) = \displaystyle\sum_{n=0}^{\frac{N}{2}-1} x_2(n)W_{\frac{N}{2}}^{m} \end{cases} \qquad r=0,1,\cdots,\frac{N}{2}-1 \tag{8-7}$$

将序列 $x_1(n)$ 、 $x_2(n)$ 和 $x(n)$ 用一个蝶形运算流图符号来表示,如图 8.2 所示。

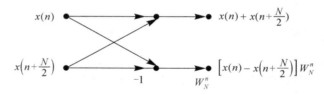

图 8.2　按频率抽取的蝶形运算流图符号

8.2.3　FFT 算法的特点

无论是按时间抽选的快速算法(DIT-FFT),还是按频率抽选的快速算法(DIF-FFT),都具有以下特点。

(1)蝶形结构、运算量小

DIT-FFT 的运算以如图 8.1 所示的蝶形结构为基本运算单元,DIF-FFT 的运算以如图 8.2所示的蝶形结构为基本运算单元,运算结构则由这些蝶形运算结构组合而成。若序列 $x(n)$ 的长度满足 $N=2^M$,则一共需分解成 M 级运算,每级包含 $\dfrac{N}{2}$ 个蝶形运算,总的蝶形运算个数为 $\dfrac{MN}{2}$ 个。

复乘次数: $$m_F = 1 \times \frac{N}{2}M = \frac{N}{2}\log_2 N \tag{8-8}$$

复加次数：
$$a_F = 2 \times \frac{N}{2}M = NM = N\log_2 N \qquad (8\text{-}9)$$

（2）采用原位运算

蝶形计算具有进行原位（或同址）计算的优点。每一级的蝶形输入和输出在运算前后可以存储在同一地址的存储单元中，所以只需要 N 个存储单元。

（3）输入或输出序列的倒位序

DIT-FFT 算法的输入序列为倒位序排列，输出为自然顺序排列。DIF-FFT 算法的输入序列为自然顺序排列，输出为倒位序排列。

8.2.4　离散傅里叶逆变换(IDFT)的快速算法

FFT 算法同样可以用于离散傅里叶逆变换（IDFT）的快速计算，即快速傅里叶逆变换，简写为 IFFT。

由于 IDFT 公式为

$$x(n) = \text{IDFT}[X(k)] = \frac{1}{N}\sum_{k=0}^{N-1} X(k)W_N^{-nk} \qquad (8\text{-}10)$$

比较式(8-1)和式(8-10)，可以看出，只要把 DFT 公式中的系数 W_N^{nk} 改为 W_N^{-nk}，并乘以系数 $\frac{1}{N}$，则按时间抽选或按频率抽选的 FFT 都可以用来运算 IDFT。

在 IFFT 计算中，通常把常量 $\frac{1}{N}$ 分解成 M 个 $\frac{1}{2}$ 连乘，即 $\frac{1}{N} = \left(\frac{1}{2}\right)^M$，并且在 M 级的迭代运算中，每级的运算都分别乘上一个 $\frac{1}{2}$ 因子。因此，利用式(8-1)和式(8-10)之间的关系，只需要稍稍改动 FFT 的程序和参数就能实现 FFT 算法。为了完全不用改变 FFT 的程序就可以计算 IFFT，可采用如下方法来实现。首先对 IDFT 式(8-10)取共轭得

$$x^*(n) = \frac{1}{N}\sum_{k=0}^{N-1} X^*(k)W_N^{nk} \qquad (8\text{-}11)$$

因而有

$$x(n) = \frac{1}{N}\Big[\sum_{k=0}^{N-1} X^*(k)W_N^{nk}\Big]^* = \frac{1}{N}\{\text{DFT}[X^*(k)]\}^* \qquad (8\text{-}12)$$

这说明，只要先将 $X(k)$ 取共轭，就可以直接利用 FFT 子程序，最后再将运算结果取一次共轭，并乘以 $\frac{1}{N}$，即得到 $x(n)$ 值。因此，FFT 运算和 IFFT 运算就可以共用一个子程序。

8.3　预习与参考

8.3.1　相关的 MATLAB 函数

$X = \text{fft}(x, N)$：采用 FFT 算法计算序列向量 x 的 N 点 DFT 变换，当 N 缺省时，fft 函数

自动按 x 的长度计算 DFT。当 N 为 2 的整数次幂时,fft 按基－2 算法计算,否则用混合算法。

$x＝\mathrm{ifft}(X,N)$：采用 FFT 算法计算序列向量 X 的 N 点 IDFT 变换。

clock：按年、月、日、时、分、秒格式返回当前时间。

8.3.2　MATLAB 实现

【例 8-1】　已知序列 $x(n)＝\{1,2,3,4,5,6,7,8\}$,编程实现 DIT-FFT,计算 $X(k)$。

解　根据题意可知序列的长度,首先绘制 8 点蝶形图分析其规律,总结编程思想并绘出程序框图,如图 8.3 所示,在此基础上编写程序。

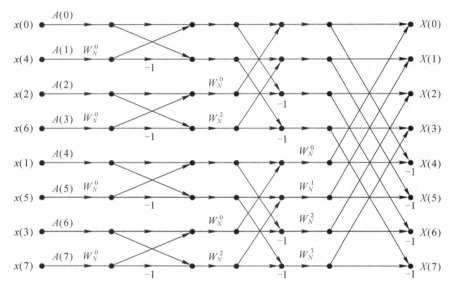

图 8.3　$N＝8$ 按时间抽取法 FFT 运算流程

由图 8.3 可知,DIT-FFT 算法的运算过程很有规律。它有三个显著特点:

(1)原位计算

对于 $N＝2^M$ 的 FFT 共进行 M 级运算,每级由 $\dfrac{N}{2}$ 个蝶形运算组成。在同一级中,每个蝶形的输入数据只对本蝶形有用,且输出节点与输入节点在同一水平线上,这就意味着每计算完一个蝶形后,所得数据可立即存入原输入数据所占用的数组元素(存储单元),这种原位(址)计算的方法可节省大量内存。

(2)蝶形运算

实现 FFT 运算的核心是蝶形运算,找出蝶形运算的规律是编程的基础。蝶形运算是分级进行的,每级的蝶形运算可以按蝶形因子 W_N^P 的指数大小排序进行。如果指数大小一样则可从上往下依次进行蝶形运算。对 $N＝2^M$ 点的 FFT 共有 M 级运算,用 L 表示从左到右的运算级数($L＝1,2,\cdots,M$)。第 L 级共有 $B＝2^{L-1}$ 个不同指数的蝶形因子,用 R 表示这些不同指数蝶形因子从上到下的顺序($R＝1,2,\cdots,B-1$)。第 R 个蝶形因子的指数为 $P＝$

$2^{M-L}(R-1)$，蝶形因子指数为 P 的第一个蝶形的第一节点标号 k 从 R 开始，由于本级中蝶形因子指数相同的蝶形共有 2^{M-L} 个，且这些蝶形的相邻间距为 2^L，故蝶形因子指数为 P 的最后一个蝶形的第一节点标号 k 为 $(2^{M-L}-1)2^L+R=N-2^L+R$，本级中各蝶形的第二个节点与第一个节点都相距 B 点。应用原位计算，蝶形运算可表示成如下形式：

$$\begin{cases} A_L(k) \Leftarrow A_{L-1}(k)+W_N^P A_{L-1}(k+B) \\ A_L(k+B) \Leftarrow A_{L-1}(k)-W_N^P A_{L-1}(k+B) \end{cases} \tag{8-13}$$

总结上述计算规律，可采用如图 8.4 所示的计算方法进行 DIT-FFT 运算。

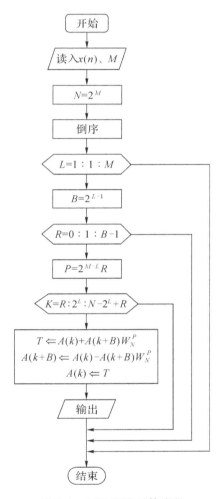

图 8.4　DIT-FFT 运算流程

首先读入数据，根据数据长度确定运算级数 M，运算总点数 $N=2^M$，不足做补零处理。然后对读入数据进行数据倒序操作。数据倒序后从第 1 级开始逐级进行，共进行 M 级运算。在进行第 L 级运算时，先算出该级不同旋转因子的个数 $B=2^{L-1}$（也是该级中各个蝶形运算两输入数据的间距），再从 $R=1$ 开始按序计算，直到 $R=B-1$ 结束。每个 R 对应的旋转因子指数 $P=2^{M-L}R$，旋转因子指数相同的蝶形从上往下依次逐个运算，各个蝶形的第一

节点标号 k 都是从 R 开始,以 2^L 为步长,到 $N-2^L+R$(可简单取极值 $N-2$)结束。考虑到蝶形运算有两个输出,且都要用到本级的两个输入数据,故第一个输出计算完毕后,输出数据不能立即存入输入地址,要等到第二个输出计算调用输入数据完毕后才能覆盖。这样数据倒序后的运算可用三重循环程序实现。

(3)倒序

倒序列运算流程如图 8.5 所示。

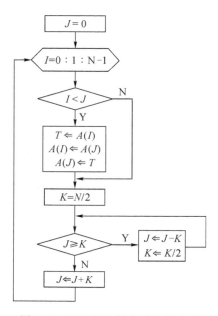

图 8.5 DIT-FFT 倒序列运算流程

为了保证运算输出的 $X(k)$ 按顺序排列,要求序列 $x(n)$ 倒序输入,即在运算前要先对输入的序列进行位序颠倒。如果总点数为 $N=2^M$ 的 $x(n)$ 的顺序数是用 M 位二进制数表示的,则倒序数只需将顺序数的二进制位倒置即可,按照这一规律用硬件电路和汇编语言很容易产生倒序数。但用 MATLAB 实现倒序时,直接倒置二进制数位的方法不可取,还须找出产生倒序的十进制规律。将十进制顺序数用 I 表示,十进制倒序数用 J 表示,与 J 对应的二进制数用 $n_0 n_1 \cdots n_M$ 表示。十进制顺序数 I 增加 1,相当于 I 的二进制数的最低位加 1 且逢 2 向高位进 1,反映到十进制倒序数 J 上,相当于 J 的二进制数最高位加 1 且逢 2 向低位进 1。这种变化规律如果用十进制数表示,那么意味着 J 的变化分两种情况:如果 J 的二进制的最高位(第 n_0 位)是 0,根据十进制数到二进制数的转换关系,即意味着 $J<\dfrac{N}{2}$,则直接加 1,相当于 $J=J+\dfrac{N}{2}$,得到下一个倒序值;如果 J 的二进制数的最高位(第 n_0 位)是 1,即 $J\geqslant\dfrac{N}{2}$,则要先将最高位变 0,相当于 $J=J-\dfrac{N}{2}$,再在次高位(第 n_1 位)加 1,此时同样根据十进制数到二进制数的转换关系相当于 $J=J+\dfrac{N}{4}$。但次高位(第 n_1 位)加 1 时,同样要判断 0、1 值,

如果是 0,也就是 $J < \dfrac{N}{4}$,则直接加 1,即 $J = J + \dfrac{N}{4}$,否则要先将次高位变 0,即 $J = J - \dfrac{N}{4}$,再判断下一位。依此类推,直到完成最高位加 1,逢 2 向右进位的运算。由此可见,J 的二进制数的第 $n_i (i = 0, 1, \cdots, M)$ 位是 0 还是 1 是根据关系式 $J \geqslant \dfrac{N}{2^{i+1}}$ 判断的,为了在程序中使用循环语句,判断条件 $J \geqslant K$ 不应发生变化,而不同位的判断条件应是 $J \geqslant \dfrac{N}{2^{i+1}}$。为了解决这一问题,初始化 $K = \dfrac{N}{2}$,在判断下一位二进制位数是 0 还是 1 时,令 $K \leftarrow \dfrac{K}{2}$,就可以继续使用判断条件 $J \geqslant K$。利用这一算法可按顺序数 I 的递增顺序,依次求得与之对应的倒序数 J。为了节省内存,数据倒序可原址进行,当 $J = I$ 时不需要交换,当 $J \neq I$ 时需要交换数据。另外,为了避免再次调换前面已经调换过的一对数据,只对 $J > I$ 的情况进行数据交换即可实现数据倒序操作。

因此,根据图 8.4 和图 8.5 的计算流程,可编写按时间抽选的离散傅里叶变换快速算法函数 ditfft( )。

时间抽选的离散傅里叶变换快速算法函数 ditfft( )的 MATLAB 程序代码如下:

```
function Xk=ditfft(xn)
%离散傅里叶变换(DFT)的快速算法 2-FFT
% x(n)为输入序列
%Xk 为输出序列 X(k)=DFT[x(n)]
%－－－－－－－－－－－－－－－－－－－－－
M=nextpow2(length(xn));
N=2^M;
for m=0：N/2-1                          %蝶形因子指数范围
    WN(m+1)=exp(-j*2*pi/N)^m;           %计算蝶形因子
end
A=[xn,zeros(1,N-length(xn))];          %数据输入
disp('输入到各存储单元的数据：');
disp(A);
%倒序
J=0;                                   %给倒序赋初始值
for I=0：N-1                            %按序交换数据和算倒序数
    if I<J                             %条件判断及数据交换
        T=A(I+1);
        A(I+1)=A(J+1);
        A(J+1)=T;
    end
    %算下一个倒序
    K=N/2;
    while J>=K
```

```
            J＝J－K；
            K＝K/2；
        end
        J＝J＋K；
    end
disp('倒序后各个存储单元的数据：')；
disp(A)；
％分级按序依次进行蝶形运算
for L＝1：M
    disp('运算级次：')；
    disp(L)；
    B＝2^(L－1)；
    for R＝0：B－1                          ％各级按序进行蝶形运算
        P＝2^(M－L)＊R；
        for K＝R：2^L：N－2
            T＝A(K+1)＋A(K+B+1)＊WN(P+1)；      ％每序依次计算
            A(K+B+1)＝A(K+1)－A(K+B+1)＊WN(P+1)；
            A(K+1)＝T；
        end
    end
    disp('本级运算后各存储单元的数据：')；
    disp(A)；
end
disp('输出各存储单元的数据：')；
Xk＝A；
```

因此，对于本例，若 MATLAB 命令窗口，键入命令：

```
＞＞xn＝[1,2,3,4,5,6,7,8]；
＞＞ditfft(xn)
```

可得如下结果：

```
输入到各存储单元的数据：
    1   2   3   4   5   6   7   8
倒序后各个存储单元的数据：
    1   5   3   7   2   6   4   8
运算级次：
    1
本级运算后各存储单元的数据：
    6   －4   10   －4   8   －4   12   －4
```

运算级次：
> 2

本级运算后各存储单元的数据：

16.0000　−4.0000＋4.0000i　−4.0000　−4.0000−4.0000i　20.0000　−4.0000＋4.0000i
−4.0000　−4.0000−4.0000i

运算级次：
> 3

本级运算后各存储单元的数据：

36.0000　−4.0000＋9.6569i　−4.0000＋4.0000i　−4.0000＋1.6569i　−4.0000　−4.0000
−1.6569i　−4.0000−4.0000i　−4.0000−9.6569i

输出各存储单元的数据：

Xk＝

36.0000　−4.0000＋9.6569i　−4.0000＋4.0000i　−4.0000＋1.6569i

−4.0000　−4.0000−1.6569i　−4.0000−4.0000i　−4.0000−9.6569i

若调用 MATLAB 提供的 FFT 快速计算函数 fft(　)命令进行计算，所得结果如下：

> ＞＞fft(xn)

36.0000　−4.0000＋9.6569i　−4.0000＋4.0000i　−4.0000＋1.6569i

−4.0000　−4.0000−1.6569i　−4.0000−4.0000i　−4.0000−9.6569i

比较两者的结果，可以看到两者相等，证明了函数 ditfft(　)的程序正确。

【例 8-2】　已知序列的频谱 $X(k)$ 为｛36.0000，−4.0000＋9.6569i，−4.0000＋4.0000i，−4.0000＋1.6569i，−4.0000，−4.0000−1.6569i，−4.0000−4.0000i，−4.0000−9.6569i｝，试求序列 $x(n)＝\mathrm{IDFT}[X(k)]$。

解　方法一：利用式(8-12)$x(n)＝\dfrac{1}{N}\Big[\sum\limits_{k=0}^{N-1}X^*(k)W_N^{nk}\Big]^*＝\dfrac{1}{N}\{\mathrm{DFT}[X^*(k)]\}^*$，IFFT 运算与 FFT 运算共用一个子程序来实现。因此，可以调用 ditfft(　)或 fft(　)函数命令来实现，其 MATLAB 程序为

```
clc;clear;
Xk=[36.0000,−4.0000+9.6569i,−4.0000+4.0000i,−4.0000+1.6569i,−4.0000,−4.0000
−1.6569i,−4.0000−4.0000i,−4.0000−9.6569i];
N=length(Xk);          %求序列长度
Xk1=conj(Xk);          %共轭
xn1=ditfft(Xk1);       %调用 ditfft(  )函数求解
xn1=conj(xn1)/N;       %共轭
xn1=real(xn1)          %由于计算误差取实部
xn2=fft(Xk1);          %调用 fft(  )函数
xn2=conj(xn2)/N;
xn2=abs(xn2)
```

该程序运行结果为

```
xn1=   1.0000   2.0000   3.0000   4.0000   5.0000   6.0000   7.0000   8.0000
xn2=   1.0000   2.0000   3.0000   4.0000   5.0000   6.0000   7.0000   8.0000
```

方法二：直接调用 MATLAB 提供的快速傅里叶逆变换算法函数命令 ifft（ ）实现。

```
>>Xk=[36.0000，−4.0000+9.6569i，−4.0000+4.0000i，−4.0000+1.6569i，−4.0000，
−4.0000−1.6569i，−4.0000−4.0000i，−4.0000−9.6569i];
>>xn3=ifft(Xk)
xn3=   1.0000   2.0000   3.0000   4.0000   5.0000   6.0000   7.0000   8.0000
```

8.3.3 应用实例

【例 8-3】 对序列进行离散傅里叶变换（DFT）时，试比较采用直接计算 DFT 与采用快速算法 FFT 计算的时间差异。

解 为了实现 DFT，在实验 6 中讨论了两种直接实现 DFT 的方法：矩阵乘法实现法 DFTmat（ ）和 for 循环实现法 DFTfor（ ），因此，可调用这两种直接计算法与 ditfft（ ）来进行比较。MATLAB 程序如下：

```
clc;clear;close all
Nmax=256;                          %取最大序列长度
ditfft_time=zeros(1,Nmax);         %记录 fft 计算时间
for n=1:Nmax                       %序列长度从 1 至 Nmax
    x=rand(1,n);                   %产生随机序列
    t=clock;                       %记时开始
    ditfft(x);                     %调用 ditfft（ ）计算 DFT
    ditfft_time(n)=etime(clock,t); %记录计算耗时
end
k=1:Nmax;
subplot(3,1,1);plot(k,ditfft_time,'——');  %绘制 DIT-FFT 耗时曲线
ylabel('t/s');title('DIT-FFT 执行时间');
DFTfor_time=zeros(1,Nmax);
for n=1:Nmax
    x=rand(1,n);
    t=clock;
    DFTfor(x);                     %调用 DFTfor（ ）实现 DFT
    DFTfor_time(n)=etime(clock,t); %记录 DFTfor（ ）计算耗时
end
subplot(3,1,2);plot(k,DFTfor_time,'——');  %绘制 DFTfor（ ）耗时曲线
```

```
ylabel('t/s');title('DFTfor 执行时间');
DFTmat_time=zeros(1,Nmax);
for n=1：Nmax
    x=rand(1,n);
    t=clock;
    DFTmat(x);                          %调用 DFTmat(   )实现 DFT
    DFTmat_time(n)=etime(clock,t);      %记录 DFTmat(   )计算耗时
end
subplot(3,1,3);plot(k,DFTmat_time,'－－');  %绘制 DFTmat(   )耗时曲线
xlabel('N');ylabel('t/s');title('DFTmat 执行时间');
```

　　该程序运行结果如图 8.6 所示。从图中可以看出,利用快速算法实现 DFT 所耗时间最短,直接实现 DFT 耗时较长,粗略估计大约是快速算法的 10 倍左右。而在直接计算 DFT 的算法中,DFTmat 方法的耗时相对比 DFTfor 方法的短。值得注意的是,这些执行时间不仅与程序是否优化有关,同时也与 MATLAB 脚本所用的计算机平台有关。图 8.6 所示结果是 MATLAB 7.1 在 CPU 为 2.93GHz、内存为 1.99GB 的联想 Pentium(R) 4 计算机上得到的。

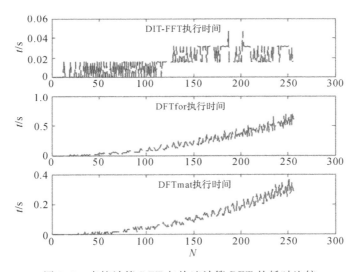

图 8.6　直接计算 DFT 与快速计算 DFT 的耗时比较

8.4　实验内容

　　1.已知序列 $x(n)=\{2,1,3,9,0,5,7,8\}$,模仿例题编程实现 DIF-FFT 功能计算 $X(k)$,并与直接调用函数 fft(   )命令对比计算结果是否正确。

　　2.已知序列 $x(n)$ 的 DFT 为 $X(k)=\{36.0000,-4.0000+9.6569i,-4.0000+4.0000i,-4.0000+1.6569i,-4.0000,-4.0000-0.6569i,-4.0000-4.0000i,-4.0000$

－9.6569i},模仿例题按图 8.7 所示流程图编程实现 IFFT 功能计算 $x(n)$,并与直接调用函数 ifft( )命令对比计算结果是否正确。

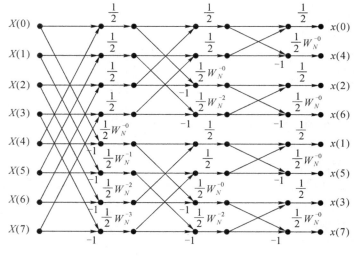

图 8.7   IFFT 流程图($N=8$)

8.5 实验要求

1.实验前必须进行充分的预习,熟悉实验内容;

2.实验报告中应简述实验目的和原理;

3.实验报告中应附上实验程序;

4.简述快速 FFT 计算线性卷积的步骤。

线性卷积的快速计算

9.1 实验目的

本实验结合理论教材中有关数字信号处理的 FFT 实现的教学内容,学习和掌握利用 FFT 快速计算序列线性卷积的原理与方法,掌握重叠相加法、重叠保留法的原理和实现方法。

9.2 实验原理

若两个有限长序列 $x(n)$ 和 $h(n)$ 的长度分别为 L 和 M,计算它们的 N 点圆周卷积。按照定义有

$$y(n) = x(n) \, \textcircled{N} \, h(n) = \left[\sum_{m=0}^{N-1} x(m)h((n-m))_N \right] R_N(n) \tag{9-1}$$

若 $N \geqslant \max(L, M)$,在 $x(n)$ 末尾补充 $N-L$ 个零点,在 $h(n)$ 末尾补充 $N-M$ 个零点。

由于 $h((n))_N = \displaystyle\sum_{r=-\infty}^{\infty} h(n+rN)$,将该式代入式(9-1)则有

$$
\begin{aligned}
y(n) &= \left[\sum_{m=0}^{N-1} x(m) \sum_{r=-\infty}^{\infty} h(n+rN-m) \right] R_N(n) \\
&= \left[\sum_{r=-\infty}^{\infty} \sum_{m=0}^{N-1} x(m)h(n+rN-m) \right] R_N(n) \\
&= \left[\sum_{r=-\infty}^{\infty} y_l(n+rN) \right] R_N(n)
\end{aligned}
\tag{9-2}
$$

式(9-2)表明,圆周卷积在满足条件 $N \geqslant L+M-1$ 时,与线性卷积得到的结果相同,这时线性卷积和可由圆周卷积和替代,即

$$y(n) = x(n) * h(n) = x(n) \, \textcircled{N} \, h(n) \tag{9-3}$$

由于圆周卷积可在频域下利用 DFT 求得,而 DFT 有 FFT 快速算法,这样利用 FFT 来

计算线性卷积,可大大提高运算效率。为此,人们将这种利用 FFT 快速计算线性卷积的方法称为快速卷积法。线性卷积的 FFT 实现的流程如图 9.1 所示,其实现步骤如下:

①有限长序列 $x(n)$ 和 $h(n)$ 补零,若令 $N=L+M-1$,则有

$$x(n) = \begin{cases} x(n), & 0 \leqslant n \leqslant L-1 \\ 0, & L \leqslant n \leqslant N-1 \end{cases}$$

$$h(n) = \begin{cases} h(n), & 0 \leqslant n \leqslant M-1 \\ 0, & M \leqslant n \leqslant N-1 \end{cases}$$

②求 $H(k)=\text{DFT}[h(n)]$,N 点 DFT,用 FFT 快速算法完成;
③求 $X(k)=\text{DFT}[x(n)]$,N 点 DFT,用 FFT 快速算法完成;
④计算 $Y(k)=X(k)H(k)$;
⑤求 $y(n)=\text{IDFT}[Y(k)]$,N 点 IDFT,用 IFFT 快速算法完成。

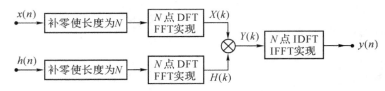

图 9.1　用 FFT 快速计算线性卷积原理

在实际应用 FFT 计算线性卷积时,当某一序列的长度远远大于另一序列的长度时,后者需要补很多的零点,从而需要较大的存储量,运算时间也会变长。为此,常采用重叠相加法或重叠保留法来解决此类问题。

9.2.1　重叠相加法

若令两个序列 $x(n)$、$h(n)$ 的长度分别为 K 和 M,且 $K \gg M$。重叠相加法是将序列 $x(n)$ 分成长度均为 L 的若干小序列 $x_i(n)$,即

$$x_i(n) = \begin{cases} x(n), & iL \leqslant n \leqslant (i+1)L-1 \\ 0, & \text{其他} \end{cases}, \qquad i=0,1,\cdots \tag{9-4}$$

这样,序列 $x(n)$ 可表示为

$$x(n) = \sum_{i=0}^{\infty} x_i(n) \tag{9-5}$$

$x(n)$ 与 $h(n)$ 的线性卷积为

$$y(n) = x(n) * h(n) = \left[\sum_{i=0}^{\infty} x_i(n) \right] * h(n) = \sum_{i=0}^{\infty} [x_i(n) * h(n)]$$

$$= \sum_{m=0}^{L-1} x_0(m)h(n-m) + \sum_{m=L}^{2L-1} x_1(m)h(n-m) + \sum_{m=2L}^{3L-1} x_2(m)h(n-m) + \cdots$$

$$= \sum_{i=0}^{\infty} \left[\sum_{m=iL}^{(i+1)L-1} x_i(m)h(n-m) \right] = \sum_{i=0}^{\infty} y_i(n) \tag{9-6}$$

其中

$$y_i(n) = \sum_{m=iL}^{(i+1)L-1} x_i(m)h(n-m), \qquad iL \leqslant n \leqslant (i+1)L+M-2 \tag{9-7}$$

每一段 $y_i(n)$ 都可以用如图 9.1 所示的快速卷积方法来计算。由于 $y_i(n)$ 的长度为 $L+M-1$，故首先对 $h(n)$ 和 $x_i(n)$ 都补零值点，补到 N 点，如图 9.2(a) 所示。

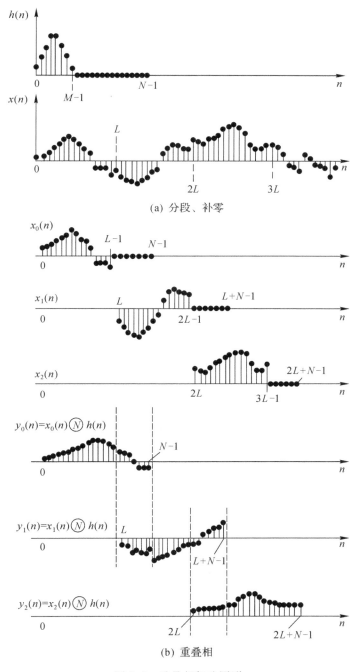

(a) 分段、补零

(b) 重叠相

图 9.2　重叠相加法图形

为便于利用基-2FFT 算法，一般取 $N=2^m \geqslant L+M-1$，然后计算 $h(n)$ 与 $x_i(n)$ 的 N 点圆周卷积，得到

$$y_i(n) = x_i(n) * h(n) = x_i(n) \, \text{Ⓝ} \, h(n) \tag{9-8}$$

由于 $y_i(n)$ 的长度为 $L+M-1$（设 $N=L+M-1$），而 $x_i(n)$ 长度为 L，所以相邻两段 $y_i(n)$ 序列必然有 $M-1$ 个点发生重叠，如图 9.2(b)所示，因此，应该把这些重叠部分相加起来，这就是"重叠相加法"这一名称的由来。重叠相加法用 FFT 计算的步骤如下：

①计算 $h(n)$ 的 N 点 DFT，$N=L+M-1$，由 FFT 快速算法完成；

②计算 $x_i(n)$ 的 N 点 DFT，$N=L+M-1$，由 FFT 快速算法完成；

③计算 $Y_i(k)=X_i(k)H(k)$；

④求 $Y_i(k)$ 的 N 点 IDFT，即 $y_i(n)=\text{IFFT}[X_i(k)H(k)]$，$N=L+M-1$，由 IFFT 快速算法完成；

⑤ 将 $y_i(n)$ 的重叠部分相加起来，最后输出为 $y(n) = \sum\limits_{i=0}^{\infty} y_i(n)$。

重叠相加法用 FFT 计算的实现流程如图 9.3 所示，每次输入 $x(n)$ 的 L 点抽样值，构成小序列 $x_i(n)$，计算 $x_i(n)$ 和 $h(n)$ 的圆周卷积 $y_i(n)$，$y_i(n)$ 的长度是 N。由于相邻两段输出序列有 $M-1$ 个点发生重叠，因此将 $y_i(n)$ 的后 $M-1$ 点送入缓存器，将缓存器中保存的圆周卷积 $y_{i-1}(n)$ 的后 $M-1$ 点与 $y_i(n)$ 的前 L 点相加作为输出，如此循环，直至所有分段计算完毕，则输出序列 $y(n)$ 为最终计算结果。

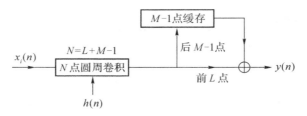

图 9.3　重叠相加法算法实现流程

9.2.2　重叠保留法

在重叠保留法中，先将 $x(n)$ 分段，每段 $L=N-M+1$ 个点，这与重叠相加法相同，不同之处在于，对分段序列的补零不是在序列末端补零值点，而是在每一段的前端补上前一段序列保留下来的 $M-1$ 个输入序列值，组成 $L+M-1$ 点序列 $x_i(n)$，如图 9.4(a)所示（如果 $L+M-1<2^m$，则可在每段序列末端补零值点，补到长度为 2^m）。也正由于对分段序列的填补方式不同，导致每段圆周卷积结果 $y_i(n)$ 的叠加方式不同，即需将每段圆周卷积结果 $y_i(n)$ 的前 $M-1$ 个点的值舍去后再叠加，如图 9.4(b)所示，这是因为每段前 $M-1$ 个点的值不是线性卷积值。

为了得到正确的处理结果，分段时令第 i 段和 $i+1$ 段之间有 $M-1$ 个信号是重复的（对于第一段，即 $x_0(n)$，由于没有前一段信号，则需在序列前填充 $M-1$ 个零值点），这样，设原输入序列为 $x'(n)$（$n \geqslant 0$ 时有值），则应重新定义输入序列为

$$x(n) = \begin{cases} 0, & 0 \leqslant n \leqslant M-2 \\ x'[n-(M-1)], & M-1 \leqslant n \end{cases} \tag{9-9}$$

而

$$x_i(n) = \begin{cases} x[n+i(N-M+1)], & 0 \leqslant n \leqslant N-1 \\ 0, & \text{其他} \end{cases}, \qquad i=0,1,\cdots \qquad (9\text{-}10)$$

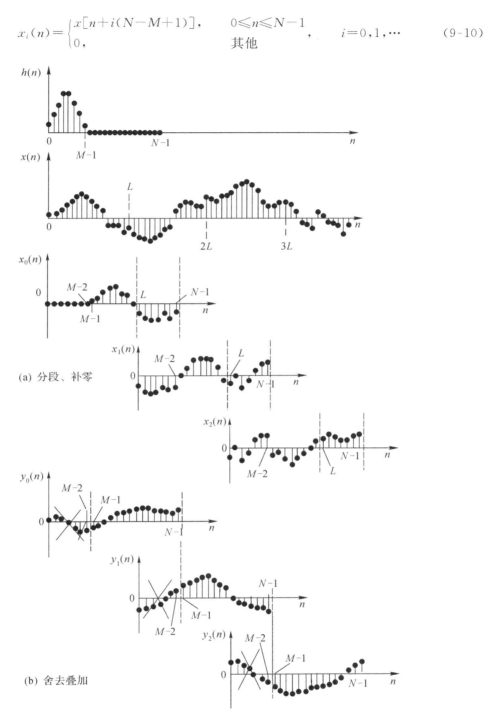

图 9.4 重叠保留法示意

在式(9-10)中,已经把每一段的时间原点放在该段的起始点,而不是 $x(n)$ 的原点,这种分段方法如图 9.4(a)所示,每段 $x_i(n)$ 与 $h(n)$ 的圆周卷积结果用 $y_i'(n)$ 表示,如图 9.4(b)所示,图中已标出每一段开始的 $M-1$ 个点舍掉不用。把相邻各输出段留下的序列衔接起来,就构成了最后的正确输出,即

$$y(n) = \sum_{i=0}^{\infty} y_i[n - i(N - M + 1)] \tag{9-11}$$

其中

$$y_i(n) = \begin{cases} y_i'(n), & M-1 \leqslant n \leqslant N-1 \\ 0, & \text{其他} \end{cases} \tag{9-12}$$

这时,每段输出的时间原点放在 $y_i(n)$ 的起始点,而不是 $y(n)$ 的原点。

重叠保留法是因为每一组相邻的输入段均由 $N-M+1$ 个新点和前一段保留下来的 $M-1$ 个点所组成而得名的。因此,重叠保留算法实现原理如图 9.5 所示,将序列 $x(n)$ 分成长度为 N 的若干段 $x_i(n)$,每段输入信号 $x_i(n)$ 和前一段输入信号 $x_{i-1}(n)$ 有 $M-1$ 个重叠点,最后把每段圆周卷积结果 $y_i(n)$ 的前 $M-1$ 个点舍去后再叠加。

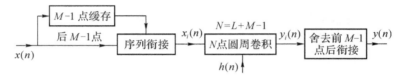

图 9.5　重叠保留法算法实现流程

9.3　预习与参考

9.3.1　相关的 MATLAB 函数

$y=\text{fftfilt}(b,x)$:采用重叠相加法 FFT 实现对信号向量 x 快速滤波,得到输出序列向量 y。向量 b 为 FIR 滤波器的单位脉冲响应序列,$h(n)=b(n+1)$,$n=0,1,\cdots,\text{length}(b)-1$。

$y=\text{fftfilt}(b,x,N)$:自动选取 FFT 长度 $NF=2\text{`nextpow2}(N)$,输入数据 $x$ 分段长度 $M=NF-\text{length}(b)+1$。其中 $\text{nextpow2}(N)$ 函数求一个整数,满足 $2\text{`}(\text{nextpow2}(N)-1)<N\leqslant 2\text{`nextpow2}(N)$。$N$ 缺省时,fftfilt 自动选择合适的 FFT 长度 NF 和对 x 的分段长度 M。

9.3.2　MATLAB 实现

1.快速卷积的实现

根据快速卷积实现流程(图 9.1),利用 fft( )和 ifft( )函数,可编写一个快速卷积函数 fftconv( )来实现线性卷积的快速计算。

快速卷积实现函数 fftconv( )的 MATLAB 程序如下:

```
function y＝fftconv(x1,x2,N)
％快速傅里叶变换计算线性卷积
Xk1＝fft(x1,N);           ％调用快速算法 fft 求 X(k)＝DFT[x1(n)]
Xk2＝fft(x2,N);           ％调用快速算法 fft 求 H(k)＝DFT[x2(n)]
YK＝Xk1.＊Xk2;            ％求 Y(k)＝X1(k)X2(k)
y＝ifft(YK);             ％调用快速逆算法 ifft 求 y(n)＝IDFT[Y(k)]
```

2.重叠相加法的实现

根据重叠相加法的实现流程(图 9.3),重叠相加法用 FFT 处理的编程思路如下:

①输入序列 $x(n)$、$h(n)$ 并求其长度,计算分段数 T,如果不能整分,对 $x(n)$ 补零,使之能够刚好分成 T 段。设置循环变量 $i＝1$,初始分段卷积值 $t＝[0]_{1×10}$。

②从序列 $x(n)$ 中提取相应的子序列 $x_i(n)$ 数值赋给变量 x_seg。

③利用 FFT 计算序列 $x_i(n)$ 和 $h(n)$ 的线性卷积值,存入变量 y_seg。

④把当前计算的卷积 y_seg 前 L 点和上次计算的卷积值后 $M-1$ 点重叠相加,作为此次线性卷积结果记录在变量 y_seg 中,i 累加一次。

⑤判断 i 的数值是否已经大于 T,如果不是,返回步骤②,直至 i 值大于 T。

因此,可编写一个重叠相加法函数命令 overaddfft( )来实现计算。

重叠相加法函数 overaddfft( )的 MATLAB 程序代码如下:

```
function y＝overaddfft(x,h,L)
％ ＊ ＊ ＊ ＊ ＊ ＊重叠相加法＊ ＊ ＊ ＊ ＊ ＊ ＊ ＊ ＊ ＊ ＊ ＊ ＊ ＊
％ x 为输入的信号序列 x(n)
％ h 为 LTI 的单位冲激响应序列 h(n)
％ L 为对信号序列 x 的分段长度
％－－－－－－－－－－－－－－－－－－－－－－－－－－－－－－－
M＝length(h);
if L<M
    L＝M＋1;                      ％保证信号的分段长度 L 大于 M
end
N＝M＋L－1;
Lx＝length(x);
T＝ceil(Lx/L);                   ％取整
t＝zeros(1,M－1);
x＝[x,zeros(1,(T＋1)＊N－Lx)];     ％补零使之能够刚好分成整数段
y＝zeros(1,(T＋1)＊L);            ％输出序列的总长度(T＋1)＊L
for i＝0:1:T                     ％分段计算
    xi＝i＊L＋1;
    x_seg＝x(xi:xi＋L－1);         ％取一段信号赋给变量 x_seg
    y_seg＝fftconv(x_seg,h,N);    ％调用快速卷积函数 fftconv( )
```

```
    y_seg(1:M-1)=y_seg(1:M-1)+t(1:M-1);        %M-1 点重叠相加
    t(1:M-1)=y_seg(L+1:N);                      %取当前段前 M-1 点
    y(xi:xi+L-1)=y_seg(1:L);                    %将各段计算结果衔接起来
end
y=y(1:Lx+M-1);                                  %输出最后结果
```

3. 重叠保留法的实现

根据重叠保留法的实现流程(图 9.5),重叠保留法用 FFT 处理的编程思路如下:

①输入序列 $x(n)$、$h(n)$,计算分段数 T,设置循环变量 $i=1$。

②从序列 $x(n)$ 中提取相应的数值赋给子序列 $x_i(n)$,注意每个子序列 $x_i(n)$ 要在前端保留上一个子序列 $x_{i-1}(n)$ 的后 $M-1$ 个数据。

③利用 FFT 计算序列 $x_i(n)$ 和 $h(n)$ 的线性卷积值,存入变量 y_seg。

④把当前计算的卷积 y_seg 的前 $M-1$ 个点舍去,i 累加一次。

⑤判断 i 的数值是否已经大于 T,如果不是,返回步骤②,直至 i 值大于 T。

因此,可编写一个重叠保留法函数命令 oversavefft( )来实现。

重叠保留法函数命令 oversavefft( )的 MATLAB 程序代码如下:

```
function y=oversavefft(x,h,L)
%*****重叠保留法************
% x 为输入的信号序列 x(n)
% h 为 LTI 的单位冲激响应序列 h(n)
% L 为对信号序列 x 的分段长度
%-------------------------------------------
Lx=length(x);
M=length(h);
if L<M
    L=M+1;
end
N=L+M-1;
t=zeros(1,M-1);
T=ceil(Lx/L);
x=[x,zeros(1,(T+1)*L-Lx)];
y=zeros(1,(T+1)*L);
for i=0:1:T
    xi=i*L+1;                       %取第 i 段数据
    x_seg=[t x(xi:xi+L-1)];         %在数据前端添加第 i-1 段末尾 M-1 个数据
    t=x_seg(L+1:L+M-1);             %保留第 i 段末尾 M-1 个数据
    y_seg=fftconv(x_seg,h,N);       %调用快速卷积函数 fftconv( )
    y(xi:xi+L-1)=y_seg(M:L+M-1);    %去掉 M-1 个数据进行衔接
end
```

$$y=y(1:Lx+M-1);\qquad\qquad\text{%输出最后结果}$$

【例 9-1】 已知序列 $x(n)=\sin(0.4n)R_{15}(n)$，$h(n)=0.9^{n}R_{20}(n)$，试利用快速卷积法计算这两个序列的卷积和 $y(n)=x(n)*h(n)$。

解 根据题意可知，序列 $x(n)$ 的长度 $N_1=15$，序列 $h(n)$ 的长度 $N_2=20$，线性卷积的长度 $N=N_1+N_2-1=34$。因此，可用圆周卷积 $y(n)=x(n)\,\text{㉞}\,h(n)$ 替代线性卷积 $y(n)=x(n)*h(n)$。在求 $X(k)=\text{DFT}[x(n)]$、$H(k)=\text{DFT}[h(n)]$ 以及 $y(n)=\text{IDFT}[Y(k)]$ 时，可调用 FFT 算法实现。需要先对序列 $x(n)$ 和 $h(n)$ 补零，使之长度达到 34。MATLAB 程序代码如下：

```
clear all;clc;close all;
nx=0：14;xn=sin(0.4*nx);        %序列 x(n)
nh=0：19;hn=0.9.^nh;           %序列 h(n)
N1=length(xn);N2=length(hn);    %求序列长度
N=N1+N2-1;
xn=[xn zeros(1,N-N1)];          %在序列末尾补零
hn=[hn zeros(1,N-N2)];
yn=fftconv(xn,hn,N);            %调用快速总卷积函数 fftconv 求 y(n)=x(n)*h(n)
nn=0：N-1;
subplot(3,1,1);stem(nn,xn);
title('序列 x(n)');
subplot(3,1,2);stem(nn,hn);
title('序列 h(n)');
subplot(3,1,3);stem(nn,real(yn));    %由于计算误差取实部
title('序列 x(n)与 h(n)的线性卷积 y(n)');
xlabel('n');
```

程序运行结果如图 9.6 所示。

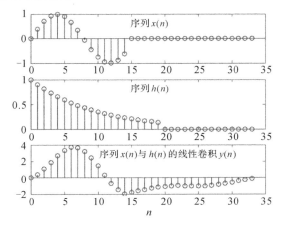

图 9.6 FFT 计算线性卷积结果

【例 9-2】　令 $x_1(n)$ 是一个 L 点在 $[0,1]$ 之间均匀分布的随机数，$x_2(n)$ 是一个 L 点均值为 0、方差为 1 的高斯随机序列。试比较直接计算线性卷积 $y_l(n)=x_1(n)*x_2(n)$ 所需的时间和利用 FFT 计算 $y_l(n)=x_1(n)*x_2(n)$ 所需的时间。

解　计算线性卷积 $y_l(n)=x_1(n)*x_2(n)$，可调用 MATLAB 提供的 conv（　）函数来实现。利用 FFT 计算 $y_l(n)=x_1(n)*x_2(n)$（简称快速卷积），根据圆周卷积 $y(n)=x_1(n)Ⓝ$ $x_2(n)$ 替代线性卷积 $y_l(n)=x_1(n)*x_2(n)$ 的条件是 $N\geqslant 2L-1$，通过对 $x_1(n)$ 和 $x_2(n)$ 做 N 点离散傅里叶变换（用 FFT 实现），即 $X_1(k)=\text{DFT}[x_1(n)]$、$X_2(k)=\text{DFT}[x_2(n)]$；然后对 $Y(k)=X_1(k)X_2(k)$ 利用离散傅里叶逆变换（用 IFFT 实现）求得，即 $y(n)=\text{IDFT}[Y(k)]=$ $x_1(n)*x_2(n)$。因此，可调用 MATLAB 提供的 fft（　）和 ifft（　）函数来实现。MATLAB 程序如下：

```
clc;clear;close all
K=1024;                              %序列长度
conv_time=zeros(1,K);fft_time=zeros(1,K);
for L=1:K
    tc=0;tf=0;
    N=2*L-1;
    nu=ceil(log10(N)/log10(2));N1=2^nu;   %圆周卷积长度为2的幂次方
    for I=1:100                       %对同一长度的计算耗时,计算100次后求平均
        x1=rand(1,L);x2=randn(1,L);   %产生序列x1(n),x2(n)
        t0=clock;y1=conv(x1,x2);      %线性卷积
        t1=etime(clock,t0);tc=tc+t1;  %记录每次线性卷积耗时
        t0=clock;Y2=fft(x1,N1).*fft(x2,N1);y2=ifft(Y2,N1); %FFT计算y(n)
        t2=etime(clock,t0);tf=tf+t2;  %记录每次FFT计算y(n)的耗时
    end
    conv_time(L)=tc/100;              %线性卷积的平均耗时
    fft_time(L)=tf/100;              %FFT计算的平均耗时
end
n=1:K;
plot(n,conv_time(n),'k--');          %绘制线性卷积的耗时曲线
hold on
plot(n,fft_time(n),'b--');           %绘制FFT的耗时曲线
hold off;xlabel('N');ylabel('t/s');
```

该程序运行结果如图 9.7 所示。从图中可以看出，随着 L 的增大，FFT 实现快速卷积的耗时远小于线性卷积的耗时；随着 L 的增大，线性卷积所需时间近似按指数增长，而 FFT 实现快速卷积的耗时基本上呈线性增长（注意：由于 $N=2^k$，快速卷积耗时在 L 的某一范围内基本上是不变的）。

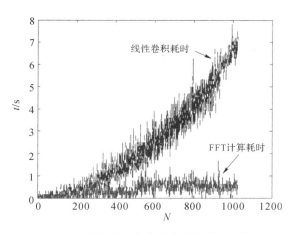

图 9.7　线性卷积与快速卷积的耗时比较

9.3.3　应用实例

【例 9-3】　设 $x(n)=2n+3(0\leqslant n\leqslant 16)$，$h(n)=\{1,2,3,4\}$，按 $N=7$ 对 $x(n)$ 分段，分别采用重叠相加法和重叠保留法计算线性卷积 $y(n)=x(n)*h(n)$。

解　（1）采用重叠相加法的实现。对本例而言，可直接调用 overaddfft（　）函数或 fftfilt（　）函数来实现。MATLAB 具体程序如下：

```
clear;clc;close all
n=0:16;x=2*n+3;
h=[1,2,3,4];
L=7;
ya=overaddfft(h,x,L);                 %重叠相加法 overaddfft（　）函数计算
yc=conv(x,h);                         %直接调用线性卷积函数计算
ym=fftfilt(h,x,L+length(h)-1);        %重叠相加法 fftfilt（　）函数计算
subplot(3,1,1);
stem(0:length(ya)-1,ya);             %绘制重叠相加法函数 overaddfft（　）计算结果
title('重叠相加法 overaddfft()计算线性卷积');
subplot(3,1,2);
stem(0:length(yc)-1,yc);
title('conv（　）函数计算的线性卷积');
axis([0,20,0,400]);
subplot(3,1,3);
stem(0:length(ym)-1,ym);             %绘制重叠相加法函数 fftfilt（　）计算结果
title('重叠相加法 fftfilt()计算线性卷积');xlabel('n');
```

程序运行结果如图 9.8 所示。从图中可以看出，调用重叠相加法函数 overaddfft（　）与

调用 MATLAB 提供的线性卷积函数 conv（　）所得结果完全一样。另外,在该程序中也调用了 MATLAB 提供的重叠相加法函数 fftfilt（　）进行计算。但值得注意的是:第一,在调用格式 fftfilt$(h,x,L+\text{length}(h)-1)$中,参量 h 与 x 的前后位置,h 为线性时不变(LTI)系统的单位冲激响应,x 为系统的输入信号;第二,计算的长度 $L+\text{length}(h)-1$,等于信号的分段长度加上单位冲激响应的长度减 1;第三,由于系统是线性时不变(LTI)系统,因此,系统输出信号 y 的长度应与输入信号 x 的长度相等,即 $\text{length}(y)=\text{length}(x)=17$,这点可从图中得到印证。

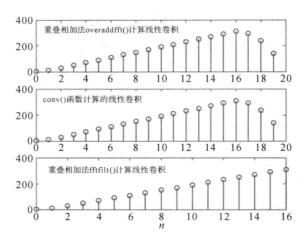

图 9.8　重叠相加法和 conv（　）函数线性卷积计算结果

（2）利用重叠保留法的实现。本例要实现重叠保留法计算,可直接调用 oversavefft（　）函数来实现。MATLAB 具体程序如下:

```
clc;clear;close all
n=0:16;x=2*n+3;
h=[1,2,3,4];
L=7;
y=oversavefft(x,h,L);              %调用重叠保留函数计算
yc=conv(x,h);                      %直接调用线性卷积函数计算
subplot(2,1,1);
stem(0:length(y)-1,y);
title('重叠保留法计算线性卷积');
subplot(2,1,2);
stem(0:length(yc)-1,yc);
title('conv（　）函数计算的线性卷积');
axis([0,20,0,400]);xlabel('n');
```

程序运行结果如图 9.9 所示。从图中可以看出,调用重叠保留法函数 oversavefft（　）与调用 MATLAB 提供的线性卷积函数 conv（　）所得结果完全一样。

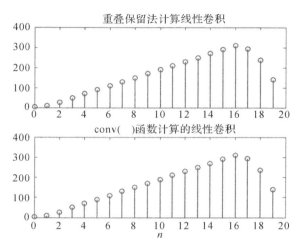

图 9.9　重叠保留法和 conv( )函数线性卷积计算结果

【例 9-4】 令 $x(n)$ 是在 $[-1,1]$ 之间的均匀分布的随机数，$0 \leqslant n \leqslant 10^6$，$h(n) = \sin(0.4\pi n)$，$0 \leqslant n \leqslant 100$。

(1)利用 conv( )函数求输出序列 $y(n) = x(n) * h(n)$。

(2)考虑分段，利用重叠相加和 FFT 实现快速卷积，用 1024、2048 和 4096 的 FFT 点数求 $y(n)$。

(3)比较采用以上两种处理方法的耗时。

解　分别调用 MATLAB 提供的重叠相加法函数 fftfit( )和本节编写的重叠相加法函数 overaddfft( )和重叠保留法函数 oversavefft( )来计算对比。MATLAB 程序如下：

```
clc;clear;close all;
t1=0;t2=0;t3=0;t4=0;t5=0;t6=0;t7=0;t8=0;t9=0;
t10=0;M=100;
n=0:100;h=sin(0.4*pi*n);
for i=1:M
    x=2*rand(1,10^6)-1;                  %产生均匀分布在[-1,1]区间的数据
    %调用 MATLAB 提供的卷积函数 conv( )计算耗时
    t0=clock;y1=conv(x,h);t1=t1+etime(clock,t0);
    %调用 MATLAB 提供的重叠相加函数 fftfilt( )计算耗时
    t0=clock;y2=fftfilt(h,x,1024);t2=t2+etime(clock,t0);
    t0=clock;y3=fftfilt(h,x,2048);t3=t3+etime(clock,t0);
    t0=clock;y4=fftfilt(h,x,4096);t4=t4+etime(clock,t0);
    %调用重叠相加函数 overaddfft( )计算耗时
    t0=clock;y5=overaddfft(x,h,924);t5=t5+etime(clock,t0);
    t0=clock;y6=overaddfft(x,h,1948);t6=t6+etime(clock,t0);
    t0=clock;y7=overaddfft(x,h,3996);t7=t7+etime(clock,t0);
    %调用重叠保留函数 oversavefft( )计算耗时
```

```
            t0＝clock;y5＝oversavefft(x,h,924);t8＝t8＋etime(clock,t0);
            t0＝clock;y6＝oversavefft(x,h,1948);t9＝t9＋etime(clock,t0);
            t0＝clock;y7＝oversavefft(x,h,3996);t10＝t10＋etime(clock,t0);
        end
        disp('调用 MATLAB 提供的卷积函数 conv（ ）计算平均耗时(s)');
        t1＝t1/M                              ％求平均
        disp('调用 MATLAB 提供的重叠相加函数 fftfilt（ ）计算平均耗时(s)');
        t2＝t2/M
        t3＝t3/M
        t4＝t4/M
        disp('调用重叠相加函数 overaddfft（ ）计算平均耗时(s)');
        t5＝t5/M
        t6＝t6/M
        t7＝t7/M
        disp('调用重叠保留函数 oversavefft（ ）计算平均耗时(s)');
        t8＝t8/M
        t9＝t9/M
        t10＝t10/M
```

该程序运行结果为

```
    调用 MATLAB 提供的卷积函数 conv（ ）计算平均耗时(s)
    t1＝1.3952
    调用 MATLAB 提供的重叠相加函数 fftfilt（ ）计算平均耗时(s)
    t2＝0.7735;t3＝0.7688;t4＝1.0610
    调用重叠相加函数 overaddfft（ ）计算平均耗时(s)
    t5＝0.8796;t6＝0.8530;t7＝1.1361
    调用重叠保留函数 oversavefft（ ）计算平均耗时(s)
    t8＝0.8002;t9＝0.7999;t10＝1.1388
```

从以上平均耗时结果可以看出:其一,无论是重叠相加法还是重叠保留法,其计算耗时都小于线性卷积计算的耗时;其二,在重叠相加法和重叠保留法中,信号的分段长度会影响处理速度;其三,MATLAB 提供的重叠相加函数 fftfilt（ ）的性能相比本节编写的重叠相加法函数和重叠保留法函数更优。

9.4　实验内容

1.用快速 FFT 计算线性卷积 $y(n)=x(n)*h(n)$,其中 $x(n)=\begin{cases}2n+3 &,0\leq n\leq 7\\0 &,其他\end{cases}$,

$$h(n) = \begin{cases} \sin\left(\dfrac{2\pi n}{16}\right), & 0 \leqslant n \leqslant 15 \\ 0, & \text{其他} \end{cases}。$$

2. 用重叠相加法计算序列 $x(n) = \begin{cases} n, & 0 \leqslant n \leqslant 200 \\ 0, & \text{其他} \end{cases}$ 和 $h(n) = \{1, 0, 3, 7\}$ 的线性卷积，按 $N = 5$ 对 $x(n)$ 分段。

9.5　实验要求

1. 实验前必须进行充分的预习，熟悉实验内容；
2. 实验报告中应简述实验目的和原理；
3. 实验报告中应附上实验程序；
4. 简述 FFT 计算线性卷积的步骤；
5. 总结重叠保留法和重叠相加法的特点和区别。

LTI 系统结构设计

10.1 实验目的

本实验结合理论教材的教学内容,学习和掌握线性时不变系统 IIR 和 FIR 数字滤波器的基本结构及特征,以及不同结构之间的转换原理和实现方法。

10.2 实验原理

一个数字信号处理系统可以用不同的结构实现,结构不同不仅影响到总的计算量,还会影响到计算精度。实现一个数字滤波器,通常需要三种基本的运算单元:加法器、单位延时器和常数乘法器。

数字滤波器的基本结构主要由系统函数 $H(z)$ 决定。同一系统函数采用不同的表达形式可获得不同系统结构图。在实际应用中,一个复杂的线性时不变(LTI)系统可分解为几个简单系统的组合结构。系统的互联则由三种基本方式实现,如图 10.1 所示。

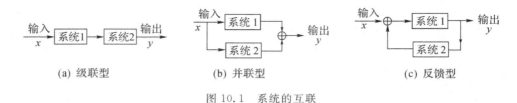

(a) 级联型   (b) 并联型   (c) 反馈型

图 10.1 系统的互联

10.2.1 无限长单位冲激响应(IIR)数字滤波器的基本结构

IIR 数字滤波器的有理系统函数为

$$H(z) = \frac{Y(z)}{X(z)} = \frac{\sum_{k=0}^{M} b_k z^{-k}}{1 - \sum_{k=1}^{N} a_k z^{-k}} \tag{10-1}$$

因此,系统有极点,系统结构上存在输出到输入的反馈,即在结构上是递归型的。对应的差分方程为

$$y(n) = \sum_{k=1}^{N} a_k y(n-k) + \sum_{k=0}^{M} b_k x(n-k) \tag{10-2}$$

1. 直接 Ⅰ 型

如图 10.2 所示,直接按差分方程式将输入序列 $x(n)$ 延迟并乘以系数 b_k,将输出序列 $y(n)$ 延迟并乘以系数 a_k,再把它们加起来,这种结构称为直接 Ⅰ 型。

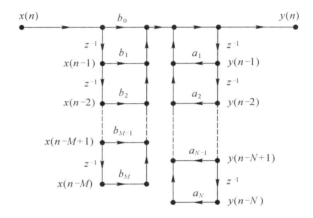

图 10.2　IIR 数字滤波器的直接 Ⅰ 型结构

2. 直接 Ⅱ 型(典范型)

如图 10.3 所示,$H(z)$ 可视为 $\sum\limits_{k=0}^{M} b_k z^{-k}$ 和 $\dfrac{1}{1 - \sum\limits_{k=1}^{N} a_k z^{-k}}$ 两个子系统的级联,如果改变级联的次序,再合并两个具有相同输入的延时支路,就得到直接 Ⅱ 型(典范型)结构。

直接型结构的特点是,直接 Ⅰ 型结构简单直观,直接 Ⅱ 型结构所需延时单元最少,故称为典范型。系数 a_k、b_k 对滤波器性能的控制不直接,因此调整不方便。在具体实现滤波器时,a_k、b_k 的量化误差将使滤波器的频率响应产生很大的改变,甚至影响到系统的稳定性。直接型结构一般用于实现低阶系统。

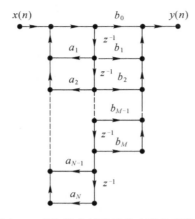

图 10.3　IIR 数字滤波器的直接 II 型结构

3. 级联型

将 $H(z)$ 的分子、分母多项式进行因式分解，当 $H(z)$ 的系数 a_k、b_k 都是实数时，可表示为实系数的二阶因子连乘的形式，即

$$H(z) = A \prod_k \frac{(1 + \beta_{1k} z^{-1} + \beta_{2k} z^{-2})}{(1 - \alpha_{1k} z^{-1} - \alpha_{2k} z^{-2})} = A \prod_k H_k(z) \tag{10-3}$$

式中：$H_k(z)$ 称为滤波器的二阶基本节。

整个滤波器是 $H_k(z)$ 的级联，如图 10.4 所示。

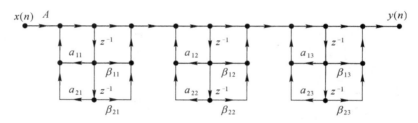

图 10.4　IIR 数字滤波器的级联型结构

级联型结构的特点是，便于准确实现滤波器的零极点，有利于控制滤波器的频率响应；级联型结构的零、极点配对方式和基本节级联次序具有很大的灵活性，但由于有限字长的影响，对于不同的排列，运算误差各不相同。其突出的优点是每个基本节都有相同的结构，硬件实现时可以用一个二阶节进行时分复用，故只需很少的存储单元和运算部件。

4. 并联型

将系统函数 $H(z)$ 展开成部分分式之和，即

$$H(z) = \sum_{k=1}^{N_1} \frac{A_k}{1 - c_k z^{-1}} + \sum_{k=1}^{N_2} \frac{B_k (1 - g_k z^{-1})}{(1 - d_k z^{-1})(1 - d_k^* z^{-1})} + \sum_{k=0}^{M-N} G_k z^{-k} \tag{10-4}$$

为了使结构上一致，可将一阶实极点也组合成实系数的二阶多项式，并将共轭极点也化成实系数的二阶多项式，当 $M = N$ 时，有

$$H(z) = G_0 + \sum_{k=1}^{\left[\frac{N+1}{2}\right]} \frac{\gamma_{0k} + \gamma_{1k}z^{-1}}{1 - \alpha_{1k}z^{-1} - \alpha_{2k}z^{-2}} = G_0 + \sum_{k=1}^{\left[\frac{N+1}{2}\right]} H_k(z) \tag{10-5}$$

图 10.5 给出了一个 $M = N = 3$ 时的并联型结构。

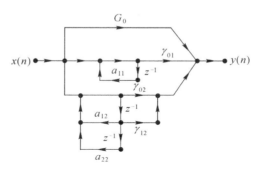

图 10.5　三阶 IIR 数字滤波器的并联型结构

并联型结构的特点是,运算速度快,各基本节的误差互不影响,总误差低于级联型结构的总误差;并联型结构容易调整极点位置,不容易直接控制零点。

10.2.2　有限长单位冲激响应(FIR)数字滤波器的基本结构

FIR 数字滤波器的系统函数和差分方程的一般形式为

$$H(z) = \sum_{n=0}^{N-1} h(n)z^{-n} \tag{10-6}$$

$$y(n) = \sum_{m=0}^{N-1} h(m)x(n-m) \tag{10-7}$$

因此,在 $|z| > 0$ 处收敛,极点全部在 $z = 0$ 处,系统始终稳定;结构上主要是非递归结构,没有输出到输入的反馈,但在有些结构(例如频率抽样型结构)中也包含有反馈的递归部分。

1.横截型(卷积型、直接型)

由差分方程式(10-7)可画出 FIR 数字滤波器的直接型结构图,如图 10.6 所示。

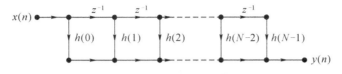

图 10.6　FIR 数字滤波器的横截型结构

2.级联型

将 FIR 数字滤波器的系统函数分解成实系数二阶因子的乘积形式,即

$$H(z) = \sum_{n=0}^{N-1} h(n)z^{-n} = \prod_{k=1}^{\left[\frac{N}{2}\right]} (\beta_{0k} + \beta_{1k}z^{-1} + \beta_{2k}z^{-2}) \qquad (10\text{-}8)$$

则可构成如图 10.7 所示的级联型结构。

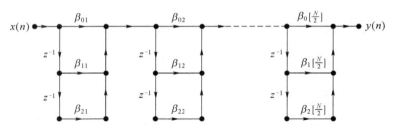

图 10.7　FIR 数字滤波器的级联型结构

级联型结构 FIR 数字滤波器的优点是,控制零点很方便。不足之处是这种结构所需的系数比直接型多,所需乘法运算也比直接型大。

10.2.3　数字滤波器的格型结构

格型结构的最大特点是:(1)它的模块化结构便于实现高速并行处理;(2)一个 m 阶格型滤波器可以产生从 1 阶到 m 阶的 m 个横向滤波器的输出性能;(3)它对有限字长的舍入误差不灵敏。

1.全零点 FIR 系统的格型结构

M 阶全零点 FIR 系统的格型结构如图 10.8 所示,共有 M 个参数 $k_m(m=1,2,\cdots,M)$,k_m 称为反射系数,共需 $2M$ 次乘法,M 次延迟。

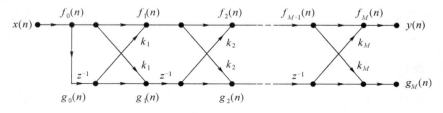

图 10.8　全零点 FIR 系统的格型结构

2.全极点 IIR 系统的格型结构

M 阶全极点 IIR 系统的系统函数为

$$H(z) = \frac{1}{1 + \sum_{i=1}^{M} a_i^{(M)} z^{-i}} \qquad (10\text{-}9)$$

格型结构如图 10.9 所示。

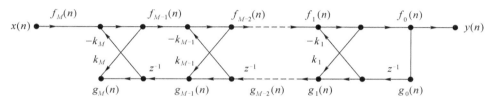

图 10.9　全极点 IIR 系统的格型结构

3. 零—极点 IIR 系统的格型结构

零—极点 IIR 系统的系统函数为

$$H(z) = \frac{1 + \sum_{i=1}^{N} b_i^{(N)} z^{-i}}{1 + \sum_{i=1}^{N} a_i^{(N)} z^{-i}} \tag{10-10}$$

格型结构如图 10.10 所示。

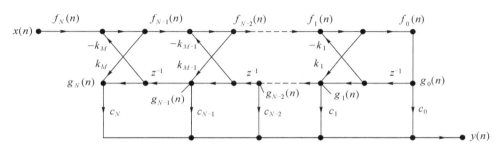

图 10.10　零—极点 IIR 系统的格型结构

10.3　预习与参考

10.3.1　相关 MATLAB 函数

为了实现离散 LTI 系统的不同结构,MATLAB 对离散 LTI 系统采用传递函数模型(tf)、零极点增益模型(zpk)、二阶分式模型(sos)、状态空间模型(ss)以及这些模型之间的转换函数,实现系统函数的不同表达方式。

(1)离散 LTI 系统的传递函数(tf)

$$H(z) = \frac{Y(z)}{X(z)} = \frac{b_0 + b_1 z^{-1} + \cdots + b_M z^{-M}}{a_0 + a_1 z^{-1} + \cdots + a_M z^{-N}} \tag{10-11}$$

(2)零—极点增益模型(zpk)

$$H(z) = k \frac{(z - q_1)(z - q_2) \cdots (z - q_M)}{(z - p_1)(z - p_2) \cdots (z - p_N)} \tag{10-12}$$

当零—极点模型中的极点都为单极点时,可将零—极点增益模型分解为部分分式,得 LTI 系统的极点留数模型,此时的系统函数为

$$H(z) = \frac{r_1}{1 - p_1 z^{-1}} + \frac{r_2}{1 - p_2 z^{-1}} + \cdots + \frac{r_N}{1 - p_N z^{-1}} + k_s \qquad (10\text{-}13)$$

可由 residuez( ) 函数命令完成。

(3) 二次分式模型(sos)

将系统函数 $H(z) = g\prod\limits_{k=1}^{L} \dfrac{b_{0k} + b_{1k}z^{-1} + b_{2k}z^{-2}}{a_{0k} + a_{1k}z^{-1} + a_{2k}z^{-2}}$ 描述为

$$sos = \begin{bmatrix} b_{01} & b_{11} & b_{21} & 1 & a_{11} & a_{21} \\ \vdots & \vdots & \vdots & \vdots & \vdots & \vdots \\ b_{0L} & b_{1L} & b_{2L} & 1 & a_{1L} & a_{2L} \end{bmatrix} \qquad (10\text{-}14)$$

(4)状态空间模型(ss)

$$\begin{cases} x[n+1] = A \cdot x[n] + B \cdot u[n] \\ y[n] = C \cdot x[n] + D \cdot u[n] \end{cases} \qquad (10\text{-}15)$$

$[b,a] = \text{series}(b_1, a_1, b_2, a_2)$:将子系统 $H(z) = \dfrac{b_1(z)}{a_1(z)}$ 与子系统 $H(z) = \dfrac{b_2(z)}{a_2(z)}$ 级联,返回级联系统的传递函数 tf。

$[b,a] = \text{parallel}(b_1, a_1, b_2, a_2)$:返回并联系统的传递函数 tf。

$[b,a] = \text{feedback}(b_1, a_1, b_2, a_2, \text{sign})$:返回反馈连接系统的传递函数 tf。sign 表示反馈方式(默认值为 -1):当 sign$= +1$ 时表示正反馈;当 sign$= -1$ 时表示负反馈。

$[b,a] = \text{ss2tf}(A, B, C, D, i_u)$:将指定输入量 i_u 的线性系统 (A, B, C, D) 转换为传递函数模型 $[b, a]$。

$[A, B, C, D] = \text{tf2ss}(b, a)$:将给定系统的传递函数模型转换为等效的状态空间模型,向量 a、b 按 z 的降幂顺序输入分母系数。用于离散系统时分子多项式与分母多项式的长度必须相同,否则补零。该函数是 ss2tf 函数的逆过程。

$[z, p, k] = \text{ss2zp}(A, B, C, D, i_u)$:将指定输入量 i_u 的线性系统 (A, B, C, D) 转换为零—极点增益模型 $[z, p, k]$。z、p、k 分别为零点向量、极点向量和增益系数。

$[A, B, C, D] = \text{zp2ss}(z, p, k)$:将给定系统的零—极点增益模型转换为等效的状态空间模型 $[A, B, C, D]$。z、p、k 分别为零点向量、极点向量和增益系数。该函数是 ss2zp 的逆过程。

$[z, p, k] = \text{tf2zp}(b, a)$:求系统传递函数的零点向量 z、极点向量 p 和增益系数 k。用于离散系统时分子多项式与分母多项式的长度必须相同,否则补零。

$[b, a] = \text{zp2tf}(z, p, k)$:将给定系统的零—极点增益模型转换为传递函数模型,z、p、k 分别为零点向量、极点向量和增益系数。

$[b, a] = \text{sos2tf}(sos, g)$:将二次分式模型 sos 转换为传递函数模型 $[b, a]$,增益系数 g 默认值为 1。

$[sos, g] = \text{tf2sos}(b, a)$:将传递函数模型 $[b, a]$ 转换为二次分式模型 sos,g 为增益系数。

$[z, p, k] = \text{sos2zp}(sos, g)$:将二次分式模型转换为零—极点增益模型,增益系数 g 默认值为 1。

$[sos, g] = \text{zp2sos}(b, a)$:将零—极点增益模型转换为二次分式模型 sos,$g$ 为增益系数。

$[A,B,C,D]$＝sos2ss(sos,g)：将二次分式模型 sos 转换为状态空间模型$[A,B,C,D]$。

$[\text{sos},g]$＝ss2sos(A,B,C,D,i_u)：将状态空间模型$[A,B,C,D]$转换为二次分式模型。

K＝tf2latc(B,1)：求出全零点 FIR 系统 $H(z)=B(z)=1+b(2)z^{-1}+b(3)z^{-2}+\cdots+b(M)z^{-M}$ 的格型结构参数（反射系数）向量 K。说明，向量 $B=[1,b(1),b(2),\cdots,b(M)]$ 的第一项 $b(1)$ 必须归一化，即 $b(1)=1$；线性相位 FIR 滤波器不能用格型结构实现。

K＝tf2latc(1,A)：求出全极点 IIR 系统 $H(z)=\dfrac{1}{A(z)}$ 的格型结构参数（反射系数）向量 K，其中 $A(z)=1+a(2)z^{-1}+a(3)z^{-2}+\cdots+a(N)z^{-N}$。说明，向量 A 的第一项 $a(1)$ 必须归一化，即 $a(1)=1$；当系统函数在单位圆上有极点时发生错误。

$[K,C]$＝tf2latc(B,A)：求出零极点 IIR 系统 $H(z)=\dfrac{B(z)}{A(z)}$ 的格型结构参数（反射系数）向量和梯形参数向量 C，其中 $A(z)=1+a(2)z^{-1}+a(3)z^{-2}+\cdots+a(N)z^{-N}$。说明，向量 A 的第一项 $a(1)$ 必须归一化，即 $a(1)=1$；当系统函数在单位圆上有极点时发生错误。

b＝latc2tf(K)或 b＝latc2tf(K,'fir')：将全零点 FIR 格型结构参数 K 转换成系统函数（直接型）$H(z)=b(z)$。

$[b,a]$＝latc2tf(K,'allpole')：将全极点 IIR 格型结构参数 K 转换成系统函数（直接型）$H(z)=\dfrac{b(z)}{a(z)}$。

$[b,a]$＝latc2tf(K,C)：将零极点 IIR 格型结构参数 K 和梯形参数 C 转换成系统函数（直接型）$H(z)=\dfrac{b(z)}{a(z)}$。

$[r,p,k]$＝residuez(b,a)：把 $\dfrac{b(z)}{a(z)}$ 展开成式(10-13)，即余数数组 r、极点数组 p 和部分分式展开的常数项 k_s。当分母多项式的阶次数高于分子多项式的阶次数（$N>M$）时 $k_s=0$。注意分子多项式与分母多项式的长度必须相同，否则补零。

$[b,a]$＝residuez(r,p,k)：根据余数 r、极点 p 和常数项 k，返回有理多项式 $\dfrac{b(z)}{a(z)}$。

10.3.2 MATLAB 实现

在实际应用中，一个复杂的线性时不变(LTI)系统可以分解为几个简单系统的组合结构，即直接型结构、级联型结构和并联型结构。MATLAB 所提供的系统模型变换函数实质上就是给出了这几种系统结构的互换关系。传递函数模型(tf)对应于系统的直接型结构，二阶分式模型(sos)对应级联结构，传递函数的部分分式(residuez)形式对应于并联型结构。当然也可根据系统函数，编写自己的不同结构转换函数。

1. 直接型到级联型转换函数 dir2cas( )

将直接型 $H(z)=\dfrac{Y(z)}{X(z)}=\dfrac{b_0+b_1z^{-1}+\cdots+b_Mz^{-M}}{a_0+a_1z^{-1}+\cdots+a_Mz^{-N}}$ 转换成二阶级联型 $H(z)=$

$g\displaystyle\prod_{k=1}^{L}\dfrac{b_{0k}+b_{1k}z^{-1}+b_{2k}z^{-2}}{a_{0k}+a_{1k}z^{-1}+a_{2k}z^{-2}}$，可编写直接型到级联型转换函数 dir2cas( )，其 MATLAB 程序

如下：

```
function [G,B,A]=dir2cas(b,a)
% 由直接型转换成二阶级联型
% G 为增益
% B 为 Kx3 大小的经典二阶滤波器系统函数的分子系数
% A 为 Kx3 大小的经典二阶滤波器系统函数的分母系数
% b 为直接型系统函数分子系数
% a 为直接型系统函数分母系数
%――――――――――――――――――――――――――――――――
%计算增益系数 G
b0=b(1);b=b/b0;a0=a(1);a=a/a0;G=b0/a0;
%计算各二阶级联系数
M=length(b);N=length(a);
if N>M
    b=[b,zeros(1,N-M)];
elseif M>N
    a=[a,zeros(1,M-N)];N=M;
else
    NM=0;
end
K=floor(N/2);B=zeros(K,3);A=zeros(K,3);
if K*2==N
    b=[b,0];a=[a,0];
end
broots=cplxpair(roots(b));aroots=cplxpair(roots(a));
for i=1:2:2*K
    Brow=broots(i:1:i+1,:);Brow=real(poly(Brow));
    B(fix((i+1)/2),:)=Brow;
    Arow=aroots(i:1:i+1,:);Arow=real(poly(Arow));
    A(fix((i+1)/2),:)=Arow;
end
```

2. 直接型到并联型转换函数 dir2par（ ）

在将直接型转换成并联型时，为了避免复系数出现，可采用二阶分割，将共轭极点组成分母上的实系数二阶环节，即

$$H(z)=\sum_{k=1}^{L}\frac{b_{pk0}+b_{pk1}z^{-1}}{1+a_{pk1}z^{-1}+a_{pk2}z^{-2}}+\underbrace{\sum_{k=0}^{M-N}c_{pk}z^{-k}}_{\text{仅当}M\geqslant N\text{时}} \tag{10-16}$$

当 N 为偶数时，$L=\dfrac{N}{2}$，当 N 为奇数时，$L=\dfrac{N-1}{2}$，上式中有一个一阶分式。因此，从直

接型到并联型转换函数 dir2par（　）的程序如下：

```
function [C,B,A]=dir2par(b,a)
% 直接型到并联型的转换
% C 为当 B 比 A 长时的多项式部分
% B 为包含各 bk 的 K 乘 2 阶实系数矩阵
% A 为包含各 ak 的 K 乘 2 阶实系数矩阵
% b 为直接型分子多项式系数
% a 为直接型分母多项式系数
%--------------------------------------------------------
M=length(b);N=length(a);
[r1,p1,C]=residuez(b,a);
p=cplxpair(p1,10000000*eps);
I=cplxcomp(p1,p);
r=r1(I);
K=floor(N/2);B=zeros(K,2);A=zeros(K,3);
if   K*2==N;%N 为偶数时,A(z)的阶数为奇数,有一个一阶环节
    for i=1:2:N-2
        Brow=r(i:1:i+1,:);
        Arow=p(i:1:i+1,:);
        [Brow,Arow]=residuez(Brow,Arow,[]);
        B(fix((i+1)/2),:)=real(Brow);
        A(fix((i+1)/2),:)=real(Arow);
    end;
    [Brow,Arow]=residuez(r(N-1),p(N-1),[]);
    B(K,:)=[real(Brow),0];A(K,:)=[real(Arow),0];
else
    for i=1:2:N-1
        Brow=r(i:1:i+1,:);
        Arow=p(i:1:i+1,:);
        [Brow,Arow]=residuez(Brow,Arow,[]);
        B(fix((i+1)/2),:)=real(Brow);
        A(fix((i+1)/2),:)=real(Arow);
    end
end
```

在 dir2par（　）程序中调用了复共轭对比较函数 cplxcomp（　）。

3. 复共轭对比较函数 cplxcomp（　）

其 MATLAB 程序为

```
function I＝cplxcomp(p1,p2)
％ 比较两个模值相同但可能下标不同的复数对
％ 排序极点向量及其相应的留数向量
％——————————————————————————————————————
I＝[];
for j＝1：1：length(p2)
    for i＝1：1：length(p1)
        if (abs(p1(i)－p2(j))＜0.0001)
            I＝[I,i];
        end
    end
end
I＝I';
```

【例 10-1】 求两个单输入单输出子系统 $H_1(z)=\dfrac{1}{1+z^{-1}}$ 和 $H_2(z)=\dfrac{2}{1+2z^{-1}}$ 的级联、并联和反馈系统的传递函数。

解 MATLAB 程序为

```
b1＝[1,0];a1＝[1,1];            ％系统 1,注意分子补零
b2＝[2,0];a2＝[1,2];            ％系统 2
[bs,as]＝series(b1,a1,b2,a2)    ％实现两个系统级联
[bp,ap]＝parallel(b1,a1,b2,a2)  ％实现两个系统并联
[bf,af]＝feedback(b1,a1,b2,a2)  ％实现两个系统反馈
```

该程序运行结果为

```
bs＝ 2  0  0；  as＝ 1  3  2
bp＝ 3  4  0；  ap＝ 1  3  2
bf＝ 1  2  0；  af＝ 3  3  2
```

根据所求系数得级联、并联和反馈系统传递函数 $H(z)$ 分别为 $\dfrac{2}{1+3z^{-1}+2z^{-2}}$、$\dfrac{3+4z^{-1}}{1+3z^{-1}+2z^{-2}}$、$\dfrac{1+2z^{-1}}{3+3z^{-1}+2z^{-2}}$。

【例 10-2】 已知 FIR 数字滤波器的传递函数为 $H(z)=2+\dfrac{13}{12}z^{-1}+\dfrac{5}{4}z^{-2}+\dfrac{2}{3}z^{-3}$，求出其级联型结构。

解 要实现级联，需将 $H(z)$ 的右边进行因式分解，可调用 tf2sos（ ）函数命令，将传递函数模型(tf)转换成二阶分式模型(sos)。因此，MATALB 程序为

```
b=[2,13/12,5/4,2/3];a=[1,0,0,0];        % 设定传递函数模型参数(分子、分母)
fprintf('级联型结构系数:');
[sos,g]=tf2sos(b,a)                      %直接型到级联型转换
```

程序运行结果:

```
级联型结构系数:
    sos=   1.0000   0.5360   0        1.0000   0   0
           1.0000   0.0057   0.6219   1.0000   0   0
    g=     2
```

所以,根据式(10-14)sos 系数结构,传递函数 $H(z)$ 可改写为

$$H(z)=2(1+0.536z^{-1})(1+0.0057z^{-1}+0.6219z^{-2})$$

级联型结构如图 10.11 所示。

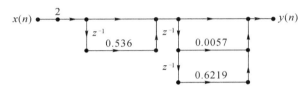

图 10.11　级联型结构

对该例,也可调用直接型到级联型的转换函数 dir2cas( )来实现。若在命令窗口中做如下操作,会获得相同结果。

```
>>b=[2,13/12,5/4,2/3];a=[1,0,0,0];
>>[G,B,A]=dir2cas(b,a)
G=  2
B=  1.0000   0.0057   0.6219
    1.0000   0.5360   0
A=  1   0   0
    1   0   0
```

【例 10-3】　已知 IIR 滤波器的系统函数为 $H(z)=\dfrac{1-0.5z^{-1}+0.2z^{-2}+0.7z^{-3}}{1-1.831z^{-1}+1.432z^{-2}-0.448z^{-3}}$,试求

其级联结构和格型结构。

　　解　(1)级联结构的 MATLAB 程序如下:

```
b=[1,-0.5,0.2,0.7];a=[1,-1.831,1.432,-0.448];    %IIR 滤波器的系统函数
[G,B,A]=dir2cas(b,a)                              %调用直接型到级联型的转换函数
```

程序运行结果为

G=1
B=1.0000   −1.1880   1.0174
    1.0000   0.6880   0
A=1.0000   −1.1316   0.6406
    1.0000   −0.6994   0

根据所求系数,可画出滤波器的级联结构,如图 10.12 所示。

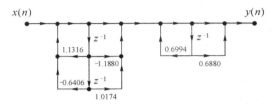

图 10.12   IIR 滤波器的级联结构

(2)格型结构的 MATLAB 实现程序如下:

b=[1,−0.5,0.2,0.7];a=[1,−1.831,1.432,−0.448];   %IIR 滤波器的系统函数
[K,C]=tf2latc(b,a)   %调用格型转换函数 tf2latc 求反射系数

程序运行结果为

K=   −0.8430
      0.7653
     −0.4480
C=   0.7719
      0.7026
      1.4817
      0.7000

根据所求系数,可画出零极点 IIR 滤波器的格型结构,如图 10.13 所示。

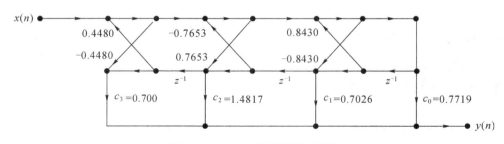

图 10.13   IIR 滤波器的格型结构

【例 10-4】 FIR 滤波器的系统函数 $H(z)=1+2.7917z^{-1}+2z^{-2}+1.375z^{-3}+0.3333z^{-4}$，试绘制该函数的直接型结构和格型结构。

解 由系统函数 $H(z)=1+2.7917z^{-1}+2z^{-2}+1.375z^{-3}+0.3333z^{-4}$ 得系统的直接结构如图 10.14 所示。利用 tf2latc（ ）函数求格型结构参数，MATLAB 程序如下：

```
B=[1,2.7917,2,1.375,0.3333];        %FIR 系统函数
K=tf2latc(B,1)                       %调用 tf2latc 函数求格型结构参数
```

程序运行结果为

```
K=2.0004
   0.2498
   0.5001
   0.3333
```

系统的格型结构如图 10.15 所示。若在 MATLAB 命令窗中键入：

```
>>b=latc2tf(K)
```

屏幕显示：

```
b=   1.0000   2.7917   2.0000   1.3750   0.3333
```

验证了函数 latc2tf 为函数 tf2latc 的逆过程。

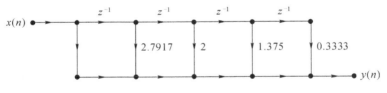

图 10.14 FIR 滤波器的直接型结构

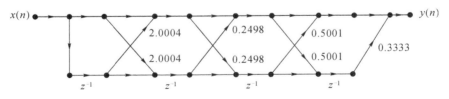

图 10.15 FIR 滤波器的格型结构

10.3.3　应用实例

【例 10-5】　已知 IIR 数字滤波器的传递函数为

$$H(z) = \frac{1 - 3z^{-1} + 11z^{-2} - 27z^{-3} + 18z^{-4}}{16 + 12z^{-1} + 2z^{-2} - 4z^{-3} - z^{-4}}$$

求出其级联型结构和并联型结构。

解　要实现级联，需将 $H(z)$ 的右边进行因式分解，可调用 tf2sos（　）函数命令，将传递函数模型（tf）转换成二阶分式模型（sos）。要实现并联，可将 $H(z)$ 的右边部分分式展开，可调用函数 residuez（　）来实现。因此，MATALB 程序为

```
b=[1,-3,11,-27,18];a=[16,12,2,-4,-1];
disp('级联型结构系数：')
[sos,g]=tf2sos(b,a)            %求级联型结构系数
disp('并联型结构系数：')
[R,P,K]=residuez(b,a)          %利用 residuez（　）函数求并联型结构系数
```

程序运行所得结果

```
级联型结构系数：
    sos=1.0000   -3.0000   2.0000   1.0000   -0.2500   -0.1250
        1.0000    0.0000   9.0000   1.0000    1.0000    0.5000
    g=0.0625
并联型结构系数：
    R=-5.0250-1.0750i
      -5.0250+1.0750i
       0.9250
      27.1875
    P=-0.5000+0.5000i
      -0.5000-0.5000i
       0.5000
      -0.2500
    K=-18
```

所以，根据级联结构系数，传递函数 $H(z)$ 可改写为

$$H(z) = 0.0625 \left(\frac{1 - 3z^{-1} + 2z^{-2}}{1 - 0.25z^{-1} - 0.125z^{-2}} \right) \left(\frac{1 + 9z^{-2}}{1 + z^{-1} + 0.5z^{-2}} \right)$$

级联型结构如图 10.16 所示。根据并联结构系数，传递函数 $H(z)$ 可改写为

$$H(z) = \frac{-5.025 - 1.075i}{1 - (-0.5 + 0.5i)z^{-1}} + \frac{-5.025 + 1.075i}{1 - (-0.5 - 0.5i)z^{-1}} + \frac{0.925}{1 - 0.5z^{-1}} + \frac{27.1875}{1 + 0.25z^{-1}} - 18$$

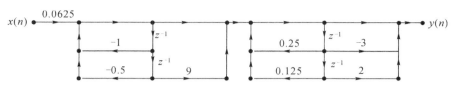

图 10.16　级联型结构

当然,对于例 10-5,要实现级联型也可调用直接型到级联型的转换函数 dir2cas(　)来实现。

>>b=[1,−3,11,−27,18];a=[16,12,2,−4,−1];
>>[G,B,A]=dir2cas(b,a)
G=　0.0625
B=　1.0000　　0.0000　　9.0000
　　1.0000　−3.0000　　2.0000
A=　1.0000　　1.0000　　0.5000
　　1.0000　−0.2500　−0.1250

对于并联型,也可调用直接型到并联型转换函数 dir2par(　)来实现,即在命令窗口中输入如下命令即可获得并联型结构系数。

>>b=[1,−3,11,−27,18];a=[16,12,2,−4,−1];
>>[Cp,Bp,Ap]=dir2par(b,a)

可得

Cp=　−18
Bp=　−10.0500　　−3.9500
　　　28.1125　−13.3625
Ap=　1.0000　　1.0000　　0.5000
　　　1.0000　−0.2500　−0.1250

由并联型结构系数写出的 $H(z)$ 表达式如下。

$$H(z)=-18+\frac{-10.05-3.95z^{-1}}{1+z^{-1}+0.5z^{-2}}+\frac{28.1125-13.3625z^{-1}}{1-0.25z^{-1}-0.125z^{-2}}$$

因此,并联型结构如图 10.17 所示。

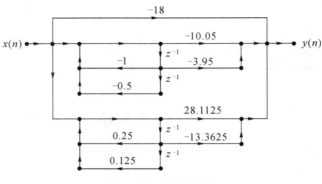

图 10.17　并联型结构

10.4　实验内容

1. 设系统的差分方程为

$$y(n)-\frac{3}{4}y(n-1)+\frac{1}{8}y(n-2)=x(n)+\frac{1}{3}x(n-1)$$

试画出系统的典范型、级联型和并联型结构,其中级联和并联型结构中每一级的阶数不超过一阶。

2. 已知 FIR 滤波器的单位冲激响应为

$$h(n)=\delta(n)+0.3\delta(n-1)+0.72\delta(n-2)+0.11\delta(n-3)+0.12\delta(n-4)$$

试画出其横截型、级联型结构网络。

3. 某 IIR 滤波器的系统函数为

$$H(z)=\frac{0.051+0.088z^{-1}+0.06z^{-2}-0.029z^{-3}-0.069z^{-4}-0.046z^{-5}}{1-1.34z^{-1}+1.478z^{-2}-0.789z^{-3}+0.232z^{-4}}$$

若该线性时不变系统要用如图 10.18 所示的结构实现,请给出结构图中全部系数。

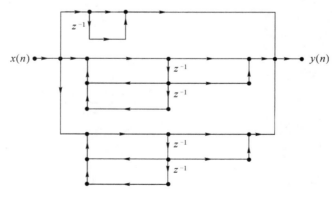

图 10.18　习题 3 滤波器结构

4.若某滤波器的系统函数为

$$H(z)=\frac{0.05-0.01z^{-1}-0.13z^{-2}+0.13z^{-4}+0.01z^{-5}-0.05z^{-6}}{1-0.77z^{-1}+1.59z^{-2}-0.88z^{-3}+1.2z^{-4}-0.35z^{-5}+0.31z^{-6}}$$

若要用如图 10.19 所示的结构实现,

(1)给出结构图中全部系数;

(2)答案是否唯一,给出解释理由。

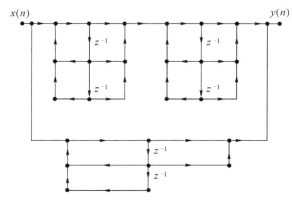

图 10.19　习题 4 滤波器结构

10.5　实验要求

1.实验前必须进行充分的预习,熟悉实验内容;

2.实验报告中应简述实验目的和原理;

3.实验报告中应附上实验程序;

4.总结设计数字滤波器结构的主要步骤,思考在数字滤波器结构设计时应考虑哪些因素。

IIR 数字滤波器设计——模拟滤波器的数字化

11.1 实验目的

本实验结合理论教材 IIR 数字滤波器设计中有关模拟滤波器的数字化的教学内容,学习和掌握将 IIR 模拟滤波器变换成 IIR 数字滤波器的基本原理和实现步骤,学习 MATLAB 中将模拟滤波器数字化设计 IIR 数字滤波器的相关函数,掌握使用 MATLAB 设计 IIR 数字滤波器的过程与方法。

11.2 实验原理

IIR 数字滤波器的特点是单位冲激响应 $h(n)$ 长度无限,系统函数 $H(z)$ 的形式为

$$H(z) = \frac{\sum_{k=0}^{M} b_k z^{-k}}{1 - \sum_{k=1}^{N} a_k z^{-k}} \tag{11-1}$$

其中 $M \leqslant N$。

IIR 数字滤波器设计的最终目的是寻找合适的 $H(z)$ 以满足要求的幅频特性。对于 IIR 数字滤波器,通常采用模拟滤波器设计技术来实现 IIR 数字滤波器的设计,即先得到满足设计目的的模拟滤波器系统函数 $H(s)$,再通过数字化方法得到 $H(z)$。这是因为设计模拟滤波器已经有许多简单又现成的设计公式可以遵循,并且设计参数已经表格化,设计起来准确方便,这种方法可使数字滤波器的设计变得简单且容易实现。

模拟滤波器的数字化设计 IIR 数字滤波器的步骤如下:

①根据要求,确定需要设计的 IIR 数字滤波器的性能指标。

②根据要求选择适当的数字化方法(如冲激响应不变法、双线性变换法等),确定模拟滤波器的性能指标。注意:选取不同的数字化方法,所得到的模拟滤波器的性能指标不同。

③按照模拟滤波器的性能指标,选取合适的模拟原型滤波器(如巴特沃斯(Butterworth)滤

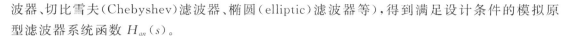

波器、切比雪夫(Chebyshev)滤波器、椭圆(elliptic)滤波器等),得到满足设计条件的模拟原型滤波器系统函数 $H_{an}(s)$。

④根据设计要求,采用频率转换得到满足设计条件的模拟滤波器系统函数 $H_a(s)$。

⑤采用步骤②中选取好的数字化方法,得到最终满足要求的 IIR 数字滤波器系统函数 $H(z)$。

在上述步骤中,选择合适的模拟原型滤波器,得到满足设计要求的模拟原型滤波器系统函数 $H_a(s)$ 是一个复杂的问题。常用的模拟原型滤波器有巴特沃斯滤波器、切比雪夫滤波器、椭圆滤波器等。下面以选取巴特沃斯滤波器进行 IIR 数字滤波器设计为例说明这一过程,利用切比雪夫滤波器、椭圆滤波器设计与此类似。

巴特沃斯滤波器的幅度平方函数 $|H_a(j\Omega)|^2$ 定义为

$$|H_a(j\Omega)|^2 = \frac{1}{1+\left(\dfrac{\Omega}{\Omega_c}\right)^{2N}} \tag{11-2}$$

式中:N 是正整数,代表滤波器的阶数;Ω_c 代表 3dB 截止频率。

可以看出,这种滤波器的特点是随着 N 值增大,频率特性逼近理想低通滤波器,它的幅频特性单调下降,没有波纹,所以又称作最平坦滤波器。

令 $s=j\Omega$,代入式(11-2),可得

$$|H_a(j\Omega)|^2_{\Omega=\frac{s}{j}} = H_a(s)H_a(-s) = \frac{1}{1+\left(\dfrac{s}{j\Omega_c}\right)^{2N}} \tag{11-3}$$

所以,巴特沃斯滤波器的零点全部在 $s=\infty$ 处,在有限 s 平面只有极点,$H_a(s)H_a(-s)$ 的极点为

$$s_k = (-1)^{\frac{1}{2N}}(j\Omega_c) = \Omega_c e^{j\left(\frac{1}{2}+\frac{2k-1}{2N}\right)\pi}, \qquad k=1,2,\cdots,2N \tag{11-4}$$

根据系统稳定性的要求,$H_a(s)H_a(-s)$ 的左半平面的极点为 $H_a(s)$ 的极点,因而巴特沃斯滤波器的系统函数为

$$H_a(s) = \frac{\Omega_c^N}{\prod\limits_{k=1}^{N}(s-s_k)} \tag{11-5}$$

在通常的设计中,频率都采用归一化的形式,即令式(11-5)中 $\Omega_c=1\text{rad/s}$,这样归一化后的巴特沃斯滤波器的极点分布、分母多项式的大小都有现成的表格可查。在实际的计算中,只要求得滤波器设计的阶数,就可以得到 $\Omega_c=1\text{rad/s}$ 时的模拟滤波器系统函数,此时的模拟滤波器称为模拟原型滤波器,即得到步骤③中满足设计条件要求的模拟原型滤波器的归一化系统函数 $H_{an}(\bar{s})$,它的形式如下:

$$H_{an}(\bar{s}) = \frac{1}{\bar{s}^N + a_{N-1}\bar{s}^{N-1} + \cdots + a_2\bar{s}^2 + a_1\bar{s} + 1} \tag{11-6}$$

其中:$a_1,a_2,\cdots,a_{N-1}$ 的具体数据可以通过查表得到,如表 11.1 所示(由于篇幅限制,只给出了 6 阶以内的系统函数分母多项式系数值)。

对于实际滤波器的性能指标,则需根据性能指标,求解巴特沃斯低通滤波器的阶数 N 和截止频率 Ω_c。

若设所要设计模拟低通滤波器的性能指标如图 11.1 所示,频率响应由通带、过渡带、阻带三个范围组成。其中 Ω_p 称为通带截止频率,Ω_s 称为阻带截止频率,δ_p(dB)为通带内允许的最大衰减,δ_s(dB)为阻带的最小衰减。δ_p 和 δ_s 分别定义为

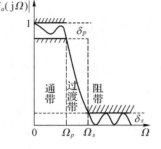

图 11.1　模拟低通滤波器性能指标

$$\delta_p = 20\log_{10}\frac{|H_a(\text{j}0)|}{|H_a(\text{j}\Omega_p)|} = -20\log_{10}|H_a(\text{j}\Omega_p)| \quad (11\text{-}7)$$

$$\delta_s = 20\log_{10}\frac{|H_a(\text{j}0)|}{|H_a(\text{j}\Omega_s)|} = -20\log_{10}|H_a(\text{j}\Omega_s)| \quad (11\text{-}8)$$

表 11.1　巴特沃斯模拟原型滤波器的归一化系统函数分母多项式

N	a_1	a_2	a_3	a_4	a_5
1	1				
2	1.4142136				
3	2.0000000	2.0000000			
4	2.6131259	3.4142136	2.6131259		
5	3.2360680	5.2360680	5.2360680	3.2360680	
6	3.8637033	7.4641016	9.1416202	7.4641016	3.8637033

因此,将巴特沃斯低通滤波器幅度平方函数式(11-2)代入式(11-7)和式(11-8)可得

$$10\log_{10}\left[1+\left(\frac{\Omega_p}{\Omega_c}\right)^{2N}\right] = \delta_p \quad (11\text{-}9)$$

$$10\log_{10}\left[1+\left(\frac{\Omega_s}{\Omega_c}\right)^{2N}\right] = \delta_s \quad (11\text{-}10)$$

联立求解式(11-9)和式(11-10)可得

$$N \geqslant \frac{\log_{10}\left(\dfrac{10^{0.1\delta_p}-1}{10^{0.1\delta_s}-1}\right)}{2\log_{10}\left(\dfrac{\Omega_p}{\Omega_s}\right)} \quad (11\text{-}11)$$

说明:由式(11-9)和式(11-10)求解的 N 通常不是整数,因此,巴特沃斯低通滤波器的阶数 N 应是大于此数的整数。

将求得的 N 再代入式(11-9)或式(11-10),可求出模拟原型巴特沃斯滤波器的截止频率 Ω_c。如果要求在通带处滤波器性能指标有富有量,则 Ω_c 拟采用为

$$\Omega_c = \Omega_s(10^{0.1\delta_s}-1)^{-\frac{1}{2N}} \quad (11\text{-}12)$$

如果要求在阻带处滤波器性能指标有富有量,则 Ω_c 拟采用为

$$\Omega_c = \Omega_p(10^{0.1\delta_p}-1)^{-\frac{1}{2N}} \quad (11\text{-}13)$$

求得模拟原型滤波器的归一化系统函数 $H_{an}(\bar{s})$ 后,将归一化频率与实际频率进行换算。如果实际滤波器幅度响应中参考频率为 Ω_c(一般为截止频率或称 3dB 截止频率,也可以是其他衰减分贝处的频率),令 $H_a(s)$ 代表所需的参考频率为 Ω_c 的系统函数,那么把原归一化系统函数中的变量 $\bar{s}$ 用 $\frac{1}{\Omega_c}s$ 代替后,就得到所需系统的系统函数,即

$$H_a(s) = H_{an}(\bar{s})\big|_{\bar{s}=\frac{1}{\Omega_c}s} = H_{an}\left(\frac{1}{\Omega_c}s\right) \tag{11-14}$$

当完成 $H_a(s)$ 设计后,可以进行步骤⑤的工作,即把满足设计要求的模拟滤波器系统函数 $H_a(s)$ 转换成满足设计要求的数字滤波器系统函数 $H(z)$。这一步骤常用的转换方法有两种:冲激响应不变法、双线性变换法。

11.2.1 冲激响应不变法

冲激响应不变法的基本原理是,将模拟滤波器的单位冲激响应 $h_a(t)$ 加以等间隔抽样(抽样周期为 T),使数字滤波器的单位冲激响应 $h(n)$ 正好等于 $h_a(t)$ 的抽样值乘以 T,即

$$h(n) = Th_a(nT) \tag{11-15}$$

如果令 $H_a(s)$ 是 $h_a(t)$ 的拉普拉斯变换,$H(z)$ 是 $h(n)$ 的 Z 变换,则冲激响应不变法的实现流程如下:

$$H_a(s) \xrightarrow{\text{拉普拉斯逆变换}} h_a(t) \xrightarrow{\text{抽样 } t=nT} h(n) \xrightarrow{\text{Z 变换}} H(z) \tag{11-16}$$

假设稳定的模拟滤波器系统函数 $H_a(s)$ 只有单阶极点,且分母的阶数大于分子的阶数,因此,可以将 $H_a(s)$ 展开成部分分式:

$$H_a(s) = \sum_{k=1}^{N} \frac{A_k}{s - s_k} \tag{11-17}$$

根据式(11-16)所示的冲激响应不变法实现流程,对式(11-17)做变换,可得到最后符合设计要求的 IIR 数字滤波器系统函数:

$$H(z) = \sum_{k=1}^{N} \frac{TA_k}{1 - e^{s_k T} z^{-1}} \tag{11-18}$$

在冲激响应不变法中,模拟角频率 Ω 和数字角频率 ω 的变换关系为

$$\omega = \Omega T \tag{11-19}$$

可见,Ω 和 ω 之间的变换关系为线性的。因此,采用冲激响应不变法设计 IIR 数字滤波器时,滤波器设计步骤②中确定模拟滤波器的性能指标时,应该采用公式 $\Omega = \dfrac{\omega}{T}$ 来求得对应的模拟滤波器性能指标。

11.2.2 双线性变换法

为了克服冲激响应不变法的多值映射这一缺点,双线性变换法首先将整个 s 平面映射到 s_1 平面中的一个带宽为 $\dfrac{2\pi}{T}$ 的横带上,然后通过变换关系 $z = e^{s_1 T}$ 把 s_1 平面映射到整个 z 平面上。从满足设计要求的模拟滤波器系统函数 $H_a(s)$ 得到满足设计要求的 IIR 数字滤波器系统函数 $H(z)$,即

$$H(z) = H_a(s)\big|_{s = \frac{2}{T} \cdot \frac{1-z^{-1}}{1+z^{-1}}} \tag{11-20}$$

在双线性变换中,模拟角频率 Ω 和数字角频率 ω 的变换关系为

$$\Omega = \frac{2}{T}\tan\left(\frac{\omega}{2}\right) \tag{11-21}$$

这表明，Ω 和 ω 之间的变换关系为非线性的，因此采用双线性变换法设计 IIR 数字滤波器时，滤波器设计步骤②中确定模拟滤波器的性能指标时，应该采用公式 $\Omega = \dfrac{2\tan\left(\dfrac{\omega}{2}\right)}{T}$ 来求得对应的模拟滤波器数据指标。

值得注意的是，设计滤波器时不一定要完全根据上述所列出的滤波器设计步骤进行，这是因为有很多题目直接给出了滤波器的阶数或者模拟滤波器的系统函数形式，因此在进行滤波器设计时要根据具体情况分析处理，不要盲目套用。

11.3　预习与参考

11.3.1　相关 MATLAB 函数

$[B_z, A_z] = \text{impinvar}(B, A, F_s)$：冲激响应变换法函数。输入参数 B、A 分别表示模拟滤波器系统函数 $H_a(s)$ 的分子分母多项式系数向量；F_s 表示抽样频率。输出参数 B_z、A_z 分别表示通过冲激响应不变法得到的数字滤波器系统函数 $H(z)$ 的分子分母多项式系数向量。

$[Z_d, P_d, K_d] = \text{bilinear}(Z, P, K, F_s)$：双线性变换法函数。输入参数 Z、P、K 表示模拟滤波器系统函数 $H_a(s)$ 的零点向量、极点向量和增益向量；F_s 表示抽样频率。输出参数 Z_d、P_d、K_d 分别表示数字滤波器系统函数 $H(z)$ 的零点向量、极点向量和增益向量。

$[N, W_n] = \text{buttord}(W_p, W_s, R_p, R_s)$：数字巴特沃斯滤波器阶数选择函数。$W_p$、$W_s$ 分别表示归一化的数字滤波器的通带截止频率和阻带截止频率（按抽样频率的一半归一化），单位是 rad。

$[N, W_n] = \text{buttord}(W_p, W_s, R_p, R_s, 's')$：模拟巴特沃斯滤波器阶数选择函数。输入参数 W_p、W_s 分别表示通带截止频率和阻带截止频率；R_p、R_s 分别表示通带允许最大衰减和阻带允许最小衰减；$'s'$ 表示此时计算对象是模拟滤波器。输出参数 N 表示巴特沃斯低通原型滤波器阶数；W_n 表示 3dB 截止频率 Ω_c。W_p、W_s 分别是模拟滤波器的通带截止频率和阻带截止频率，单位是 rad/s。

$[Z, P, K] = \text{buttap}(N)$：创建巴特沃斯低通模拟原型滤波器函数。输入参数 N 表示巴特沃斯滤波器阶数。输出参数 Z、P、K 表示滤波器系统函数零点向量、极点向量和增益向量。

$[B, A] = \text{butter}(N, W_n)$：设计 N 阶巴特沃斯低通数字滤波器函数。

$[B, A] = \text{butter}(N, W_n, 'ftype')$：设计 N 阶巴特沃斯数字滤波器函数。

$[B, A] = \text{butter}(N, W_n, 's')$：设计 N 阶巴特沃斯低通模拟滤波器函数。输入参数 N 表示巴特沃斯低通原型滤波器阶数；W_n 表示 3dB 截止频率 Ω_c。$'ftype'$ 的数值若是 $'high'$、$'low'$、$'stop'$，则分别表示设计高通、低通、带阻滤波器，如果 $W_n = [w_1\ w_2]$ 表示设计带通滤波器；$'s'$ 表示设计的是模拟滤波器。若此项输入参数缺省，表示设计的是数字滤波器，这一点尤其要注意区分。输出参数 B、A 表示设计的滤波器传递函数的分子分母多项式系数向量。

$[Z, P, K] = \text{cheb1ap}(N, R_p)$：给出通带衰减为 R_p(dB) 的 N 阶 I 型切比雪夫滤波器的零点向量，极点向量和增益向量。输入参数 N 表示滤波器阶数；R_p 表示通带允许最大衰减。

输出参数 Z、P、K 分别表示滤波器系统函数零点向量、极点向量和增益向量。

$[Z,P,K]=$cheb2ap(N,R_p)：给出通带衰减为 R_p(dB) 的 N 阶 Ⅱ 型切比雪夫滤波器的零点向量，极点向量和增益向量。输入参数 N 表示滤波器阶数；R_p 表示通带允许最大衰减。输出参数 Z、P、K 分别表示滤波器系统函数零点向量、极点向量和增益向量。

$[Z,P,K]=$ellipap(N,R_p,R_s)：给出通带衰减为 R_p(dB)、阻带衰减为 R_s(dB) 的 N 阶椭圆滤波器的零点向量，极点向量和增益向量。输入参数 N 表示滤波器阶数；R_p 表示通带允许最大衰减。R_s 表示阻带允许最小衰减；输出参数 Z、P、K 分别表示滤波器系统函数零点向量、极点向量和增益向量。

11.3.2　MATLAB 实现

为了实现设计 IIR 数字滤波器，MATLAB 在信号处理工具箱中，提供了大量的 IIR 数字滤波器设计的相关函数，其中包括 IIR 滤波器阶次估计函数（如表 11.2 所示）、模拟低通滤波器原型设计函数（如表 11.3 所示）以及直接设计 IIR 数字滤波器的函数命令（如表 11.4 所示）。每个函数有多种调用方法，可通过 help 来获得帮助。

表 11.2　IIR 滤波器阶次估计函数

函数名	功　能
buttord	计算巴特沃斯滤波器的阶次和截止频率
cheb1ord	计算切比雪夫 Ⅰ 型滤波器的阶次
cheb2ord	计算切比雪夫 Ⅱ 型滤波器的阶次
ellipord	计算椭圆滤波器最小阶次

表 11.3　模拟低通滤波器原型设计函数

函数名	功　能
besselap	贝塞尔模拟低通滤波器原型设计
buttap	巴特沃斯模拟低通滤波器原型设计
cheb1ap	切比雪夫 Ⅰ 型模拟低通滤波器原型设计
cheb2ap	切比雪夫 Ⅱ 型模拟低通滤波器原型设计
ellipap	椭圆模拟低通滤波器原型设计

表 11.4　直接设计 IIR 数字滤波器函数

函数名	功　能
butter	巴特沃斯模拟和数字滤波器设计
cheby1	切比雪夫 Ⅰ 型滤波器设计（通带波纹）
cheby2	切比雪夫 Ⅱ 型滤波器设计（阻带波纹）
ellip	椭圆滤波器设计
maxflat	一般巴特沃斯数字滤波器设计（最平坦滤波器）
prony	利用 Prony 法进行时域 IIR 滤波器设计
stmcb	利用 Steiglitz-McBride 迭代法求线性模型
yulewalk	递归数字滤波器设计

因此,利用这些函数,IIR 模拟滤波器设计 IIR 数字滤波器变得非常简单。

(1)已知模拟滤波器的阶数 N 或者模拟滤波器的系统函数形式 $H_a(s)$,可直接调用冲激响应变换法函数 impinvar( )或双线变换法函数 bilinear( )将其数字化。

(2)已知 IIR 数字低通滤波器的性能指标,利用 MATLAB 设计实现该滤波器。

方法一:按模拟滤波器的数字化设计 IIR 数字滤波器的步骤设计。

①按一定规则将数字滤波器的技术指标转换为模拟低通滤波器的技术指标。

②根据转换后的技术指标使用滤波器阶数函数,确定滤波器的最小阶数 N 和截止频率 W_c。例如,根据模拟滤波器指标 W_p(通带截止频率)、W_s(阻带截止频率)、R_p(通带最大衰减 (dB))和 R_s(阻带最小衰减(dB)),求出巴特沃斯模拟滤波器的阶数 N 及截止频率 W_n,此处 W_p、W_s 及 W_n 均以 rad/s 为单位。调用格式为:$[N,W_n]=\text{buttord}(W_p,W_s,R_p,R_s,\text{'s'})$。

③利用最小阶数 N 产生模拟低通滤波器。例如,设计出 N 阶巴特沃斯低通模拟滤波器函数,W_n 表示 3dB 截止频率 Ω_c。调用格式:$[B,A]=\text{butter}(N,W_n,\text{'s'})$。

④利用冲激响应不变法函数 impinvar( )或双线性变换法函数 bilinear( )把模拟滤波器转换成数字滤波器。

方法二:直接设计。

①根据数字滤波器的技术指标,直接调用相关设计函数求数字低通滤波器的阶数,例如,$[N,W_n]=\text{buttord}(W_p,W_s,R_p,R_s)$;其中,$W_p$、$W_s$ 分别是数字滤波器的通带截止频率和阻带截止频率(单位是 rad);R_p、R_s 分别是通带最大衰减和阻带最小衰减;W_n 表示 3dB 截止频率。

②根据数字低通滤波器的阶数,调用直接设计低通数字滤波器函数获得数字滤波器的系统函数的分子分母系数,例如,$[B,A]=\text{butter}(N,W_n)$。

注意:在调用 butter、cheby1 等函数进行直接设计时,这些函数采用的均是双线性变换法。

【例 11-1】 试设计一个巴特沃斯模拟低通滤波器,要求在通带频率低于 1kHz 时,允许幅度误差衰减在 1dB 以内,在频率大于 1.5kHz 的阻带内,衰减大于 15dB。

解 根据题意,模拟低通滤波器的技术指标为

通带频率 $\Omega_p=2\pi f_p=2000\pi$ rad/s,通带处最大衰减 $\delta_p=1$dB;

阻带频率 $\Omega_s=2\pi f_s=3000\pi$ rad/s,阻带处最小衰减 $\delta_s=15$dB。

因此,可根据式(11-11)和式(11-13),编写求巴特沃斯模拟滤波器的阶数 N 和 Ω_c 的函数 butterworthord( )。

(1)求巴特沃斯模拟滤波器的阶数 N 和 Ω_c 函数 butterworthord( ),程序如下:

```
function [N,omegac]=butterworthord(wp,ws,rp,rs)
%设计巴特沃斯模拟原型低通滤波器
%N 为巴特沃斯低通滤波器阶数
%omegac 为低通滤波器截止频率(弧度/秒)
%wp 为通带截止频率(弧度/秒)
%ws 为阻带截止频率(弧度/秒)
%rp 为通带衰减(dB)
%rs 为阻带衰减(dB)
%————————————————————————————————————
```

```
if wp<0
    error('通带截止频率必须大于 0')
end
if ws<=wp
    error('阻带截止频率必须大于通带截止频率')
end
if(wp<0)|(rs<0)
    error('通带衰减或阻带衰减必须大于 0')
end
N=ceil((log10((10^(rp/10)-1)/(10^(rs/10)-1)))/(2*log10(wp/ws)));  %阶数 N
omegac=ws/((10^(rs/10)-1)^(1/(2*N)));  %截止频率
```

这样，对本例，只需调用函数 butterworthord( )，即

```
>>wp=2000*pi;rp=1;ws=3000*pi;rs=15;
>>[N,omegac]=butterworthord(wp,ws,rp,rs)
N=   6
omegac=   7.0865e+003
```

根据阶数 $N=6$，查表 11.1 得到归一化模拟低通滤波器的系统函数为

$$H_{an}(\bar{s}) = \frac{1}{1+3.8637\bar{s}+7.4641\bar{s}^2+9.1416\bar{s}^3+7.4641\bar{s}^4+3.8637\bar{s}^5+\bar{s}^6}$$

由于 3dB 截止频率 $\Omega_c=7086.5\text{rad/s}$，将 $\bar{s}=\dfrac{s}{\Omega_c}$ 代入到 $H_{an}(\bar{s})$ 中，即可得到实际的模拟低通滤波器的系统函数为

$$H_a(s) = \frac{\Omega_c^6}{\Omega_c^6+3.8637\Omega_c^5 s+7.4641\Omega_c^4 s^2+9.1416\Omega_c^3 s^3+7.4641\Omega_c^2 s^4+3.8637\Omega_c s^5+s^6}$$

若在命令窗口调用 MATLAB 提供的函数 buttord( ) 求巴特沃斯模拟滤波器的阶数 N 和 Ω_c，所得结果与调用 butterworthord( ) 的结果一样。

```
>>[N,omegac]=buttord(wp,ws,rp,rs,'s')          %调用 buttord( )函数
```

【例 11-2】 设模拟滤波器的系统函数为 $H_a(s)=\dfrac{1}{s^4+\sqrt{5}s^3+2s^2+\sqrt{2}s+1}$，试用冲激响应不变法和双线性变换法设计 IIR 数字滤波器。

解 此题不需要完全按照实验原理中描述的滤波器设计步骤逐一进行，因为已知模拟滤波器的系统函数，因此直接调用函数进行从模拟滤波器系统函数到数字滤波器系统函数的转换即可。在本题中，并没有给出抽样周期 T 的数值，此时可假设 $T=1\text{s}$。MATLAB 程序如下：

```
num=[1];                        %模拟滤波器系统函数的分子
```

```
den=[1,sqrt(5),2,sqrt(2),1];          %模拟滤波器系统函数的分母
[B1,A1]=impinvar(num,den)             %调用冲激响应不变法函数
[B2,A2]=bilinear(num,den,1)           %调用双线性变换法函数
```

程序运行结果如下：

```
B1=−0.0000   0.0942   0.2158   0.0311
A1=   1.0000   −2.0032   1.9982   −0.7612   0.1069
B2=   0.0219   0.0875   0.1312   0.0875   0.0219
A2=   1.0000   −1.9713   1.8811   −0.6536   0.0937
```

这样，根据所得分子、分母系数，可得采用冲激响应不变法和双线性变换法设计的 IIR 数字滤波器的系统函数分别为

$$H_{imp}(z)=\frac{0.0942z^{-1}+0.2158z^{-2}+0.0311z^{-3}}{1-2.0032z^{-1}+1.9982z^{-2}-0.7612z^{-3}+0.1069z^{-4}}$$

$$H_{bil}(z)=\frac{0.0219+0.0875z^{-1}+0.1312z^{-2}+0.0875z^{-3}+0.0219z^{-4}}{1-1.9713z^{-1}+1.8811z^{-2}-0.6536z^{-3}+0.0937z^{-4}}$$

若再利用 impulse（　）函数就可求出数字滤波器的单位冲激响应，即

```
>>h1=impulse(B1,A1)
>>h2=impulse(B2,A2)
```

【例 11-3】 设抽样周期 $T=250\mu s$，试用冲激响应不变法和双线性变换法设计一个三阶巴特沃斯数字低通滤波器，其 3dB 截止频率为 $f_c=1kHz$。

解 由已知条件可知，$N=3$，$f_c=1kHz$，$T=250\mu s$，采用滤波器类型是巴特沃斯。因此可以先计算出三阶巴特沃斯原型低通滤波器的系统函数，再根据 3dB 截止频率 Ω_c 采取频率转换的方式得到满足设计要求的模拟低通滤波器，最后分别用两种不同的数字化方法得到数字滤波器。但值得注意的问题是，由于最后分别采用冲激响应不变法和双线性变换法设计，因此，使用这两种方法时的 3dB 截止频率的模拟指标数据是不同的。

冲激响应不变法时为：$\Omega_c=2\pi f_c=2\pi\times1000(rad/s)$；

双线性变换法时为：$\Omega_c=\frac{2}{T}\tan\left(\frac{\omega_c}{2}\right)=\frac{2}{T}\tan\left(\frac{2\pi f_c T}{2}\right)$。

MATLAB 程序代码如下：

```
clear;close all;clc;
N=3;T=250*10^(−6);                    %模拟滤波器阶数及抽样周期
fs=1/T;fc=1000;                       %抽样频率及截止频率
[B,A]=butter(N,2*pi*fc,'s');          %求 Ha(s)
[num1,den1]=impinvar(B,A,fs);         %调用冲激响应不变法函数求 H(z)
[h1,w]=freqz(num1,den1);              %求数字滤波器的频率响应
```

$[B,A] = butter(N,2/T * tan(2 * pi * fc * T/2),'s');$ %求 Ha(s)

$[num2,den2] = bilinear(B,A,fs)$ %调用双线性变换法函数求 H(z)

$[h2,w] = freqz(num2,den2);$ %求数字滤波器的频率响应

$f = w/pi * 2000;$

$plot(f,abs(h1),'k',f,abs(h2),'b——');$

$grid\ on;xlabel('频率(Hz)');ylabel('幅值(dB)');$

$legend('冲激响应不变法','双线性变换法');$

程序运行结果如下:

num1 =   0   0.5813   0.2114   0

den1 =   1.0000   −0.3984   0.2475   −0.0432

num2 =   0.1667   0.5000   0.5000   0.1667

den2 =   1.0000   −0.0000   0.3333   −0.0000

图 11.2 给出了使用这两种设计方法所得到的幅频特性曲线,实线为冲激响应不变法的结果,虚线为双线性变换法的结果。从图中可以清晰地观察到冲激响应不变法由于混叠效应,使得过渡带和阻带的衰减特性变差。

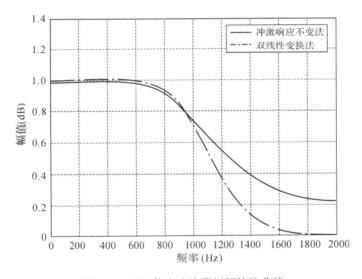

图 11.2   IIR 数字滤波器幅频特性曲线

【例 11-4】   分别用冲激响应不变法和双线性变换法,设计一个巴特沃斯数字低通滤波器。该滤波器的通带截止频率为 $f_p = 100\text{Hz}$,阻带截止频率为 $f_s = 300\text{Hz}$,通带最大衰减 $\delta_p = 1\text{dB}$,阻带最小衰减 $\delta_s = 25\text{dB}$。抽样周期 $T = 1\text{ms}$。

解   方法一:按模拟滤波器的数字化设计 IIR 数字滤波器的步骤设计实现。此题目已知数字滤波器的技术指标,需要完全按照实验原理中的步骤来进行滤波器设计。值得注意的是,在进行冲激响应不变法设计时,模拟角频率和数字角频率的变换关系为 $\omega = \Omega T$;

在进行双线性变换法设计时,模拟角频率和数字角频率的变换关系为 $\Omega=\dfrac{2\tan\left(\dfrac{\omega}{2}\right)}{T}$。因此,确定模拟滤波器技术指标时,要根据不同的情况予以区分。MATLAB 程序代码如下:

```
clear;clc;close all
% * * * * 采用冲激响应不变法 * * * *
fc=1000;                                  %抽样频率
ap=1;as=25;fp=100;fs=300;                 %数字滤波器的技术指标要求
wp=2 * pi * fp/fc;
ws=2 * pi * fs/fc;
%要求数字滤波器技术指标转化成模拟滤波器技术指标
Wanp=wp * fc;                             %通带截止频率
Wans=ws * fc;                             %阻带截止频率
[N,Wanc]=buttord(Wanp,Wans,ap,as,'s');        %设计模拟滤波器
[b,a]=butter(N,Wanc,'s');                 %设计模拟滤波器系统函数 Ha(s)
[B1,A1]=impinvar(b,a,fc)                  %用冲激响应不变法函数设计数字滤波器系统函数 H
(z)
[H1,w]=freqz(B1,A1,'whole');              %求数字滤波器的频率响应
subplot(2,1,1);                           %绘制数字滤波器频率响应幅度谱
plot(w * fc/2/pi,20 * log10(abs(H1)));grid on;
axis([0,1000,-40,0]);ylabel('H1 幅值 dB');
title('冲激响应不变法设计的数字低通 IIR 滤波器');
% * * * * 采用双线性变换法 * * * *
ap=1;as=25;fp=100;fs=300;                 %数字滤波器的技术指标要求
fc=1000;                                  %抽样频率
wp=2 * pi * fp/fc;                        %数字滤波器通带截止频率
ws=2 * pi * fs/fc;                        %数字滤波器阻带截止频率
%变换为同类型模拟滤波器的技术指标
anp=2 * fc * tan(wp/2);                   %同类模拟滤波器通带截止频率
ans=2 * fc * tan(ws/2);                   %同类模拟滤波器阻带截止频率
%设计同类型模拟滤波器
[N,anc]=buttord(anp,ans,ap,as,'s');
[b,a]=butter(N,anc,'s');
%用双线性变换法将模拟滤波器变换成数字滤波器
[B2,A2]=bilinear(b,a,fc)
[H2,w]=freqz(B2,A2,'whole');              %求数字滤波器的频率响应
%绘制数字滤波器频率响应幅度谱
subplot(2,1,2);plot(w * fc/2/pi,20 * log10(abs(H2)));
axis([0,1000,-100,0]);grid on;
xlabel('频率 Hz');ylabel('H2 幅值 dB');
title('双线性变换法设计的数字低通 IIR 滤波器');
```

程序运行结果如图 11.3 所示,相应的系统函数系数为

B1= 　0.0000 　0.0626 　0.1329 　0.0189 　0
A1= 　1.0000 　−1.7345 　1.4265 　−0.5686 　0.0908
B2= 　0.0532 　0.1597 　0.1597 　0.0532
A2= 　1.0000 　−1.1084 　0.6629 　−0.1286

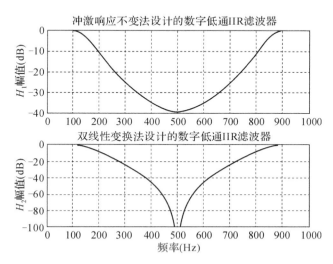

图 11.3　两种不同方法设计的 IIR 滤波器幅度响应图

　　方法二:直接设计实现。直接调用 buttord（ ）函数和 butter（ ）函数实现。MATLAB 程序如下:

```
clear;clc;close all
fc=1000;                            %抽样频率
ap=1;as=25;fp=100;fs=300;           %数字滤波器的技术指标要求
wp=2*fp/fc;                         %按折频率(fc/2)归一化数字通带截止角频率
ws=2*fs/fc;                         %按折频率(fc/2)归一化数字阻带截止角频率
[N,Wn]=buttord(wp,ws,ap,as);        %求滤波器阶数及截止频率
[B,A]=butter(N,Wn)                  %求滤波器单位冲激响应
[H,W]=freqz(B,A,'whole');           %求数字滤波器的频率响应
subplot(2,1,1);
plot(W*fc/2/pi,20*log10(abs(H)));   %绘制数字滤波器频率响应幅度谱
axis([0,1000,−100,0]);grid on;ylabel('H 幅值(dB)');
title('直接设计巴特沃斯数字低通 IIR 滤波器');
subplot(2,1,2);
plot(W*fc/2/pi,angle(H));           %绘制数字滤波器相位响应
xlabel('频率(Hz)');ylabel('相位(弧度)');grid on;
```

程序运行结果为

```
B=   0.0020   0.0080   0.0120   0.0080   0.0020
A=   1.0000   −2.7340   2.9442   −1.4545   0.2762
```

所得滤波器的幅频特性如图 11.4 所示。从图中可以看出，采用直接设计的滤波器性能与采用双线性变换法设计的结果一样。

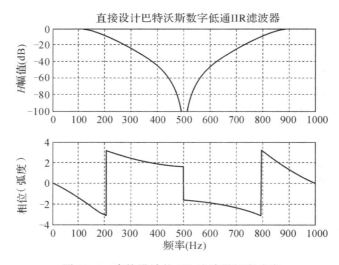

图 11.4　直接设计的 IIR 滤波器幅度响应

11.3.3　应用实例

【例 11-5】　设计一个工作于抽样频率为 80kHz 的切比雪夫 I 型数字低通滤波器，要求通带边界频率为 4kHz，通带最大衰减为 0.5dB，阻带边界频率为 20kHz，阻带最小衰减为 45dB。

解　按模拟滤波器的数字化设计 IIR 数字滤波器的步骤设计实现。本题未要求选择何种方法进行数字滤波器设计，因此，以冲激响应不变法为例设计此滤波器。与采用巴特沃斯原型滤波器进行数字滤波器设计一样，首先需要确定同类型模拟滤波器的技术指标，然后选择滤波器的阶数 N 和 3dB 截止频率 Ω_c，创建切比雪夫 I 型原型低通滤波器，得到该原型低通滤波器的系统函数 $H_{an}(\bar{s})$，由于要求设计的是低通滤波器，将公式 $s=\Omega_c/\bar{s}$ 代入 $H_{an}(\bar{s})$ 的表达式求出符合设计要求的模拟低通滤波器传递函数 $H_a(s)$，最后利用冲激响应不变法求出 $H(z)$。当然也可直接调用 cheb1ord 和 cheby1 函数，采用直接设计法实现。程序代码如下：

```
clc;clear;close all
%＊＊＊＊按模拟滤波器的数字化设计 IIR 数字滤波器的步骤设计＊＊＊＊＊＊
%数字滤波器指标
fs＝80000;                        %抽样频率
```

```
f1＝4000;Rp＝0.5;                      %通带指标
f2＝20000;Rs＝45;                      %阻带指标
%确定同类型模拟滤波器的技术指标
wp＝2 * pi * f1;                       %通带截止频率
ws＝2 * pi * f2;                       %阻带截止频率
[N,Wn]＝cheb1ord(wp,ws,Rp,Rs,'s');    %求出滤波器的最小阶数和3dB截止频率
[b,a]＝cheby1(N,Rp,Wn,'low','s');     %调用切比雪夫 I 函数 cheby1 求模拟原型低通滤波器 H(s)
[B,A]＝impinvar(b,a,fs);              %调用冲激不变法函数求 H(z)
[H,w]＝freqz(B,A);                    %求系统频率响应
subplot(2,1,1);f＝w/2/pi * fs;plot(f,20 * log10(abs(H)));    %绘制幅度响应
grid on;ylabel('幅值(dB)');
title('按 IIR 数字滤波器的步骤设计');
% * * * * * * * * * * * * 直接调用 cheb1ord 和 cheby1 函数设计 * * * * * * * * *
%数字滤波器指标
fs＝80000;                            %抽样频率
f1＝4000;Rp＝0.5;                      %通带指标
f2＝20000;Rs＝45;                      %阻带指标
wp＝2 * f1/fs;         %按抽样频率的一半(fs/2)归一化数字通带截止角频率
ws＝2 * f2/fs;         %按抽样频率的一半(fs/2)归一化数字阻带截止角频率
[N,Wn]＝cheb1ord(wp,ws,Rp,Rs);        %求数字滤波器的最小阶数和3dB截止频率
[B,A]＝cheby1(N,Rp,Wn);               %调用切比雪夫 I 函数 cheby1 求数字低通滤波器 H(z)
[H,w]＝freqz(B,A);                    %求系统频率响应
subplot(2,1,2);f＝w/2/pi * fs;plot(f,20 * log10(abs(H)));         %绘制幅度响应
grid on;xlabel('频率(Hz)');ylabel('幅值(dB)');
axis([0,4,－100,0]);title('直接设计');
```

程序运行结果如图 11.5 所示。

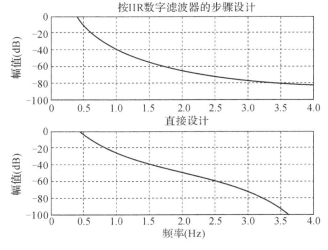

图 11.5　切比雪夫 I 型低通滤波器响应曲线

161

11.4　实验内容

1. 设模拟滤波器的系统函数为

$$(1)\,H_a(s) = \frac{1}{s^2 + 5s + 6}; \quad (2)\,H_a(s) = \frac{1}{s^2 + s + 1}$$

试用冲激响应不变法和双线性变换法设计 IIR 数字滤波器。

2. 分别用冲激响应不变法和双线性变换法设计一个巴特沃斯数字低通滤波器,已知通带截止频率 $f_p = 200\,\mathrm{Hz}$,阻带截止频率 $f_s = 400\,\mathrm{Hz}$,$\delta_p = 1\,\mathrm{dB}$,$\delta_s = 30\,\mathrm{dB}$,抽样间隔 $T = 1\,\mathrm{ms}$;要求:

(1) 观察所设计数字滤波器的幅频特性曲线,记录带宽和衰减量;

(2) 比较两种方法的优缺点。

3. 设计低通数字滤波器,要求通带内频率低于 $0.2\pi\mathrm{rad}$ 时,允许幅度误差在 $1\mathrm{dB}$ 之内;频率在 0.3π 到 π 之间的阻带衰减大于 $10\mathrm{dB}$。试采用巴特沃斯模拟滤波器进行设计,用冲激响应不变法进行转换,采样间隔 $T = 1\mathrm{ms}$。

4. 设计一个工作于采样频率为 $80\mathrm{kHz}$ 的切比雪夫 Ⅱ 型数字低通滤波器,要求通带边界频率为 $4\mathrm{kHz}$,通带最大衰减为 $0.5\mathrm{dB}$,阻带边界频率为 $20\mathrm{kHz}$,阻带最小衰减为 $45\mathrm{dB}$。

11.5　实验要求

1. 实验前必须进行充分的预习,熟悉实验内容;

2. 实验报告中应简述实验目的和原理;

3. 实验报告中应附上实验程序;

4. 对设计的 IIR 数字滤波器幅频特性曲线定性分析,判断设计是否满足要求;

5. 总结双线性变换法和冲激响应不变法的特点和区别。

IIR 数字滤波器设计——频率变换法

12.1 实验目的

本实验结合理论教材中有关频率变换法设计 IIR 数字滤波器的教学内容,学习和掌握用频率变换法设计无限长单位冲激响应数字滤波器(IIR)的基本原理和设计过程,学习和掌握 MATLAB 中相关设计函数和使用方法。

12.2 实验原理

频率变换法设计 IIR 数字滤波器又称原型滤波器设计法,其设计原理是首先将所要设计的数字滤波器的性能指标按某种频率转换关系,转换成模拟低通滤波器的性能指标;然后利用模拟滤波器设计技术设计出模拟低通滤波器,该滤波器称原型滤波器;最后按某种变换关系,再将原型滤波器数字化成低通、带通、高通、带阻等各类数字滤波器。

12.2.1 模拟域频率变换法设计 IIR 数字滤波器

模拟域频率变换法的基本思想是先频率变换后数字化。首先,在模拟域将模拟原型低通滤波器变换成模拟低通、带通、高通或带阻滤波器,再将相应的模拟滤波器数字化成相应类型的数字滤波器。此方法亦称为模拟原型低通滤波器设计 IIR 数字滤波器。模拟域频率变换法设计 IIR 数字滤波器的流程如图 12.1 所示。

图 12.1 模拟域频率变换法设计 IIR 数字滤波器流程

表 12.1 给出了在模拟域从原型到不同滤波器的频率变换关系,其中 Ω 代表实际模拟滤波器的角频率,Ω 代表归一化模拟原型低通滤波器角频率,s 代表实际滤波器的系统变量,是

$j\Omega$ 轴的解析延拓,$\bar{s}$ 为归一化原型低通滤波器的系统变量,是 $j\Omega$ 的解析延拓。归一化原型低通滤波器是一个通带频率为 1 的滤波器,对于带通和带阻滤波器,其带宽 $B=\Omega_{p2}-\Omega_{p1}$,$\Omega_{p2}$、$\Omega_{p1}$ 分别为通带频率;Ω_0 为滤波器的中心频率 $\Omega_0=\sqrt{\Omega_{p1}\cdot\Omega_{p2}}$。

因此,根据图 12.1 所示的设计流程,模拟域频率变换法设计 IIR 数字滤波器的步骤为:

①将所要设计的数字滤波器的性能指标转换为模拟滤波器的性能指标,如果采用双线性变换数字化,则频率要进行预畸变处理,$\Omega_p=1$。

②利用表 12.1 所示的频率变换关系,将设计指标转换为归一化模拟原型低通滤波器的指标。

③利用模拟低通滤波器设计技术,设计出归一化原型低通滤波器 $H_{an}(\bar{s})$。

④利用表 12.1 所示的平面变换关系,将归一化原型低通滤波器变换成实际模拟滤波器 $H_a(s)$。

⑤利用冲激响应不变法或双线性变换法将 $H_a(s)$ 数字化,变换成实际数字滤波器 $H(z)$。

表 12.1　模拟滤波器系统的频率与平面变换关系

变换类型	频率变换关系	平面变换关系
低通→归一化原型低通	$\bar{\Omega}=\dfrac{\Omega}{\Omega_c}$	$\bar{s}=\dfrac{s}{\Omega_c}$
高通→归一化原型低通	$\bar{\Omega}=-\dfrac{\Omega_c}{\Omega}$	$\bar{s}=\dfrac{\Omega_c}{s}$
带通→归一化原型低通	$\bar{\Omega}=\dfrac{\Omega^2-\Omega_0^2}{\Omega\cdot B}$	$\bar{s}=\dfrac{s^2+\Omega_0^2}{s\cdot B}$
带阻→归一化原型低通	$\bar{\Omega}=\dfrac{\Omega\cdot B}{\Omega_0^2-\Omega^2}$	$\bar{s}=\dfrac{s\cdot B}{s^2+\Omega_0^2}$

12.2.2　数字域频率变换法设计 IIR 数字滤波器

数字域频率变换法则与模拟域频率变换法相反,先数字化后频率变换。数字域频率变换设计法的思想是先将归一化模拟原型低通滤波器变换成数字原型低通滤波器,然后在数字域,通过数字频带变换将数字原型低通滤波器变换成低通、带通、带阻或高通数字滤波器,以获得性能技术指标要求的系统函数。数字域频率变换法设计 IIR 数字滤波器流程如图 12.2 所示。

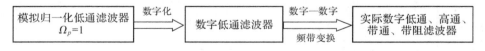

图 12.2　数字域频率变换法设计 IIR 数字滤波器流程

将归一化模拟原型低通滤波器变换成数字低通滤波器,可以用冲激响应不变法或双线性变换法来实现,而将数字原型低通滤波器变换成实际各型的数字滤波器则需要寻找一种特定的频率变换关系。设由归一化模拟原型低通滤波器转换成数字原型低通滤波器的系统函数为 $H_{LD}(\bar{z})$,从数字原型低通滤波器变换到数字各型滤波器 $H_{Ge}(z)$ 的映射关系可写为

$$H_{Ge}(z) = H_{LD}(\bar{z})\big|_{\bar{z}^{-1}=G(z^{-1})} \tag{12-1}$$

其中 $\bar{z}^{-1} = G(z^{-1})$ 为变换函数。

1. 数字原型低通滤波器变换成数字低通滤波器

数字低通滤波器之间的变换,除了截止频率不同外,原型数字滤波器的频率 $\bar{\omega}$ 和实际数字滤波器的频率 ω 都是从 0 变到 π。按全通函数的相角变化量 $N\pi$,可写出频带变换函数为一阶的全通函数,即

$$\bar{z}^{-1} = G(z^{-1}) = \frac{z^{-1}-\alpha}{1-\alpha z^{-1}} \tag{12-2}$$

其中,α 为实数,且 $|\alpha| < 1$。此时,满足 $G(1)=1, G(-1)=-1$ 的关系式。

最终求得由数字原型低通滤波器 $H_{LD}(\bar{z})$（截止频率为 $\bar{\omega}_p$）变换得到实际低通滤波器的系统函数 $H_{LP}(z)$（截止频率为 ω_p）的变换式为

$$H_{LP}(z) = H_{LD}(\bar{z})\big|_{\bar{z}^{-1}=\frac{z^{-1}-\alpha}{1-\alpha z^{-1}}} \tag{12-3}$$

其中,α 的值为

$$\alpha = \frac{\sin\left(\dfrac{\bar{\omega}_c - \omega_c}{2}\right)}{\sin\left(\dfrac{\bar{\omega}_c + \omega_c}{2}\right)} \tag{12-4}$$

2. 数字原型低通滤波器变换成数字带通滤波器

平面变量 $\bar{z}$ 和 z 之间的对应关系为

$$\bar{z}^{-1} = G(z^{-1}) = -\frac{z^{-2}+d_1 z^{-1}+d_2}{d_2 z^{-2}+d_1 z^{-1}+1} \tag{12-5}$$

$$d_1 = -\frac{2\alpha\beta}{\beta+1}, \qquad d_2 = \frac{\beta-1}{\beta+1} \tag{12-6}$$

$$\alpha = \frac{\cos\left(\dfrac{\omega_{p2}+\omega_{p1}}{2}\right)}{\cos\left(\dfrac{\omega_{p2}-\omega_{p1}}{2}\right)}, \qquad \beta = \tan\left(\dfrac{\bar{\omega}_p}{2}\right)\cot\left(\dfrac{\omega_{p2}-\omega_{p1}}{2}\right) \tag{12-7}$$

且带通滤波器的中心频率为

$$\alpha = \cos\omega_0 \tag{12-8}$$

从数字原型低通滤波器 $H_{LD}(\bar{z})$ 到实际带通数字滤波器的变换公式 $H_{BP}(z)$ 为

$$H_{BP}(z) = H_{LD}(\bar{z})\big|_{\bar{z}^{-1}=-\frac{z^{-2}+d_1 z^{-1}+d_2}{d_2 z^{-2}+d_1 z^{-1}+1}} \tag{12-9}$$

3. 数字原型低通滤波器变换成数字带阻滤波器

平面变量 $\bar{z}$ 和 z 之间的对应关系为

$$\bar{z}^{-1} = G(z^{-1}) = \frac{z^{-2}+g_1 z^{-1}+g_2}{g_2 z^{-2}+g_1 z^{-1}+1} \tag{12-10}$$

$$g_1 = -\frac{2\alpha}{\beta+1}, \qquad g_2 = \frac{1-\beta}{1+\beta} \tag{12-11}$$

$$\alpha = \frac{\cos\left(\dfrac{\omega_{p2} + \omega_{p1}}{2}\right)}{\cos\left(\dfrac{\omega_{p2} - \omega_{p1}}{2}\right)}, \qquad \beta = \tan\left(\frac{\overline{\omega}_c}{2}\right)\tan\left(\frac{\omega_{p2} - \omega_{p1}}{2}\right) \tag{12-12}$$

带阻滤波器的中心频率为

$$\alpha = \cos\omega_0 \tag{12-13}$$

由此求得由原型数字低通滤波器 $H_{LD}(\overline{z})$ 到实际带阻数字滤波器 $H_{BS}(z)$ 的变换公式为

$$H_{BS}(z) = H_{LD}(\overline{z})\Big|_{\overline{z}^{-1} = \frac{z^{-2} + g_1 z^{-1} + g_2}{g_2 z^{-2} + g_1 z^{-1} + 1}} \tag{12-14}$$

4. 数字原型低通滤波器变换成数字高通滤波器

平面变量 $\overline{z}$ 和 z 之间的对应关系为

$$\overline{z} = G(z^{-1}) = \frac{-z^{-1} - \alpha}{1 + \alpha z^{-1}} \tag{12-15}$$

$$\alpha = \frac{-\cos\left(\dfrac{\overline{\omega}_c + \omega_c}{2}\right)}{\cos\left(\dfrac{\overline{\omega}_c - \omega_c}{2}\right)} \tag{12-16}$$

由原型数字低通滤波器 $H_{LD}(\overline{z})$ 到实际高通数字滤波器的变换式 $H_{HP}(z)$ 为

$$H_{HP}(z) = H_{LD}(\overline{z})\Big|_{\overline{z}^{-1} = -\frac{z^{-1} + a}{1 + az^{-1}}} \tag{12-17}$$

12.3 预习与参考

12.3.1 相关 MATLAB 函数

$[N, W_n] = \text{buttord}(W_p, W_s, R_p, R_s)$：数字巴特沃斯滤波器阶数选择函数。$W_p$、$W_s$ 分别表示归一化的数字滤波器的通带截止频率和阻带截止频率（单位是 rad），按抽样频率的一半进行归一化。

$[N, W_n] = \text{buttord}(W_p, W_s, R_p, R_s, \text{'s'})$：模拟巴特沃斯滤波器阶数选择函数。输入参数 W_p、W_s 分别为通带截止频率和阻带截止频率；R_p、R_s 分别表示通带允许最大衰减和阻带允许最小衰减；'s' 表示此时计算对象是模拟滤波器。输出参数 N 表示巴特沃斯低通原型滤波器阶数；W_n 表示 3dB 截止频率 Ω_c。W_p、W_s 分别是模拟滤波器的通带截止频率和阻带截止频率，单位是 rad/s。

$[Z, P, K] = \text{buttap}(N)$：创建巴特沃斯低通原型滤波器函数。输入参数 N 表示巴特沃斯滤波器阶数。输出参数 Z、P、K 表示滤波器系统函数零点向量、极点向量和增益向量。

$[B, A] = \text{butter}(N, W_n)$：设计 N 阶巴特沃斯低通数字滤波器函数。

$[B, A] = \text{butter}(N, W_n, \text{'ftype'})$：设计 N 阶巴特沃斯数字滤波器函数。

$[B, A] = \text{butter}(N, W_n, \text{'s'})$：设计 N 阶巴特沃斯低通模拟滤波器函数。输入参数 N 表示巴特沃斯低通原型滤波器阶数；W_n 表示 3dB 截止频率 Ω_c。'ftype' 的数值若是 'high'、'low'、

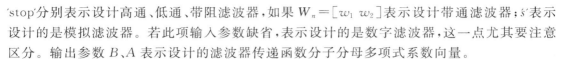

'stop'分别表示设计高通、低通、带阻滤波器,如果 $W_n = [w_1 \ w_2]$ 表示设计带通滤波器;'s'表示设计的是模拟滤波器。若此项输入参数缺省,表示设计的是数字滤波器,这一点尤其要注意区分。输出参数 B、A 表示设计的滤波器传递函数分子分母多项式系数向量。

$[B,A] = \text{zp2tf}(Z,P,K)$:系统函数零极点模式到多项式模式的转换函数。输入参数 Z、P、K 表示滤波器系统函数零点向量、极点向量和增益向量。输出参数 B、A 分别表示滤波器系统函数的分子分母多项式系数向量。

$[B_T,B_T] = \text{lp2lp}(B,A,W_o)$:模拟滤波器的低通到低通转换函数。输入参数 B、A 分别表示原型模拟低通滤波器系统函数 $H_a(s)$ 的分子分母多项式系数向量;W_o 表示 3dB 截止频率 Ω_c。输出参数 B_T、B_T 分别表示转换后的低通滤波器系统函数 $H(\bar{s})$ 的分子分母多项式系数向量。注意:如果要设计高通、带通、带阻滤波器,应使用 lp2hp、lp2bp、lp2bs 函数,它们的使用方式和 lp2lp 函数一致。

$[Z,P,K] = \text{cheb1ap}(N,R_p)$:给出通带衰减为 R_p(dB)的 N 阶 I 型切比雪夫滤波器的零点向量、极点向量和增益向量。输入参数 N 表示滤波器阶数;R_p 表示通带允许最大衰减。输出参数 Z、P、K 分别表示滤波器系统函数零点向量、极点向量和增益向量。

$[Z,P,K] = \text{cheb2ap}(N,R_p)$:给出通带衰减为 R_p(dB)的 N 阶 II 型切比雪夫滤波器的零点向量、极点向量和增益向量。输入参数 N 表示滤波器阶数;R_p 表示通带允许最大衰减。输出参数 Z、P、K 分别表示滤波器系统函数零点向量、极点向量和增益向量。

$[Z,P,K] = \text{ellipap}(N,R_p,R_s)$:给出通带衰减为 R_p(dB)、阻带衰减为 R_s(dB)的 N 阶椭圆滤波器的零点向量、极点向量和增益向量。输入参数 N 表示滤波器阶数;R_p 表示通带允许最大衰减;R_s 表示阻带允许最小衰减。输出参数 Z、P、K 分别表示滤波器系统函数零点向量、极点向量和增益向量。

$[B_Z,A_Z] = \text{impinvar}(B,A,F_s)$:冲激响应变换法函数。输入参数 B、A 分别表示模拟滤波器系统函数 $H(\bar{s})$ 的分子分母多项式系数向量;F_s 表示抽样频率。输出参数 B_Z、A_Z 分别表示通过冲激响应不变法得到的数字滤波器传递函数 $H(z)$ 的分子分母多项式系数向量。

$[Z_d,P_d,K_d] = \text{bilinear}(Z,P,K,F_s)$:双线性变换法函数。输入参数 Z、P、K 表示滤波器系统函数零点向量、极点向量和增益向量;F_s 表示抽样频率。输出参数 Z_d、P_d、K_d 分别表示数字滤波器系统函数 $H(z)$ 的零点向量、极点向量和增益向量。

12.3.2 MATLAB 实现

1. MATLAB 的典型设计

为了实现频率变换设计 IIR 数字滤波器,MATLAB 在信号处理工具箱中,提供了大量的 IIR 数字滤波器设计的相关函数,其中包括 IIR 滤波器阶次估计函数(如表 12.2 所示)、模拟低通滤波器原型设计函数(如表 12.3 所示)以及模拟滤波器变换函数(如表 12.4 所示)。每个函数有多种调用方法,可通过 help 来获得帮助。

表 12.2　IIR 滤波器阶次估计函数

函数名	功　　能
buttord	计算巴特沃斯滤波器的阶次和截止频率
cheb1ord	计算切比雪夫Ⅰ型滤波器的阶次
cheb2ord	计算切比雪夫Ⅱ型滤波器的阶次
ellipord	计算椭圆滤波器最小阶次

表 12.3　模拟低通滤波器原型设计函数

函数名	功　　能
besselap	贝塞尔模拟低通滤波器原型设计
buttap	巴特沃斯模拟低通滤波器原型设计
cheb1ap	切比雪夫Ⅰ型模拟低通滤波器原型设计
cheb2ap	切比雪夫Ⅱ型模拟低通滤波器原型设计
ellipap	椭圆模拟低通滤波器原型设计

表 12.4　模拟滤波器变换函数

函数名	功　　能
lp2bp	把低通模拟滤波器转换成为带通滤波器
lp2bs	把低通模拟滤波器转换成为带阻滤波器
lp2hp	把低通模拟滤波器转换成为高通滤波器
lp2lp	改变低通模拟滤波器的截止频率

因此,利用这些函数,IIR 数字滤波器的频率变换设计变得非常简单。根据图 12.3 所示的 IIR 数字滤波器设计的流程,下面以巴特沃斯滤波器设计函数为典型,介绍此流程图中函数的功能和用法。其他类型的滤波器设计函数用法可类推。其 MATLAB 设计步骤为

①按一定规则将数字滤波器的技术指标转换为模拟低通滤波器的技术指标;

②根据转换后的技术指标使用滤波器阶数函数,确定滤波器的最小阶数 N 和截止频率 W_c。

利用函数 buttord 求模拟滤波器最小阶数 N 和截止频率 W_c,格式:$[N, W_c] =$ buttord $(W_p, W_s, R_p, R_s, 's')$,根据模拟滤波器指标 W_p(通带频率)、W_s(阻带频率)、R_p(通带最大衰减(dB))和 R_s(阻带最小衰减(dB)),求出巴特沃斯模拟滤波器的阶数 N 及截止频率 W_c,此处 W_p、W_s 及 W_c 均以弧度/秒为单位。说明:去掉最后变元 s 后,它就用于数字滤波器设计。

③利用最小阶数 N 产生模拟低通滤波原型。

模拟低通滤波器原型设计函数 buttap,格式:$[Z, P, K] =$ buttap(N),返回 N 阶归一化原型巴特沃斯模拟滤波器的零极点增益模型 $[Z, P, K]$。利用 zp2tf 函数很容易求出滤波器的传递函数模型 $[B, A]$。

④利用截止频率 W_c 把模拟低通滤波器原型转换成模拟低通、高通、带通或带阻滤波器。

模拟频率变换函数 lp2lp，格式：$[B_t, A_t] = lp2lp(B, A, W_o)$，把单位截止频率的模拟低通滤波器系数 $[B, A]$ 变换为另一截止频率 W_o（弧度/秒）的低通滤波器系统 $[B_t, A_t]$。

⑤利用冲激响应不变法或双线性变换法把模拟滤波器转换成数字滤波器。

模拟数字变换函数—双线性变换函数 bilinear 或脉冲响应不变法函数 impinvar。

从以上设计过程可以看出，利用 MATLAB 设计 IIR 数字滤波器最关键的一步是，将所设计的 IIR 数字滤波器的指标转换成模拟原型低通滤波器的指标 (W_p, W_s, R_p, R_s)。

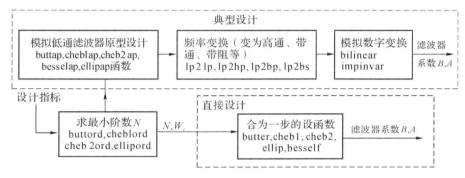

图 12.3　IIR 数字滤波器设计步骤流程图

2. 数字域变换设计函数

数字域频率变换法设计 IIR 数字滤波器的原理，根据式(12-1)可编写一个从数字原型低通滤波器 $H_{LD}(\bar{z})$ 变换到数字各型滤波器 $H_G(z)$ 的映射函数 zmapping（　）。

从数字原型低通滤波器 $H_{LD}(\bar{z})$ 变换到数字各型滤波器 $H_G(z)$ 的映射函数 zmapping（　）的 MATLAB 程序如下：

```
function [bz,az]=zmapping(bZ,aZ,Nz,Dz)
% 数字域频率变换法设计 IIR 滤波器（从 Z 域变换到 z 域）
% 输入变量(bZ,aZ,Nz,Dz)和输出参数(bz,az)含义如下：
```

$$\% \frac{b(z)}{a(z)} = \frac{b(Z)}{a(Z)} \Bigg|_{Z = \frac{N(z)}{D(z)}}$$

```
%—————————————————————————————
bNzord=(length(bZ)-1)*(length(Nz)-1);
aDzord=(length(aZ)-1)*(length(Dz)-1);
bz=zeros(1,bNzord+1);
for k=0:bNzord
    pln=[1];
    for l=0:k-1
        pln=conv(pln,Nz);
    end
    pld=[1];
```

```
        for l=0：bNzord－k－1
                pld＝conv(pld,Dz);
        end
        bz＝bz＋bZ(k＋1)＊conv(pln,pld);
    end
    az＝zeros(1,aDzord＋1);
    for k=0：aDzord
        pln=[1];
        for l=0：k－1
                pln＝conv(pln,Nz);
        end
        pld=[1];
        for l=0：aDzord－k－1
                pld＝conv(pld,Dz);
        end
        az＝az＋aZ(k＋1)＊conv(pln,pld);
    end
```

3. MATLAB 的直接设计

MATLAB 信号处理工具箱也提供了几个直接设计 IIR 数字滤波器的函数,如表 12.5 所示。这些函数把典型设计中的第②、③、④步集成为一个整体,为设计 IIR 数字滤波器带来了极大的方便。直接设计的设计流程如图 12.3 所示。

表 12.5　IIR 数字滤波器设计函数

函数名	功　能
butter	巴特沃斯模拟和数字滤波器设计
cheby1	切比雪夫 I 型滤波器设计(通带波纹)
cheby2	切比雪夫 II 型滤波器设计(阻带波纹)
ellip	椭圆滤波器设计
maxflat	一般巴特沃斯数字滤波器设计(最平坦滤波器)
prony	利用 Prony 法进行时域 IIR 滤波器设计
stmcb	利用 Steiglitz-McBride 迭代法求线性模型
yulewalk	递归数字滤波器设计

下面仍以巴特沃斯滤波器设计函数 butter 为例进行说明,其他函数的使用类似。直接设计 IIR 数字滤波器的步骤如下:

①按一定规则将数字滤波器的技术指标转换为模拟低通滤波器的技术指标;

②利用 buttord 函数求数字滤波器的最小阶数 N 和截止频率 wc。格式:[N,wc]＝

buttord(wp,ws,Rp,Rs)或[N,wc]＝buttord(wp,ws,Rp,Rs,′z′)，求出巴特沃斯数字滤波器的阶数 N 及频率参数 wc(即 3dB)，此处 wp、ws 及 wc 均在[0,1]区间归一化，以 π 弧度为单位。对带通或带阻滤波器，wp、ws 都是两元素向量，例如：

    低通滤波器：wp＝0.1，ws＝0.2

    高通滤波器：wp＝0.2，ws＝0.1

    带通滤波器：wp＝[0.2,0.7]，ws＝[0.1,0.8]

    带阻滤波器：wp＝[0.1,0.8]，ws＝[0.2,0.7]

    说明：MATLAB 在滤波器设计的频率归一化时，使用的频率是 Nyqusit 频率，即为采样频率 F_s 的一半。因此，在滤波器的阶数选择和设计中的截止频率均使用 Nyquist 频率进行归一化处理。

    ③利用函数 butter 直接设计。根据设计滤波器的类型，选用以下调用格式：

    格式一：[B,A]＝butter(N,wc)，设计 N 阶截止频率为 wc 的巴特沃斯低通数字滤波器的函数模型系数[B,A]，系数长度为 N＋1。截止频率 wc 必须归一化，满足 0＜wc＜1.0，它的最大值为采样频率的一半。当 wc 为两元素向量 wc＝[w1,w2]时，函数返回 2N 阶的带通数字滤波器，通带为 w1＜w＜w2。

    格式二：[B,A]＝butter(N,wc,′high′)，设计高通数字滤波器系数 B、A。

    格式三：[B,A]＝butter(N,wc,′stop′)，设计带阻数字滤波器系数 B、A，频率 wc＝[w1,w2]。

    格式四：[Z,P,K]＝butter(...)或[A,B,C,D]＝butter(...)，返回所设数字滤波器的零极点增益[Z,P,K]或状态模型系数[A,B,C,D]。

    从以上设计步骤可见，在通常情况下，有了 IIR 滤波器阶次估计，利用直接设计 IIR 数字滤波器的函数，数字滤波器设计问题就解决了。值得一提的是：①在直接设计 IIR 数字滤波器的函数中，采用的是双线性变换函数 bilinear，如果要用冲激响应不变法就得分步来做，即采用典型设计法。②表 12.5 中的 butter 函数、cheby1 函数、cheby2 函数和 ellip 函数，不仅可以设计数字滤波器，而且还可以设计模拟滤波器。如当采用 butter(n,wn,′s′)、butter(n,wn,′high′,′s′)和 butter(n,wn,′stop′,′s′)时，函数设计模拟滤波器，此时截止频率 wc 的单位为弧度/秒，它可以大于 1.0。

    【例 12-1】 试用冲激响应不变法设计一个巴特沃斯数字低通滤波器，要求在通带频率低于 0.2π 弧度时，允许幅度误差衰减在 1dB 以内，在频率为 0.3π＝1dB 到 π 之间时阻带衰减为 15dB。

    解 本例采用模拟域频率变换法—MATLAB 经典设计实现。

（1）数字滤波器的性能指标

通带频率 $\omega_p＝0.2\pi$(弧度)，通带最大衰减 $\delta_p＝1$dB；

阻带频率 $\omega_s＝0.3\pi$(弧度)，阻带最小衰减 $\delta_s＝15$dB。

（2）模拟低通滤波器的技术指标(设采样周期 $T＝1$s)

通带频率 $\Omega_p＝\dfrac{\omega_p}{T}＝0.2\pi$(弧度/秒)，通带最大衰减 $\delta_p＝1$dB；

阻带频率 $\Omega_s＝\dfrac{\omega_s}{T}＝0.3\pi$(弧度/秒)，阻带最小衰减 $\delta_s＝15$dB。

（3）用巴特沃斯滤波器设计法设计模拟原型低通滤波器的系统函数,求得滤波器的阶数 N 及 3dB 截止频率 Ω_c,查表得到模拟原型低通滤波器的归一化传输函数 $H_{an}(\bar{s})$;然后,将 $\bar{s}=\dfrac{s}{\Omega_c}$ 代入到 $H_{an}(\bar{s})$ 中,得到实际的模拟滤波器的系统函数 $H_a(s)=H_{an}(\bar{s})\big|_{\bar{s}=\frac{s}{\Omega_c}}$。

（4）由 $H_a(s)$ 利用冲激响应不变法得到所设计数字滤波器 $H(z)$。

因此,该例的 MATLAB 仿真程序为

```
clc;clear;close all
wp＝0.2 * pi;ws＝0.3 * pi;rp＝1;rs＝15;        %数字滤波器指标
Fs＝1;                                        %抽样频率
Wp＝wp * Fs;Ws＝ws * Fs;Rp＝1;Rs＝15;          %把数字滤波器指标转换成模拟滤波器指标
[N,Wc]＝buttord(Wp,Ws,Rp,Rs,'s');            %求滤波器的最小阶数
%[N,Wc]＝butterworthord(Wp,Ws,Rp,Rs)         %求滤波器的最小阶数
[Z,P,K]＝buttap(N);                          %创建巴特沃斯低通滤波器原型
[B,A]＝zp2tf(Z,P,K);                          %零极点模型转换成系统传递模型
[BT,AT]＝lp2lp(B,A,Wc);                       %实现模拟原型低通向实际模拟低通的变换
[Bd,Ad]＝impinvar(BT,AT,Fs);                  %采用冲激响应不变法数字化模拟滤波器
freqz(Bd,Ad);                                %绘出数字滤波器的频率响应曲线(幅度、相位)
```

程序运行结果如图 12.4 所示。从图中可以看出,它在通带边缘（$\omega_p=0.2\pi$）处恰好满足衰减小于 1dB 的要求,而在阻带边缘（$\omega_s=0.3\pi$）处,衰减则大于 15dB,超过指标要求。这表明此滤波器是充分限带的,故混叠效应可以忽略。

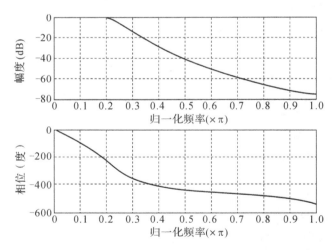

图 12.4 用冲激响应不变法设计出的巴特沃斯数字低通滤波器的频率响应

【例 12-2】 设计一个巴特沃斯数字带通滤波器,指标要求:通带边缘频率 $\omega_{p1}=0.45\pi\text{rad}$、$\omega_{p2}=0.65\pi\text{rad}$,通带峰值起伏 $\delta_p\leqslant1\text{dB}$;阻带边缘频率 $\omega_{s1}=0.30\pi\text{rad}$、$\omega_{s2}=0.80\pi\text{rad}$,最小阻带衰减 $\delta_s\geqslant40\text{dB}$。若抽样周期 $T_s=0.125\text{ms}$,试分别用冲激响应不变法和双线性变换法进行 IIR 数字滤波器的设计。

解 本例采用模拟域频率变换法设计实现。根据题意可知,要求设计的是带通滤波器,给出的技术指标是数字滤波器的技术指标,因此,用冲激响应不变法和双线性变换法时,需要按照不同的公式确定模拟指标。模拟原型滤波器选择巴特沃斯滤波器。MATLAB 程序代码如下:

```
clear;close all;clc
Ts=0.125 * 10^(-3);fs=1/Ts;          %抽样周期、抽样频率
% * * * * * * * * * * * * * * * * * * 冲激响应不变法设计 * * * * * * * * * * *
ws1=0.3 * pi * fs;ws2=0.8 * pi * fs;   %通带模拟角频率
wp1=0.45 * pi * fs;wp2=0.65 * pi * fs;  %阻带模拟角频率
Ws=[ws1,ws2];Wp=[wp1,wp2];           %构造通带、阻带矢量
Rp=1;Rs=40;                          %通带、阻带衰减
[N,Wc]=buttord(Wp,Ws,Rp,Rs,'s');      %求模拟滤波器阶数
[bs,as]=butter(N,Wc,'s');             %求模拟滤波器系统函数 Ha(s)
[B,A]=impinvar(bs,as,fs);             %求数字滤波器的系统函数 H(z)
[H,w]=freqz(B,A);                     %求数字滤波器的频率响应
f=w/2/pi * fs;                        %求数字角频率
figure(1);subplot(2,1,1);
plot(f,20 * log10(abs(H)));            %绘制滤波器的幅度响应
axis([0,4000,-80,10]);
grid on;xlabel('频率(Hz)');ylabel('幅度(dB)');
subplot(2,1,2);plot(f,angle(H));       %绘制滤波器的相位响应
grid on;xlabel('频率(Hz)');ylabel('相位');
% * * * * * * * * * * * * * * * * * 双线性变换法设计 * * * * * * * * * * * * *
ws1=2 * fs * tan(0.3 * pi/2);ws2=2 * fs * tan(0.8 * pi/2);
wp1=2 * fs * tan(0.45 * pi/2);wp2=2 * fs * tan(0.65 * pi/2);
Ws=[ws1,ws2];Wp=[wp1,wp2];
Rp=1;Rs=40;
[N,Wc]=buttord(Wp,Ws,Rp,Rs,'s');
[bs,as]=butter(N,Wc,'s');
[B,A]=bilinear(bs,as,fs);
[H,w]=freqz(B,A);
f=w/2/pi * fs;figure(2);
subplot(2,1,1);plot(f,20 * log10(abs(H)));
axis([0,4000,-80,10]);
grid on;xlabel('频率(Hz)');ylabel('幅度(dB)');
subplot(2,1,2);plot(f,angle(H));
grid on;xlabel('频率(Hz)');ylabel('相位');
```

程序运行结果如图 12.5 和图 12.6 所示。

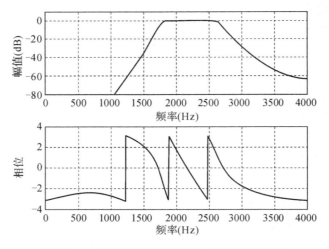

图 12.5　冲激响应不变法设计的频率响应曲线

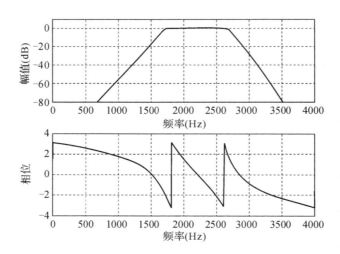

图 12.6　双线性变换法设计的频率响应曲线

【例 12-3】　设计一个数字巴特沃斯高通滤波器,给定指标为:当 $f \leqslant 3\text{kHz}$ 时,衰减 $\delta_s \geqslant$ 30dB;当 $f \geqslant 5\text{kHz}$ 时,波纹 $\delta_p \leqslant 3$dB;抽样频率 $f_s = 20$kHz。试画出系统的幅度响应特性,并写出 $H(z)$ 的表达式。

解　本例采用模拟域频率变换法设计实现。根据题意可知,此高通滤波器通带截止频率为 5000Hz,阻带截止频率为 3000Hz,通带允许最大衰减为 3dB,阻带允许最小衰减为 30dB。由于设计的是高通滤波器,因此采用双线性变换法。程序代码如下:

```
clc;clear;close all
%数字滤波器指标
fs=20000;                          %抽样频率
f1=3000;Rs=30;                     %阻带截止频率及衰减
f2=5000;Rp=3;                      %通带截止频率及衰减
```

```
wp＝2 * pi * f2/fs;                        %数字滤波器通带截止角频率
ws＝2 * pi * f1/fs;                        %数字滤波器阻带截止角频率
%确定同类型模拟滤波器的技术指标
Wp＝2 * fs * tan(wp/2);                    %模拟通带截止频率
Ws＝2 * fs * tan(ws/2);                    %模拟阻带截止频率
[N,Wc]＝buttord(Wp,Ws,Rp,Rs,'s');         %求出滤波器的阶数和 3dB 截止频率
[zs,ps,ks]＝buttap(N);                    %求原型滤波器传递函数的零极点模式
[bs,as]＝zp2tf(zs,ps,ks);                 %零极点模式转换成系统函数模式 Han(s)
[bz,az]＝lp2hp(bs,as,Wc);                 %从低通到高通转换 Ha(s)
[B,A]＝bilinear(bz,az,fs)                 %双线性变换法数字化得 H(z)
[H,w]＝freqz(B,A);                        %求系统频率响应
f＝w/2/pi * fs;
plot(f,20 * log10(abs(H)));grid on;       %绘制幅度响应曲线
xlabel('频率(Hz)');ylabel('幅度(dB)');
```

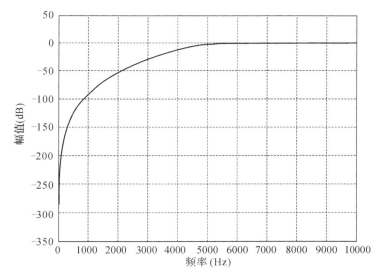

图 12.7　高通滤波器幅度特性曲线

程序运行结果如图 12.7 所示。

B＝　0.0394　－0.2365　0.5913　－0.7884　0.5913　－0.2365　0.0394
A＝　1.0000　－0.3723　0.8294　－0.1793　0.1277　－0.0122　0.0020

因此,所设计的高通滤波器的系统函数 $H(z)$ 的表达式如下:

$$H(z)=\frac{0.0394-0.2365z^{-1}+0.5913z^{-2}-0.7884z^{-3}+0.5913z^{-4}-0.2365z^{-5}+0.0394z^{-6}}{1-0.3723z^{-1}+0.8294z^{-2}-0.1793z^{-3}+0.1277z^{-4}-0.0122z^{-5}+0.0020z^{-6}}$$

【例 12-4】　已知一切比雪夫Ⅰ型数字低通滤波器的滤波特性为通带截止频率为 0.2π,阻带截止频率为 0.3π,通带最大衰减为 1dB,阻带最小衰减为 15dB,试利用频率变换法,将

该低通滤波器变换成一数字高通滤波器,其通带起始频率为 0.6π。

解 本例采用数字域频率变换法实现。把一个已知的低通滤波器变换为一个高通滤波器,并使通带频率 $\omega_p = 0.2\pi$ 映射到通带频率 $\omega_p = 0.6\pi$。因此,根据将数字低通滤波器变换成数字高通滤波器的式(12-15)得

$$\alpha = -\frac{\cos\left(\dfrac{0.2\pi + 0.6\omega}{2}\right)}{\cos\left(\dfrac{0.2\pi - 0.6\omega}{2}\right)} = -0.38197$$

由原型数字低通滤波器 $H_{LD}(\bar{z})$ 到实际高通数字滤波器的变换式 $H_{HP}(z)$ 为

$$H_{HP}(z) = H_{LD}(\bar{z})\Big|_{z^{-1} = -\frac{z^{-1}+a}{1+az^{-1}}}$$

根据数字域频率变换法设计 IIR 数字滤波器的流程,首先根据指标要求,设计模拟低通滤波器 $H_{an}(s)$;然后利用双线性变换,将模拟低通滤波器数字化获得原型数字低通滤波器 $H_{an}(z)$;最后将数字低通滤波器 $H_{an}(z)$ 变换成数字高通滤波器 $H_{hp}(z)$。MATLAB 程序为

```
clc;clear;close all
%第一步:设计模拟原型低通滤波器 Han(s)
%数字低通滤波器指标
wplp=0.2 * pi;rp=1;                      %通带截止频率及通带衰减
wslp=0.3 * pi;rs=15;                     %阻带截止频率及阻带衰减
%将数字性能指标转换成模拟原型指标
T=1;Fs=1/T;                              %抽样周期及抽样频率
Wp=(2/T) * tan(wplp/2);Rp=1;             %模拟原型通带截止频率及通带衰减
Ws=(2/T) * tan(wslp/2);Rs=15;           %模拟原型阻带截止频率及阻带衰减
%求切比雪夫Ⅰ型模拟原型滤波器 Han(s)
[N,Wc]=cheb1ord(Wp,Ws,Rp,Rs,'s');       %求出滤波器的最小阶数和 3dB 截止频率
[bs,as]=cheby1(N,Rp,Wc,'low','s');      %调用切比雪夫I型函数 cheby1 求模拟原型低通滤波
                                         %  器 Han(s)

%第二步:利用双线性变换法数字化,求数字原型低通滤波器 Han(z)
[blp,alp]=bilinear(bs,as,Fs)            %调用双线性变换函数求 Han(z)
%第三步:数字域频率变换——从低通 Han(z)到高通 Hhp(z)
wphp=0.6 * pi;                          %数字高通滤波器截止频率
alpha=-(cos((wplp+wphp)/2))/(cos((wplp-wphp)/2));
Nz=-[alpha,1];Dz=[1,alpha];             %变换式分子、分母
[bhp,ahp]=zmapping(blp,alp,Nz,Dz)       %从低通 Han(z)到高通 Hhp(z)频率域变换
[H,w]=freqz(bhp,ahp);                   %求系统频率响应
f=w/2/pi * Fs;plot(f,20 * log10(abs(H))); %绘制幅度响应
grid on;xlabel('\omega(x\pi)');ylabel('幅度(dB)');
```

该程序运行结果为

```
blp=   0.0018   0.0073   0.0110   0.0073   0.0018
```

alp＝ 1.0000 －3.0543 3.8290 －2.2925 0.5507

bhp＝ 0.0067 －0.0268 0.0402 －0.0268 0.0067

ahp＝ 0.2760 0.4409 0.4818 0.2815 0.0848

由此可写出数字低通滤波器的系统函数为

$$H_{LP}(\bar{z}) = \frac{0.0018 - 0.0073z^{-1} + 0.0110z^{-2} - 0.0073z^{-3} + 0.0018z^{-4}}{1 - 3.0543z^{-1} + 3.8290z^{-2} - 2.2925z^{-3} + 0.5507z^{-4}}$$

$$H_{HP}(z) = H_{LP}(\bar{z})\Big|_{\bar{z}^{-1} = -\frac{z^{-1}+a}{1+az^{-1}}}$$

$$= \frac{0.0067 - 0.0268z^{-1} + 0.0402z^{-2} - 0.0268z^{-3} + 0.0067z^{-4}}{0.2760 + 0.4409z^{-1} + 0.4818z^{-2} + 0.2815z^{-3} + 0.0848z^{-4}}$$

图 12.8 给出了所设计滤波器的幅度响应。

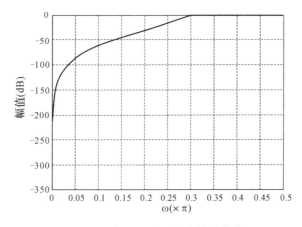

图 12.8 高通滤波器幅度特性曲线

【例 12-5】 试设计一个椭圆带阻 IIR 数字滤波器,具体的要求是:通带的截止频率 ω_{p1} ＝650Hz、ω_{p2}＝850Hz;阻带的截止频率 ω_{s1}＝700Hz、ω_{s2}＝800Hz;通带内的最大衰减为 δ_p＝0.1dB,阻带内的最小衰减为 δ_s＝50dB,采样频率为 f_s＝2kHz。

解 采用 MATLAB 直接设计实现。MATLAB 源程序如下:

```
clear;clc;close all;
wp1=650;wp2=850;rp=0.1;                    %通带指标
ws1=700;ws2=800;rs=50;                     %阻带指标
Fs=2000;                                    %抽样频率
wp=[wp1,wp2]/(Fs/2);ws=[ws1,ws2]/(Fs/2);   %利用 Nyquist 频率归一化频率
[N,wc]=ellipord(wp,ws,rp,rs,'z');           %求滤波器阶数和截止频率
[num,den]=ellip(N,rp,rs,wc,'stop');         %求滤波器传递函数
[H,W]=freqz(num,den);                        %绘出频率响应曲线
plot(W*Fs/(2*pi),abs(H));grid on;
xlabel('频率(Hz)');ylabel('幅值(dB)');
```

该程序运行后的幅频响应曲线如图 12.9 所示。

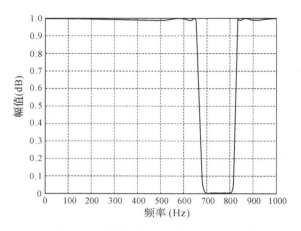

图 12.9 椭圆带阻滤波器的频率响应

12.3.3 应用实例

【例 12-6】 设计一个工作于 80kHz 抽样频率的切比雪夫Ⅰ型数字低通滤波器,要求通带边界频率为 4kHz,通带最大衰减为 0.5dB,阻带边界频率为 20kHz,阻带最小衰减为 45dB。

解 本题未要求选择何种方法进行数字滤波器设计,因此,以冲激响应不变法为例设计此滤波器。和采用巴特沃斯数字滤波器设计一样,首先需要确定同类型模拟滤波器的技术指标,然后选择滤波器的阶数 N 和 3dB 截止频率 Ω_c,创建切比雪夫Ⅰ型原型低通滤波器,得到该原型低通滤波器的系统函数 $H_a(\bar{s})$,由于要求设计的是低通滤波器,将公式 $\bar{s} = \dfrac{\Omega_c}{s}$ 代入 $H_a(\bar{s})$ 的表达式求出符合设计要求的模拟低通滤波器传递函数 $H_a(s)$,最后利用冲激响应不变法求出 $H(z)$。MATLAB 程序代码如下:

```
clc;clear;close all
%数字滤波器指标
fs=80000;                              %抽样频率
f1=4000;Rp=0.5;                        %通带指标
f2=20000;Rs=45;                        %阻带指标
%确定同类型模拟滤波器的技术指标
wp=2*pi*f1;                            %通带截止频率
ws=2*pi*f2;                            %阻带截止频率
[N,wc]=cheb1ord(wp,ws,Rp,Rs,'s');     %求出滤波器的最小阶数和 3dB 截止频率
[z,p,k]=cheb1ap(N,Rp);                %创建切比雪夫Ⅰ型原型低通滤波器
[b,a]=zp2tf(z,p,k);                   %零极点增益模型转换为多项式模型
[bz,az]=lp2lp(b,a,wc);               %从低通到低通转换
[B,A]=impinvar(bz,az,fs);            %调用冲激响应不变法函数
```

```
[H,w]=freqz(B,A);                    %求系统频率响应
f=w/2/pi*fs;plot(f,20*log10(abs(H)));    %绘制幅度响应
grid on;xlabel('频率(Hz)');ylabel('幅度(dB)');
```

程序运行结果如图 12.10 所示。

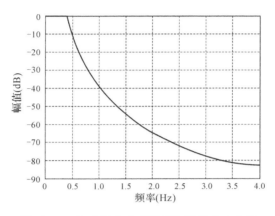

图 12.10　切比雪夫 I 型低通滤波器响应曲线

【例 12-7】　设计一个工作于 1000Hz 抽样频率的椭圆数字高通滤波器,要求通带截止频率 $f_p=250$Hz,通带最大衰减为 1dB,阻带边界频率 $f_s=150$Hz,阻带最小衰减为 20dB。

　　解　本例采用模拟域频率变换法经典设计实现。首先需要确定同类型模拟滤波器的技术指标,然后选择滤波器的阶数 N 和 3dB 截止频率 Ω_c,创建椭圆原型低通滤波器,得到该原型低通滤波器的系统函数 $H_{an}(\bar{s})$,将公式 $\bar{s}=\dfrac{s}{\Omega_c}$ 代入 $H_{an}(\bar{s})$ 的表达式求出符合设计要求的模拟高通滤波器传递函数 $H_a(s)$,最后利用双线性变换法求出 $H(z)$。MATLAB 程序代码如下:

```
clear;close all;clc
fs=150;fp=250;                       %数字滤波器指标
Fs=1000;T=1/Fs;                      %抽样频率、抽样周期
wp=fp/Fs*2*pi;                       %滤波器的通带截止角频率
ws=fs/Fs*2*pi;                       %滤波器的阻带截止角频率
Rp=1;Rs=20;                          %滤波器的通阻带衰减指标
ripple=10^(-Rp/20);                  %滤波器的通带衰减对应的幅度值
Attn=10^(-Rs/20);                    %滤波器的阻带衰减对应的幅度值
%转换为模拟滤波器的技术指标
Wp=(2/T)*tan(wp/2);                  %双线性变换法转换
Ws=(2/T)*tan(ws/2);
%模拟原型滤波器计算
[N,Wc]=ellipord(Wp,Ws,Rp,Rs,'s');   %计算滤波器阶数 N 和截止频率 Wc
[z0,p0,k0]=ellipap(N,Rp,Rs);        %设计归一化的椭圆滤波器原型(零极点模型)
```

```
ba1=k0 * real(poly(z0));                     %求原型滤波器系统函数 Han(s)的分子系数 b
aa1=real(poly(p0));                          %求原型滤波器系统函数 Han(s)的系数 a
[ba,aa]=lp2hp(ba1,aa1,Wc);                   %从模拟低通变换为模拟高通 Ha(s)
%用双线性变换法计算数字滤波器系数
[bd,ad]=bilinear(ba,aa,Fs);                  %双线性变换法数字化得 H_hp(z)
[H,w]=freqz(bd,ad);                          %求数字系统的频率特性
dbH=20 * log10((abs(H)+eps)/max(abs(H)));
plot(w/2/pi * Fs,abs(H),'k');grid on;
xlabel('频率(Hz)');ylabel('幅度(dB)');title('幅度响应');
```

程序运行结果如图 12.11 所示。

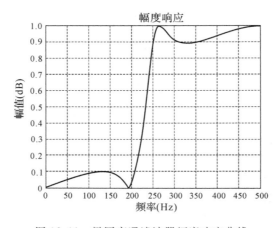

图 12.11　椭圆高通滤波器幅度响应曲线

【**例 12-8**】　设计一个切比雪夫 I 型带通滤波器,要达到的要求为 $\omega_{p1}=60\,Hz$、$\omega_{p2}=80\,Hz$,$\omega_{s1}=55\,Hz$、$\omega_{s2}=85\,Hz$,$\delta_p=0.5\,dB$、$\delta_s=60\,dB$,抽样频率 $f_s=200\,Hz$。

解　本例采用 MATLAB 直接设计实现。MATLAB 源程序如下:

```
clear;close all;clc
Fs=200;                                      %抽样频率
wp1=60;wp2=80;rp=0.5;                         %数字滤波器通带截止频率
ws1=55;ws2=85;rs=60;                          %数字滤波器阻带截止频率
wp=[wp1,wp2]/(Fs/2);ws=[ws1,ws2]/(Fs/2);     %利用 Nyquist 频率归一化频率
[N,wc]=cheb1ord(wp,ws,rp,rs);                 %求滤波器阶数
[num,den]=cheby1(N,rp,wc);                    %求滤波器传递函数
[H,W]=freqz(num,den);                         %绘出频率响应曲线
plot(W * Fs/(2 * pi),abs(H));grid on;
xlabel('频率(Hz)');ylabel('幅值');
```

该程序运行后的频率响应曲线如图 12.12 所示。

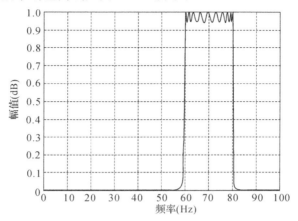

图 12.12 切比雪夫 I 型带通数字滤波器的频率响应

12.4 实验内容

1. 设计模拟巴特沃斯高通滤波器，通带截止频率 $f_p = 200\text{Hz}$，阻带截止频率 $f_s = 100\text{Hz}$，幅度特性单调下降，f_p 处最大衰减为 3dB，阻带最小衰减为 15dB。

2. 设计一个椭圆数字高通滤波器，它的通带从 700Hz 至 1000Hz，通带内允许有 2dB 的波动，阻带内衰减在小于 500Hz 的频带内至少为 30dB，抽样频率为 2000Hz。

3. 设计一个巴特沃斯数字带通滤波器，指标要求为：通带边缘频率 $\omega_{p_1} = 0.5\pi\text{rad}$，$\omega_{p_2} = 0.7\pi\text{rad}$；通带峰值起伏 $\delta_p \leqslant 2\text{dB}$；阻带边缘频率 $\omega_{s_1} = 0.35\pi\text{rad}$，$\omega_{s_2} = 0.95\pi\text{rad}$；最小阻带衰减 $\delta_s \geqslant 35\text{dB}$；抽样间隔 $T = 0.2\text{ms}$。分别用冲激响应不变法和双线性变换法进行 IIR 数字滤波器的设计。

4. 设计一个巴特沃斯高通滤波器，其通带截止频率(3dB 点处)为 $f_p = 3\text{kHz}$，阻带上限截止频率 $f_s = 2\text{kHz}$，通带衰减不大于 3dB，阻带衰减不小于 14dB，抽样频率 $f_c = 10\text{kHz}$。试分别利用模拟域频率变换法和数字域变换法实现，并写出滤波器系统函数，验证两种设计法所得结果一致。

12.5 实验要求

1. 实验前必须进行充分的预习，熟悉实验内容；

2. 实验报告中应简述实验目的和原理；

3. 实验报告中应附上实验程序；

4. 对设计的 IIR 数字滤波器幅频特性曲线定性分析，判断设计是否满足要求；

5. 通过调整参数，观察参数变化对滤波特性的影响，记录其对滤波器频率响应及零极点分布的影响及分析原因。

FIR 数字滤波器设计——窗函数法

13.1 实验目的

本实验结合理论教材中 FIR 数字滤波器设计的教学内容中的窗函数设计法,学习和掌握窗函数法设计 FIR 数字滤波器的原理和实现过程,学习 MATLAB 设计 FIR 数字滤波器的相关函数的使用,掌握使用 MATLAB 设计 FIR 数字滤波器的过程与方法,从而加深对 FIR 数字滤波器常用指标和设计过程的理解。

13.2 实验原理

13.2.1 线性相位 FIR 数字滤波器的特点

设 FIR 数字滤波器的单位冲激响应为 $h(n)$,则滤波器的输入输出关系可用差分方程描述为

$$y(n) = \sum_{m=0}^{N-1} h(m) x(n-m) \tag{13-1}$$

相应的系统函数为

$$H(z) = \sum_{n=0}^{N-1} h(n) z^{-n} \tag{13-2}$$

其具有 $N-1$ 个零点,在 $z=0$ 处有 $N-1$ 个重极点,保证了系统的稳定性。

FIR 数字滤波器的频率响应为

$$H(e^{j\omega}) = H(z)\big|_{z=e^{j\omega}} = \sum_{n=0}^{N-1} h(n) e^{-j\omega n} \tag{13-3}$$

也可表示为

$$H(e^{j\omega}) = \big| H(e^{j\omega}) \big| e^{j\theta(\omega)} = H(\omega) e^{j\theta(\omega)} \tag{13-4}$$

式中:$H(\omega)$ 称为幅度响应;$\theta(\omega)$ 称为相位响应。当 $\theta(\omega) = -\tau\omega$ 时称为 A 类线性相位特性,

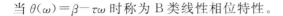

当 $\theta(\omega)=\beta-\tau\omega$ 时称为 B 类线性相位特性。

1. 相位特点

A 类:$h(n)=h(N-n-1)$,$h(n)$ 关于 $\dfrac{N-1}{2}$ 偶对称,简称序列 $h(n)$ 为偶对称。

$$\theta(\omega)=-\frac{N-1}{2}\omega \tag{13-5}$$

B 类:$h(n)=-h(N-n-1)$,$h(n)$ 关于 $\dfrac{N-1}{2}$ 奇对称,简称序列 $h(n)$ 为奇对称。

$$\theta(\omega)=\frac{\pi}{2}-\frac{N-1}{2}\omega \tag{13-6}$$

群延时是常数,即

$$\tau=-\frac{\mathrm{d}\theta(\omega)}{\mathrm{d}\omega}=\frac{N-1}{2} \tag{13-7}$$

作为线性相位的标志。

2. 幅度特点

有限长单位冲激响应 $h(n)$ 为偶对称时,幅度响应(亦称为振幅响应)函数为

$$H(\omega)=\sum_{n=0}^{N-1}h(n)\cos\left[\left(n-\frac{N-1}{2}\right)\omega\right] \tag{13-8}$$

有限长单位冲激响应 $h(n)$ 为奇对称时,幅度响应函数为

$$H(\omega)=-\sum_{n=0}^{N-1}h(n)\sin\left[\left(n-\frac{N-1}{2}\right)\omega\right] \tag{13-9}$$

根据单位冲激响应 $h(n)$ 的奇偶对称性和 N 的取值奇偶,对线性相位 FIR 数字滤波器的振幅响应 $H(\omega)$ 的讨论可分为 4 种情况。

(1)$h(n)$ 偶对称,N 为奇数(简称第一类型)

FIR 数字滤波器的振幅响应 $H(\omega)$ 的特点是:$H(\omega)$ 关于 $\omega=0$、π、2π 偶对称,可以实现所有滤波特性(低通、高通、带通、带阻等)。FIR 滤波器的振幅响应(幅度响应)函数 $H(\omega)$ 为

$$H(\omega)=\sum_{n=0}^{(N-1)/2}a(n)\cos(\omega n) \tag{13-10}$$

其中:$a(0)=h\left(\dfrac{N-1}{2}\right)$,$a(n)=2h\left(\dfrac{N-1}{2}-n\right)$,$n=1,2,\cdots,\dfrac{N-1}{2}$。

(2)$h(n)$ 偶对称,N 为偶数(简称第二类型)

FIR 数字滤波器的振幅响应 $H(\omega)$ 的特点是:$H(\omega)$ 对 $\omega=\pi$ 呈奇对称($H(\pi)=0$),不能实现高通滤波器或带阻滤波器。FIR 滤波器的振幅响应 $H(\omega)$ 为

$$H(\omega)=\sum_{n=1}^{N/2}a(n)\cos\left[\left(n-\frac{1}{2}\right)\omega\right] \tag{13-11}$$

其中:$a(n)=2h\left(\dfrac{N}{2}-n\right)$,$n=1,2,\cdots,\dfrac{N}{2}$。

(3)$h(n)$ 奇对称,N 为奇数(简称第三类型)

FIR 数字滤波器的振幅响应 $H(\omega)$ 的特点是:当 $\omega=0$、π、2π 时,$H(\omega)=0$;$H(\omega)$ 在 $\omega=$

0、π、2π 呈奇对称。只能实现带通滤波器。FIR 滤波器的振幅响应 $H(\omega)$ 为

$$H(\omega) = \sum_{n=1}^{\frac{N-1}{2}} a(n)\sin(n\omega) \tag{13-12}$$

其中：$a(n) = 2h\left(\dfrac{N-1}{2} - n\right), n = 1, 2, \cdots, \dfrac{N-1}{2}$。

（4）$h(n)$ 奇对称，N 为偶数（简称第四类型）

FIR 数字滤波器的振幅响应 $H(\omega)$ 的特点是：当 $\omega = 0$、2π 时，$H(\omega) = 0$；$H(\omega)$ 对 $\omega = \pi$ 呈偶对称，对 $\omega = 0$、2π 呈奇对称。不能实现低通、带阻滤波器。FIR 滤波器的振幅响应 $H(\omega)$ 为

$$H(\omega) = \sum_{n=1}^{N/2} a(n)\sin\left[\left(n - \frac{1}{2}\right)\omega\right] \tag{13-13}$$

其中：$a(n) = 2h\left(\dfrac{N}{2} - n\right), n = 1, 2, \cdots, \dfrac{N}{2}$。

13.2.2　窗函数设计法

1.设计原理

窗函数设计法是将满足滤波器技术要求的无限长单位冲激响应加窗截短作为FIR数字滤波器的单位冲激响应。在滤波器设计过程中，通常是先给出所要设计的理想数字滤波器的频率响应 $H_d(e^{j\omega})$，由于设计是在时域进行的，因而先由 $H_d(e^{j\omega})$ 的傅里叶逆变换导出理想的单位冲激响应 $h_d(n)$，即

$$h_d(n) = \frac{1}{2\pi}\int_{-\pi}^{\pi} H_d(e^{j\omega}) e^{jn\omega} \, d\omega \tag{13-14}$$

然后用一个有限长度的窗函数序列 $w(n)$ 来截取 $h_d(n)$，即

$$h(n) = h_d(n) \cdot w(n) \tag{13-15}$$

从而实现用有限长的 $h(n)$ 来逼近无限长的 $h_d(n)$。

2.窗函数对设计的影响

根据卷积定理可知，时域相乘对应于频域卷积。因此，从式（13-15）可得实际 FIR 数字滤波器的频率特性应为

$$H(e^{j\omega}) = \frac{1}{2\pi}\int_{-\pi}^{\pi} H_d(e^{j\theta}) W\left[e^{j(\omega-\theta)}\right]\theta \tag{13-16}$$

理想低通滤波器的频率响应为

$$H_d(e^{j\omega}) = \begin{cases} 1 \cdot e^{-j\omega\alpha}, & |\omega| \leqslant \omega_c \\ 0, & \omega_c < |\omega| \leqslant \pi \end{cases} \tag{13-17}$$

因此，$H(e^{j\omega})$ 逼近 $H_d(e^{j\omega})$ 的好坏完全取决于窗函数的频率特性。若令 $H(\omega)$ 为 $H(e^{j\omega})$ 的幅度响应函数，加窗处理对理想矩形频率响应产生以下几点影响：

（1）使理想频率特性不连续点处边沿加宽，在正负两峰之间形成过渡带，该过渡带的宽度等于窗的频率响应 $W(\omega)$ 的主瓣宽度；

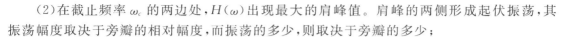

（2）在截止频率 ω_c 的两边处，$H(\omega)$ 出现最大的肩峰值。肩峰的两侧形成起伏振荡，其振荡幅度取决于旁瓣的相对幅度，而振荡的多少，则取决于旁瓣的多少；

（3）改变截取长度 N，只会改变过渡带的宽度，即改变主瓣的宽窄，而不会改变 $H(\omega)$ 肩峰的相对值，且始终存在起伏，这种现象称为吉布斯（Gibbs）现象。这是因为 $H(\omega)$ 的振动是由旁瓣引起的，而肩峰值的相对值主要取决于主瓣与旁瓣的相对比例，改变 N 却不改变窗函数这些固有特性，即改变 N 不会削除旁瓣，不会改变主瓣与旁瓣的相对比例。

因此，在窗函数设计法中如何使 $H(\omega)$ 更接近 $H_d(\omega)$，主要取决于窗函数的选取，而过渡带的宽窄则由截取长度 N 决定。

3. 窗函数选取原则

由于最小阻带衰减仅由窗的形状决定，不受 N 的影响，而过渡带的宽度则随窗宽的增加而减小。因此，为改善滤波器的性能，通常要求窗函数具有一些好的特性，窗函数的选取原则如下：

（1）主瓣宽度窄，以获得较陡的过渡带；

（2）最大旁瓣相对主瓣值尽可能小，以改善通带的平稳度和增大阻带的衰减。

但这两项要求是不能同时得到满足的，往往是增加主瓣宽度以换取对旁瓣的抑制。因而选用不同形状的窗函数都是为了得到平坦的通带幅度响应和较小的阻带纹波。表 13.1 归纳了常用窗函数的基本参数。

表 13.1 常用窗函数基本参数

窗类型	窗谱特性指标		加窗后滤波器性能指标	
	旁瓣峰值/dB	主瓣宽度	最小阻带衰减/dB	过渡带宽 $\Delta\omega/(2\pi/N)$
矩形窗	-13	$4\pi/N$	-21	0.9
三角形窗	-25	$8\pi/N$	-25	2.1
汉宁窗	-31	$8\pi/N$	-44	3.1
海明窗	-41	$8\pi/N$	-53	3.3
布莱克曼窗	-57	$12\pi/N$	-74	5.5
凯泽窗（$\beta=7.865$）	-57		-80	5.0

4. 窗函数法设计步骤

用窗函数设计 FIR 数字滤波器可分为以下几个步骤：

（1）给定滤波器的理想频率响应 $H_d(e^{j\omega})$，然后利用傅里叶逆变换式（13-14），得到理想滤波器的单位冲激响应 $h_d(n)$；

（2）根据过渡带及阻带衰减的要求，选择窗函数 $w(n)$ 的形式，并估计窗口大小 N；

（3）计算滤波器的单位冲激响应 $h(n)=h_d(n) \cdot w(n)$，由于受线性相位条件约束，要求 $h_d(n)$ 和 $w(n)$ 均中心对称；

（4）检验设计出的数字滤波器是否满足技术指标。

13.3 预习与参考

13.3.1 相关 MATLAB 函数

1. 线性相位 FIR 滤波器的振幅响应

$[H_r,w]$＝zerophase(h)：返回线性相位 FIR 滤波器的振幅响应 H_r 和对应的频率 w（单位：弧/抽样），其结果在 $[0,\pi]$ 上进行 512 点抽样计算获得。

当然也可根据式(13-10)至式(13-13)，分别编程获得不同类型 FIR 的振幅响应。

(1)第一类型线性相位 FIR 滤波器的振幅响应函数 Hr_type1（　）

```
function [Hr,w]＝Hr_type1(h)
%计算第一类线性相位 FIR 滤波器的振幅响应函数
%Hr 为振幅响应
%w 为在[0,π]之间进行 512 点抽样对应的数字角频率
%——————————————————————————————————————
N＝length(h);L＝(N－1)/2;n＝0：L;
a＝[h(L＋1),2 * h(L：－1：1)];
w＝[0：511]′* pi/512;Hr＝cos(w * n) * a′;
```

(2)第二类型线性相位 FIR 滤波器的振幅响应函数 Hr_type2（　）

```
function [Hr,w]＝Hr_type2(h)
%计算第二类线性相位 FIR 滤波器的振幅响应函数
%Hr 为振幅响应
%w 为在[0,π]之间进行 512 点抽样对应的数字角频率
%——————————————————————————————————————
N＝length(h);L＝N/2;n＝1：L;
a＝2 * h(L：－1：1);n＝n－0.5;
w＝[0：511]′* pi/512;Hr＝cos(w * n) * a′;
```

(3)第三类型线性相位 FIR 滤波器的振幅响应函数 Hr_type3（　）

```
function [Hr,w]＝Hr_type3(h)
%计算第三类线性相位 FIR 滤波器的振幅响应函数
%Hr 为振幅响应
%w 为在[0,π]之间进行 512 点抽样对应的数字角频率
%——————————————————————————————————————
```

```
N＝length(h);L＝(N－1)/2;n＝0：L;
a＝2＊h(L＋1：－1：1);
w＝[0：511]′＊pi/512;Hr＝sin(w＊n)＊a′;
```

（4）第四类型线性相位 FIR 滤波器的振幅响应函数 Hr_type4（　）

```
function [Hr,w]＝Hr_type4(h)
％计算第四类线性相位 FIR 滤波器的振幅响应函数
％Hr 为振幅响应
％w 为在[0,π]之间进行 512 点抽样对应的数字角频率
％——————————————————————————————
N＝length(h);L＝N/2;n＝1：L;
a＝2＊h(L：－1：1);n＝n－0.5;
w＝[0：511]′＊pi/512;Hr＝sin(w＊n)＊a′;
```

2.窗函数命令

在 MATLAB 信号处理工具箱中为用户提供了 Boxcar(矩形)、Bartlet(巴特利特)、Hanning(汉宁)等窗函数，如表 13.2 所示。这些窗函数的调用格式相同，以 Boxcar(矩形)窗函数为例说明其调用格式。

$w＝boxcar(M)$;返回 M 点矩形窗序列。窗的长度 M 又称为窗函数设计 FIR 数字滤波器的阶数。

表 13.2　MATLAB 提供的窗函数

函数名	功能	函数名	功能
blackman	Blackman(布莱克曼)窗	chebwin	Chebyshev(切比雪夫)窗
boxcar	矩形窗	hamming	Hamming(海明)窗
hann	Hanning(汉宁)窗	triang	三角窗
kaiser	Kaiser(凯泽)窗		

3.窗函数法设计函数

$b＝fir1(N,W_n)$:采用海明(Hamming)窗设计 FIR 数字滤波器，其中参数 N 为滤波器的阶次，W_n 是截止频率，其取值在 0～1 之间，以抽样频率为标称值。输出参数 b 对应设计好的滤波器 $h(n)$ 的系数，$h(n)$ 的长度为 $N＋1$。若 W_n 是标量，则用来设计低通滤波器；若 W_n 是 $1×2$ 向量，则可以用来设计带通滤波器；若 W_n 是 $1×L$ 向量，则可设计 L 带滤波器，此时调用格式为 $b＝fir1(N,W_n,'D_c－1')$ 或 $b＝fir1(N,W_n,'D_c－2')$，其中参数 $D_c－1$ 表示第一个带为通带，参数 $D_c－2$ 表示第一个带为阻带。

$b＝fir1(N,W_n,'high')$:采用海明窗设计高通滤波器。

$b＝fir1(N,W_n,'stop')$:采用海明窗设计带阻滤波器。

上述调用未指定窗函数类型，默认为海明窗。若需要指定窗函数，则调用形式还要加一个参数，此时的调用格式为 $b = \text{fir1}(N, W_n, 'stop', 'window')$。

13.3.2　MATLAB 实现

【例 13-1】　用矩形窗设计一个线性相位高通滤波器

$$
H_d(e^{j\omega}) =
\begin{cases}
e^{-j\alpha(\omega-\alpha)}, & \dfrac{3\pi}{4} \leqslant \omega \leqslant \dfrac{5\pi}{4} \\[2mm]
0, & 0 \leqslant \omega < \dfrac{3\pi}{4}, \quad \dfrac{5\pi}{4} < \omega \leqslant 2\pi
\end{cases}
$$

（1）问设计的滤波器有几种类型？分别属于哪一种线性相位滤波器？画出所设计滤波器的频率响应曲线。

（2）若用升余弦窗（Hanning 窗），再次讨论。

解　根据窗函数法设计 FIR 数字滤波器的步骤，首先求出理想高通滤波器的单位冲激响应 $h_d(n)$：

$$
\begin{aligned}
h_d(n) &= \frac{1}{2\pi}\int_0^{2\pi} H_d(e^{j\omega}) e^{jn\omega}\, d\omega = \frac{1}{2\pi}\int_{\frac{3\pi}{4}}^{\frac{5\pi}{4}} e^{-j(\omega-\pi)\alpha} e^{jn\omega}\, d\omega \\
&= \frac{1}{2\pi} e^{j\pi\alpha}\int_{\frac{3\pi}{4}}^{\frac{5\pi}{4}} e^{j(n-\alpha)\omega}\, d\omega = \frac{1}{2\pi}\,\frac{1}{j(n-\alpha)} e^{j\pi\alpha} e^{j(n-\alpha)\omega}\,\Big|_{\frac{3\pi}{4}}^{\frac{5\pi}{4}} \\
&= \frac{e^{j\pi n}}{\pi(n-\alpha)} \sin\left[\frac{\pi(n-\alpha)}{4}\right]
\end{aligned}
$$

保证线性 $\alpha = \dfrac{N-1}{2}$。然后，利用窗函数序列 $W(n)$ 对 $h_d(n)$ 进行截取，获得实际滤波器的单位冲激响应 $h(n) = h_d(n) \cdot W(n)$。

情况 1：所设滤波器长度 N 为奇数，$\alpha = \dfrac{N-1}{2}$ 为整数，$h_d(n)$ 对 α 偶对称，即 $h(n) = h(N-1-n)$，$H(\omega) = H(2\pi-\omega)$，因此为第一类型线性相位滤波器。

情况 2：所设滤波器长度 N 为偶数，$\alpha = \dfrac{N-1}{2}$ 不为整数，$h_d(n)$ 对 α 奇对称，即 $h(n) = -h(N-1-n)$，由 $H(\omega) = H(2\pi-\omega)$ 可知，所设滤波器为第四类型线性相位滤波器。

因此，MATLAB 程序如下：

```
clc;clear;close all;
N=input('滤波器长度 N=？');                    %输入滤波器长度
n=0：N-1;a=(N-1)/2;Wc=pi/4;
k=n-a;k=k+(k==0)*eps;                          %保证 sin(k)/k 不被零除
hd=(-1).^n.*sin(k*Wc)./(k*pi);                %求理想冲激响应 hd(n)
Wr=ones(1,N);                                  %矩形窗函数序列
Whn=0.5*(1-cos(2*pi*n/(N-1)));                 %汉宁窗函数序列
h1=hd.*Wr;                                      %矩形窗截取
h2=hd.*Whn;                                     %汉宁窗截取
```

```
[H1,w]＝freqz(h1,1,1000);              %求滤波器的频率响应
[H2,w]＝freqz(h2,1,1000);
mag1＝abs(H1);db＝20＊log10(mag1/max(mag1));  %滤波器的幅度响应
mag2＝abs(H2);db＝20＊log10(mag2/max(mag2));
figure(1);subplot(2,1,1);
stem(k,h1);                            %绘制滤波器单位冲激响应
xlabel('n');ylabel('h(n)');grid on;
subplot(2,1,2);
plot(w/pi,mag1,'—k');                  %绘制滤波器相位响应曲线
xlabel('\omega/\pi');ylabel('幅度(dB)');grid on;
figure(2);subplot(2,1,1);
stem(k,h2);                            %绘制滤波器单位冲激响应
xlabel('n');ylabel('h(n)');grid on;
subplot(2,1,2);
plot(w/pi,mag2,'—k');                  %绘制滤波器相位响应曲线
xlabel('\omega/\pi');ylabel('幅度(dB)');grid on;
```

运行该程序,分别输入 $N＝21$、$N＝22$,所得结果如图 13.1 和图 13.2 所示。

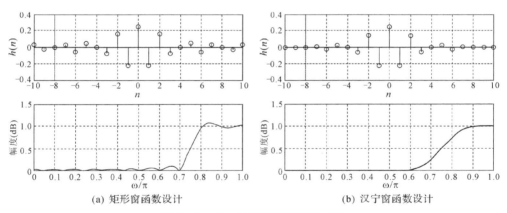

(a) 矩形窗函数设计   (b) 汉宁窗函数设计

图 13.1 $N＝21$ 窗函数法设计结果

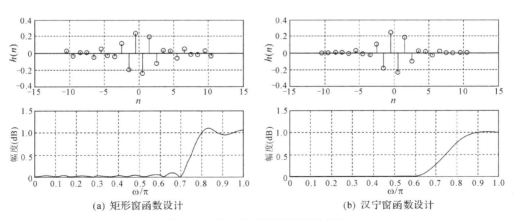

(a) 矩形窗函数设计   (b) 汉宁窗函数设计

图 13.2 $N＝22$ 窗函数法设计结果

【例 13-2】 用矩形窗设计线性相位 FIR 低通滤波器,通带截止频率 $\omega_c = \dfrac{\pi}{4}$,单位冲激响应 $h(n)$ 的长度 $N = 21$,绘出 $h(n)$ 及其幅度、相位响应特性曲线。

解 根据窗函数法设计步骤,可编写 MATLAB 程序为

```
clear;clc;close all
N=21;wc=pi/4;                              %理想低通滤波器参数
n=0:N-1;a=(N-1)/2;                         %时间序列及对称中心
na=n-a+eps*((n-a)==0);                     %时间序列移位
hdn=sin(wc*na)/pi. /na;                    %计算理想低通单位脉冲响应 hd(n)=sin(x)/x
if rem(N,2)~=0 hdn(a+1)=wc/pi;end          %N 为奇数时,处理 n=a 点的 0/0 型
wn1=boxcar(N);                             %调用矩形窗函数,生成矩形窗序列
hn1=hdn. *wn1';                            %加窗截取
figure(1);stem(n,hn1,'.');line([0,20],[0,0]);grid on;   %绘制单位冲激响应 h(n)
xlabel('n'),ylabel('h(n)'),title('矩形窗设计的 h(n)');
hw1=fft(hn1,512);w1=2*[0:511]/512;         %利用 FFT 计算滤波器的频谱
figure(2);
subplot(2,1,1);plot(w1,20*log10(abs(hw1)));grid on;   %绘制滤波器的幅度响应曲线
ylabel('幅度(dB)');title('幅度特性');
subplot(2,1,2);plot(w1,unwrap(angle(hw1)));grid on;   %绘制滤波器的相位响应曲线
xlabel('\omega/\pi');ylabel('相位(度)');title('相位特性');
```

程序运行结果如图 13.3 和图 13.4 所示。

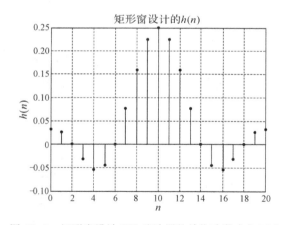

图 13.3 矩形窗设计 FIR 滤波器的单位冲激响应 $h(n)$

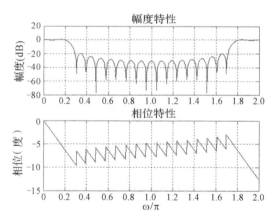

图 13.4 矩形窗设计 FIR 滤波器的频率响应

【例 13-3】 采用矩形窗和海明窗设计一个 FIR 数字低通滤波器,满足指标 $\omega_c = 0.25\pi$,$N = 10$。比较矩形窗长度分别为 $N = 10$、$N = 20$、$N = 50$ 和 $N = 110$ 时滤波器的幅频响应。

解 直接调用 MATLAB 提供的函数命令 fir1 实现,其程序代码如下:

```
clc;clear all;close all;
```

```
%采用窗函数法设计 FIR 低通滤波器
N＝input('滤波器阶次 N＝?')
wc＝0.25;                          %截止频率
h1＝fir1(N,wc,boxcar(N+1));        %采用矩形窗设计
h2＝fir1(N,wc,hamming(N+1));       %采用海明窗设计
M＝128;                            %抽样点数
H1＝freqz(h1,1,M);                 %频率响应
H2＝freqz(h2,1,M);
f＝0:0.5/M:0.5-0.5/M;
plot(f,abs(H1),'--k','LineWidth',2);hold on;
plot(f,abs(H2),'-','LineWidth',2);hold off;
legend('矩形窗','海明窗');grid on;
xlabel('\omega/(2\pi)');ylabel('|H(e^j\omega)|');
axis([0,0.5,0,1.2]);
```

运行该程序,分别输入滤波器阶数,可得到如图 13.5 和图 13.6 所示图形。

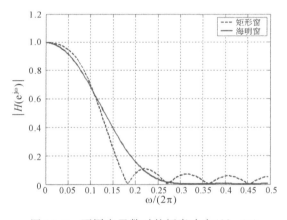

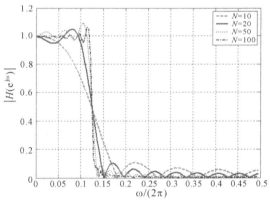

图 13.5　不同窗函数时的幅度响应($N=10$)　　　图 13.6　不同窗宽度(矩形窗)时的幅度响应

从图 13.5 可以看出,海明窗比矩形窗得到的滤波器幅频响应有更低的旁瓣,但主瓣也更宽了。图 13.6 表明,窗口宽度越大,得到的滤波器幅频响应的过渡带越陡峭,旁瓣也得到抑制,有力地减少了频谱泄漏。

【例 13-4】　采用窗函数法设计一个 FIR 数字带通滤波器,满足指标:低端阻带边界频率 $\omega_{s1}=0.2\pi$,高端阻带边界频率 $\omega_{s2}=0.8\pi$,阻带最小衰减为 60dB;低端通带边界频率 $\omega_{p1}=0.35\pi$,高端通带边界频率 $\omega_{p2}=0.65\pi$,通带最大衰减为 1dB。

解　设计指标中要求阻带最小衰减为 60dB,所以选用布莱克曼(Blackman)窗,利用 fir1( )函数实现。MATLAB 程序如下:

```
clc;clear all;close all;
%采用窗函数法设计带通滤波器
ws1＝0.2*pi;ws2＝0.8*pi;            %阻带截止频率
```

```
wp1=0.35 * pi;wp2=0.65 * pi;                    %通带截止频率
tr_width=min((wp1-ws1),(ws2-wp2));             %取最小过渡带
N=ceil(12 * pi/tr_width)+1;                      %求滤波器阶数
wc1=(ws1+wp1)/2;wc2=(ws2+wp2)/2;               %求截止频率
wc=[wc1   wc2];
h=fir1(N,wc/pi,blackman(N+1));                  %采用布莱克曼窗设计
[H,w]=freqz(h,1,1000);                          %求滤波器的频率响应
mag=abs(H);db=20 * log10(mag/max(mag));         %滤波器的幅度响应
subplot(2,1,1);
plot(w/pi,db,'-b','LineWidth',1);               %绘制滤波器幅度响应曲线
xlabel('\omega/\pi');ylabel('幅度(dB)');axis([0,1,-150,10]);grid on;
subplot(2,1,2);
plot(w/pi,w,'-k','LineWidth',1);                %绘制滤波器相位响应曲线
xlabel('\omega/\pi');ylabel('相位(度)');grid on;
```

程序运行所得结果如图 13.7 所示。图中表明设计的带通滤波器完全满足设计指标要求。

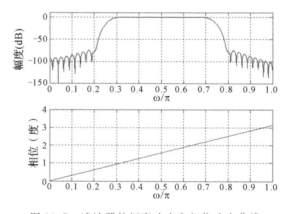

图 13.7　滤波器的幅度响应和相位响应曲线

【例 13-5】　用窗函数设计一个多通带滤波器,归一化的通带是:[0,0.2],[0.4,0.6],[0.8,1.0]。

解　由于高频端为通带,故滤波器的阶数应为偶数,这里取 N=40,MATLAB 程序为

```
clc;clear all;close all;
wc=[0.2,0.4,0.6,0.8];                %设置阻带的范围
h=fir1(40,wc,'dc-1');                %使第一个频带 0<w<0.2 为通带
stem(h,'.');                         %绘制单位冲激响应序列
line([0,45],[0,0]);xlabel('n');ylabel('h(n)');
figure(2);freqz(h);                 %绘制滤波器的幅相频曲线
```

程序运行结果如图 13.8 和图 13.9 所示。

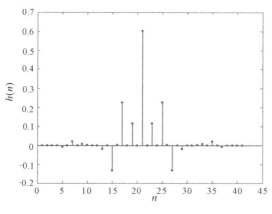

图 13.8　单位冲激响应 $h(n)$

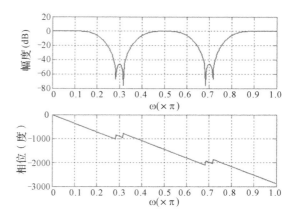

图 13.9　多通带滤波器的频率响应

13.3.3　应用实例

【例 13-6】　用 Hamming 窗设计一数字 FIR 微分器,该滤波器的频率响应要求为

$$H_d(e^{j\omega}) = \begin{cases} j\omega e^{-j\alpha\omega}, & 0 < \omega \leqslant \pi \\ -j\omega e^{-j\alpha\omega}, & -\pi < \omega < 0 \end{cases}$$

画出它的时域和频域响应。

　　解　由滤波器的频率响应要求可得,具有线性相位的理想数字微分器的单位冲激响应为

$$\begin{aligned} h_d(n) &= \frac{1}{2\pi} \int_{-\pi}^{\pi} H_d(e^{j\omega}) e^{j n\omega} d\omega \\ &= \frac{1}{2\pi} \int_{-\pi}^{0} (-j\omega) e^{-j\alpha\omega} e^{j n\omega} d\omega + \frac{1}{2\pi} \int_{0}^{\pi} (j\omega) e^{-j\alpha\omega} e^{j n\omega} d\omega \\ &= \begin{cases} \dfrac{\cos\pi(n-\alpha)}{(n-\alpha)}, & n \neq \alpha \\ 0, & n = \alpha \end{cases} \end{aligned}$$

从 $h_d(n)$ 表达式可以看出,如果所设计滤波器的长度 N 为偶数,那么 $\alpha = \dfrac{N-1}{2}$ 不是整数,$h_d(n)$ 对全部 n 将为零。因此,N 必须是奇数,即所设计的滤波器属于第三类线性相位 FIR 滤波器。由于对第三类滤波器 $H(\pi)=0$,因此,所设计的滤波器一定不是全通带的微分器。下面仅给出 $N=21$ 时的设计结果,其 MATLAB 程序如下:

```
clc;clear;close all
N=21;a=(N-1)/2;n=0:N-1;
hd=cos(pi*(n-a))./(n-a);hd(a+1)=0;       %理想滤波器的单位冲激响应
win=(hamming(N))';                        %调用 hamming 窗函数
hn=hd.*win;                               %窗截取
```

```
[H,w]=freqz(hn);                                    %求滤波器的频率响应
mag=abs(H);db=20 * log10(mag/max(mag));             %求滤波器的幅度响应
subplot(2,1,1);
plot(w/pi,db,'-b',LineWidth',1);                    %绘制滤波器幅度响应曲线
xlabel('\omega/\pi');ylabel('幅度(dB)');grid on;
subplot(2,1,2);
plot(w/pi,w,'-k',LineWidth',1);                     %绘制滤波器相位响应曲线
xlabel('\omega/\pi');ylabel('相位(度)');grid on;
figure(2);
[Hr,W]=zerophase(hn);                               %求振幅响应 H(w)
plot(W/pi,Hr);                                      %绘制振幅响应曲线
xlabel('\omega/\pi');ylabel('振幅响应 H(\omega)');grid on;
```

程序运行结果如图 13.10 和图 13.11 所示。注意:滤波器的幅度响应是指 $|H(\mathrm{e}^{j\omega})|^2$ 随 ω 的变化,振幅响应是指滤波器的幅度函数 $H(\omega)$ 随 ω 的变化。

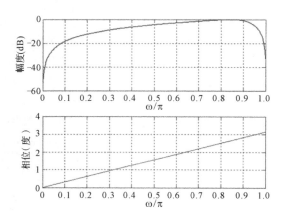

图 13.10　设计滤波器的幅度和相位响应　　　　图 13.11　设计滤波器的振幅响应

【例 13-7】 用 Hanning 窗设计一个长度为 25 的数字希尔伯特变换器。

解　线性相位希尔伯特变换器的理想频率响应为

$$H_d(\mathrm{e}^{j\omega}) = \begin{cases} \mathrm{j}\mathrm{e}^{-j\alpha\omega}, 0 < \omega \leqslant \pi \\ -\mathrm{j}\mathrm{e}^{-j\alpha\omega}, -\pi < \omega < 0 \end{cases}$$

因此,具有线性相位的理想数字希尔伯特变换器的单位冲激响应为

$$h_d(n) = \frac{1}{2\pi}\int_{-\pi}^{\pi} H_d(\mathrm{e}^{j\omega})\mathrm{e}^{j n\omega}\,\mathrm{d}\omega$$

$$= \frac{1}{2\pi}\int_{-\pi}^{0}(-\mathrm{j})\mathrm{e}^{-j\alpha\omega}\mathrm{e}^{j n\omega}\,\mathrm{d}\omega + \frac{1}{2\pi}\int_{0}^{\pi}(\mathrm{j})\mathrm{e}^{-j\alpha\omega}\mathrm{e}^{j n\omega}\,\mathrm{d}\omega$$

$$= \begin{cases} \dfrac{2}{\pi}\,\dfrac{\sin^2\left[\dfrac{\pi(n-\alpha)}{2}\right]}{n-\alpha}, & n \neq \alpha \\ 0, & n = \alpha \end{cases}$$

由于 $N = 25$，因此，所设计的滤波器属于第三类线性相位 FIR 滤波器。MATLAB 程序如下：

```
clc;clear;close all
N=25;alpha=(N−1)/2;n=0：N−1;
hd=(2/pi)*(sin(pi*(n−alpha)/2)).^2./(n−alpha);          %理想滤波器冲激响应
hd(alpha+1)=0;
w_han=(hann(N))';                                       %产生窗序列
h=hd.*w_han;                                            %窗截取
[Hr,w]=Hr_type3(h);figure(1);                           %调用 Hr_type3 函数求振幅响应 H(w)
subplot(2,1,1);stem(n,hd);title('理想冲激响应');          %绘制理想冲激响应
axis([−1,N,−1.2,1.2]);grid on;xlabel('n');ylabel('h−d(n)');
subplot(2,1,2);stem(n,w_han);title('Hanning 窗');        %绘制窗序列
axis([−1,N,0,1.2]);grid on;xlabel('n');ylabel('W(n)');
figure(2);
subplot(2,1,1);stem(n,h);title('实际冲激响应');            %绘制实际冲激响应
axis([−1,N,−1.2,1.2]);grid on;xlabel('n');ylabel('h(n)');
w=w';Hr=Hr';
w=[−fliplr(w),w(2:512)];Hr=[−fliplr(Hr),Hr(2:512)];     %求区间[−π,π]的振幅响应
subplot(2,1,2);plot(w/pi,Hr);title('振幅响应');           %绘制振幅响应
axis([−1,1,−1.1,1.1]);grid on;xlabel('\omega/\pi');ylabel('振幅');
```

程序运行结果如图 13.12 和图 13.13 所示。

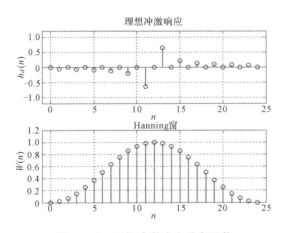

图 13.12　理想冲激响应及窗函数

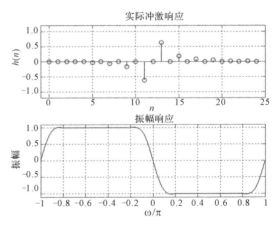

图 13.13　实际冲激响应及振幅响应

【例 13-8】　设 FIR 低通滤波器阶数为 40，截止频率为 200Hz，抽样频率为 $f_s = 1000$Hz。试设计此滤波器并对信号 $x(t) = \sin(2\pi f_1 t) + \sin(2\pi f_2 t)$ 滤波，$f_1 = 50$Hz，$f_2 = 250$Hz，选取滤波器输出的第 81 个抽样点到第 241 个抽样点之间的信号并与对应的输入信号进行比较。

解　由于抽样频率为 1000Hz，所以该滤波器的归一化频率的 1 对应于 Nyquist 频率

500Hz,因此归一化截止频率为$\dfrac{200}{500}$。程序代码如下:

```
clc;clear all;close all;
%设计 FIR 低通滤波器并对信号滤波
N=1000;Fs=1000;                        %样本总数和抽样频率
fc=200;
n=[0:N-1];t=n/Fs;
f1=50;f2=250;
x=sin(2 * pi * f1 * t)+sin(2 * pi * f2 * t);   %输入信号
h=fir1(40,fc * 2/Fs);                  %窗函数法设计滤波器
yfft=fftfilt(h,x,256);                 %对输入信号滤波
n1=81:241;
t1=t(n1);
x1=x(n1);
subplot(2,1,1);plot(t1,x1);grid on;
title('输入信号');
n2=n1-40/2;t2=t(n2);                   %输出信号,扣除了相位延迟 N/2
y2=yfft(n2);
subplot(2,1,2);
plot(t2,y2);
title('输出信号');
grid on;xlabel('时间/s');
```

程序运行结果如图 13.14 所示。可见经过滤波器的滤波,完全滤去了 250Hz 的高频成分,只剩下 50Hz 的低频成分。

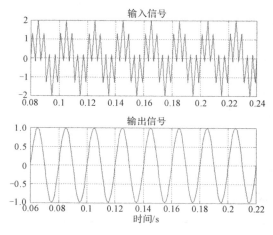

图 13.14　输入信号和输出信号

13.4 实验内容

1.用窗函数法设计一个 FIR 数字低通滤波器。滤波器满足指标:通带边界频率 $f_p=$ 800Hz,阻带边界频率 $f_s=1000$Hz,通带波纹 0.5dB,阻带最小衰减 40dB,抽样频率 $f_c=$ 4000Hz。窗函数类型根据指标要求自行选定。

2.高通滤波器的技术指标为

$$\begin{cases} 0.99 \leqslant |H(e^{j\omega})| \leqslant 1.01, & 0.35\pi \leqslant |\omega| \leqslant 1.35\pi \\ |H(e^{j\omega})| \leqslant 0.01, & 0 \leqslant |\omega| < 0.35\pi, 1.35\pi < |\omega| \leqslant 2\pi \end{cases}$$

试用窗函数法设计一个满足这些技术指标的线性相位 FIR 滤波器。

3.用矩形窗设计线性相位数字带通滤波器,逼近滤波器频率响应 $H_d(e^{j\omega})$ 满足:

$$H_d(e^{j\omega}) = \begin{cases} e^{-j\omega\alpha}, & 0.35\pi \leqslant |\omega| \leqslant 0.65\pi \\ 0, & 0 \leqslant |\omega| < 0.35\pi, 0.65\pi < |\omega| \leqslant \pi \end{cases}$$

13.5 实验要求

1.实验前必须进行充分的预习,熟悉实验内容;

2.实验报告中应简述实验目的和原理;

3.实验报告中应附上实验程序;

4.对设计的 FIR 滤波器幅频特性曲线定性分析,判断设计是否满足要求;

5.总结窗函数法的特点;

6.通过调整窗函数,观察其对滤波特性的影响并分析原因。

FIR 数字滤波器设计——频率抽样法

14.1 实验目的

本实验结合教材中 FIR 数字滤波器设计的教学内容,学习和掌握频率抽样法设计 FIR 数字滤波器的原理和实现过程,学习 MATLAB 设计 FIR 数字滤波器的相关函数的使用,掌握使用 MATLAB 设计 FIR 数字滤波器的过程与方法,通过调整过渡点以及滤波器长度等参数,观察其对滤波特性的影响,从而加深对 FIR 数字滤波器常用指标和设计过程的理解。

14.2 实验原理

14.2.1 设计原理

频率抽样法设计 FIR 数字滤波器的基本思想是,根据频域抽样理论,从频域出发,对理想滤波器的频率响应 $H_d(e^{j\omega})$ 进行抽样,然后利用抽样值 $H_d(k)$ 来实现 FIR 滤波器的设计。也就是说,对待设计的滤波器的频率响应 $H_d(e^{j\omega})$,在 $\omega=0$ 到 $\omega=2\pi$ 之间等间隔抽样 N 点,得到 $H_d(k)$,即

$$H_d(k) = H_d(e^{j\omega})\Big|_{\omega=\frac{2\pi}{N}k}, k=0,1,2,\cdots,N-1 \tag{14-1}$$

再对 N 点 $H_d(k)$ 进行离散傅里叶逆变换(IDFT),得到 $h(n)$,即

$$h(n) = \text{IDFT}[H_d(k)] = \frac{1}{N}\sum_{k=0}^{N-1}H_d(k)W_N^{-nk}, \qquad n=0,1,2,\cdots,N-1 \tag{14-2}$$

将 $h(n)$ 作为所设计的滤波器的单位冲激响应,其系统函数为

$$H(z) = \sum_{n=0}^{N-1}h(n)z^{-n} \tag{14-3}$$

14.2.2 线性相位的约束

由于设计的是线性相位 FIR 数字滤波器,因此抽样值的幅度和相位特性,一定要满足线性相位约束条件。

(1)对于第一类线性相位 FIR 数字滤波器,$h(n)$满足 $h(n)=h(N-1-n)$,N 为奇数。其滤波器的幅度响应和相位响应分别为

$$H(\omega)=H(2\pi-\omega) \tag{14-4}$$

$$\theta(\omega)=-\frac{N-1}{2}\omega \tag{14-5}$$

在 $\omega=0$ 到 $\omega=2\pi$ 之间等间隔抽样 N 点,即 $\omega_k=\frac{2\pi}{N}k$,$k=0,1,2,\cdots,N-1$。将 $\omega=\omega_k$ 代入式(14-4)和式(14-5)可得各抽样点的幅度值和相位值:

$$H(k)=H(N-k),\qquad k=0,1,2,\cdots,N-1 \tag{14-6}$$

$$\theta(k)=-\frac{N-1}{2}\cdot\frac{2\pi}{N}k=-\frac{N-1}{N}\pi k,\qquad k=0,1,2,\cdots,N-1 \tag{14-7}$$

这样频域抽样点为

$$H_d(k)=H(k)\mathrm{e}^{j\theta(k)},\qquad k=0,1,2,\cdots,N-1 \tag{14-8}$$

(2)对于第二类线性相位 FIR 数字滤波器,即 $h(n)$ 满足 $h(n)=h(N-1-n)$,N 为偶数的情况。其约束条件为

$$H(\omega)=-H(2\pi-\omega) \tag{14-9}$$

$$\theta(\omega)=-\frac{N-1}{2}\omega \tag{14-10}$$

因此,在 $\omega=0$ 到 $\omega=2\pi$ 之间等间隔抽样 N 点的幅度值和相位值分别为

$$H(k)=-H(N-k),\qquad k=0,1,2,\cdots,N-1 \tag{14-11}$$

$$\theta(k)=-\frac{N-1}{2}\cdot\frac{2\pi}{N}k=-\frac{N-1}{N}\pi k,\qquad k=0,1,2,\cdots,N-1 \tag{14-12}$$

(3)对于第三类线性相位 FIR 数字滤波器,即 $h(n)$ 满足 $h(n)=-h(N-1-n)$,N 为奇数的情况。在 $\omega=0$ 到 $\omega=2\pi$ 之间等间隔抽样 N 点的幅度值和相位值分别为

$$H(k)=-H(N-k),\qquad k=0,1,2,\cdots,N-1 \tag{14-13}$$

$$\theta(k)=-\frac{N-1}{2}\cdot\frac{2\pi}{N}k+\frac{\pi}{2}=-\frac{N-1}{N}\pi k+\frac{\pi}{2},\qquad k=0,1,2,\cdots,N-1 \tag{14-14}$$

(4)对于第四类线性相位 FIR 数字滤波器,即 $h(n)$ 满足 $h(n)=-h(N-1-n)$,N 为偶数的情况。在 $\omega=0$ 到 $\omega=2\pi$ 之间等间隔抽样 N 点的幅度值和相位值分别为

$$H(k)=H(N-k),\qquad k=0,1,2,\cdots,N-1 \tag{14-15}$$

$$\theta(k)=-\frac{N-1}{2}\cdot\frac{2\pi}{N}k+\frac{\pi}{2}=-\frac{N-1}{N}\pi k+\frac{\pi}{2},\qquad k=0,1,2,\cdots,N-1 \tag{14-16}$$

14.2.3 频率抽样法的设计步骤

通常,利用频率抽样法设计线性相位 FIR 数字滤波器可通过以下几步完成:

①根据理想滤波器的性能指标,计算在通带、阻带中的抽样点数,确定所设计滤波器单位冲激响应 $h(n)$ 的对称性(奇、偶);

②根据单位冲激响应 $h(n)$ 的对称性,计算各抽样的幅度值 $H(k)$ 和相位值 $\theta(k)$;

③利用理想滤波器的频率抽样值 $H_d(k)=H(k)\mathrm{e}^{\mathrm{j}\theta(k)}$,通过离散傅里叶逆变换(IDFT),求所设计滤波器的单位冲激响应 $h(n)=\mathrm{IDFT}[H_d(k)]$;

④利用序列傅里叶变换(DTFT),求所设计滤波器的频率特性 $H(\mathrm{e}^{\mathrm{j}\omega})=\mathrm{DTFT}[h(n)]$,检验其是否满足设计要求。若不满足,可以在通带和阻带交界处安排一个或几个不等于零的抽样过渡点进行优化,重复步骤①、②和③计算处理,直到其满足设计要求为止。

14.3 预习与参考

14.3.1 相关 MATLAB 函数

在 MATLAB 信号处理工具箱中,为频率抽样法设计 FIR 滤波器提供了专用函数命令 fir2。该函数利用频率抽样法,设计任意响应的 FIR 数字滤波器,所得滤波器系数为实数,具有线性相位,且满足偶对称性 $B(k)=B(N+2k),k=1,2,\cdots,N+1$。

$B=\mathrm{fir2}(N,F,A)$:设计一个 N 阶的 FIR 数字滤波器,其频率响应由向量 F 和 A 指定,滤波器的系数(单位冲激响应)返回向量 B 中,长度为 $N+1$。向量 F 和 A 分别指定滤波器的抽样点的频率及其幅值,所期望的滤波器的频率响应可用 $\mathrm{plot}(F,A)$ 绘出(F 为横坐标,A 为纵坐标)。F 中的频率必须在 0.0 到 1.0 之间,1.0 对应于抽样频率的一半。它们必须按递增的顺序从 0.0 开始到 1.0 结束。

$B=\mathrm{fir2}(N,F,A,\mathrm{win})$:用指定的窗函数设计 FIR 数字滤波器,其窗函数包括 Boxcar、Hann、Bartlett、Blackman、Kaiser 以及 Chebwin 等,例如,$B=\mathrm{fir2}(N,F,\mathrm{bartlett}(N+1))$ 使用的是三角窗;$B=\mathrm{fir2}(N,F,M,\mathrm{chebwin}(N+1,R))$ 使用的是切比雪夫窗。缺省情况下,函数 fir2 使用的 Hamming 窗。

注意:对于在 $F_s/2$ 附近增益不为零的滤波器,如高通或带阻滤波器,N 必须为偶数。即使用户定义 N 为奇数,函数 fir2 也会自动对它增加 1。

14.3.2 MATLAB 实现

【例 14-1】 采用频率抽样法设计线性相位低通 FIR 数字滤波器,要求通带截止频率 $\omega_c=0.5\pi$,抽样点数 $N=33$,选用 $h(n)=h(N-1-n)$ 类型。

解 由于选用 $h(n)=h(N-1-n)$ 类型,因此 FIR 滤波器的线性相位关系满足 $\theta(\omega)=-\alpha\omega=-\dfrac{(N-1)\omega}{2}$。又因抽样点数 $N=33$ 为奇数,所以应按第一类相位约束条件构造频域中的抽样值,即构造每个抽样点的幅度值和相位大小。由于抽样的 $|H(k)|$ 是关于 $\omega=\pi$ 对称的,抽样点数 $N=33$,抽样点之间的频率间隔为 $\dfrac{2\pi}{33}$,截止频率为 0.5π,因此,截止频率

抽样点的位置应为 $0.5 \times \dfrac{33}{2} = 8.25 \approx 8$，所以，在 $0 \leqslant \omega \leqslant \pi$ 区域，抽样的 $H(k)$ 的幅度满足：

$$|H(k)| = \begin{cases} 1, 0 \leqslant k \leqslant \mathrm{Int}\left[\dfrac{N\omega_c}{2\pi}\right] = \dfrac{N-1}{4} \\[2mm] 0, \mathrm{Int}\left[\dfrac{N\omega_c}{2\pi}\right] + 1 \leqslant k \leqslant \dfrac{N-1}{2} \end{cases}$$

$$= \begin{cases} 1, 0 \leqslant k \leqslant 8 \\ 0, 9 \leqslant k \leqslant 16 \end{cases}$$

因设计滤波器的相位满足 $\theta(\omega) = -\alpha\omega = -\dfrac{(N-1)\omega}{2}$，单位冲激响应满足偶对称性 $h(n) = h(N-1-n)$。则抽样 $H(k)$ 的相位大小为

$$\theta(k) = \begin{cases} -\dfrac{\pi k(N-1)}{N}, k = 0, 1, \cdots, \dfrac{N-1}{2} \\[2mm] \dfrac{\pi(N-k)(N-1)}{N}, k = \dfrac{N+1}{2}, \dfrac{N+1}{2}, \cdots, N-1 \end{cases}$$

所以，抽样 $H(k)$ 应满足：

$$H(k) = \begin{cases} |H(k)| \, \mathrm{e}^{-\mathrm{j}\pi \frac{k(N-1)}{N}}, k = 0, \cdots, \dfrac{N-1}{2} \\[2mm] |H(k)| \, \mathrm{e}^{\mathrm{j}\pi \frac{(N-k)(N-1)}{N}}, k = \dfrac{N+1}{2}, \cdots, N-1 \end{cases}$$

MATALB 程序代码如下：

```
clc;clear all;close all;
%采用频率抽样法设计低通滤波器
N=33;                                              %抽样点数为奇数
a=(N-1)/2;                                          %线性相位 w=-aw
Hrs=[ones(1,9),zeros(1,16),ones(1,8)];             %抽样点的幅值
k1=0:floor((N-1)/2);k2=floor((N-1)/2)+1:N-1;
angH=[-a*(2*pi)/N*k1,a*(2*pi)/N*(N-k2)];           %抽样点的相位大小
H=Hrs.*exp(j*angH);                                %抽样点
%利用FFT求滤波器的单位冲激响应h(n)=DFT[H(k)]
h=real(ifft(H,N));                                 %计算误差取实部
[H,w]=freqz(h,1,1000);                             %求滤波器的频率响应
mag=abs(H);Hdb=20*log10(mag);                      %幅度响应
%过渡带优化,增加一个过渡点
H1=0.5;                                            %过渡点幅值
Hrs1=[ones(1,9),H1,zeros(1,15),ones(1,8)];         %抽样点的幅值
Hb1=Hrs1.*exp(j*angH);                             %抽样点
%利用FFT求滤波器的单位冲激响应h(n)=DFT[H1(k)]
hb1=real(ifft(Hb1,N));                             %计算误差取实部
[Hb1,w1]=freqz(hb1,1,1000);                        %求滤波器的频率响应
mag1=abs(Hb1);Hdb1=20*log10(mag1);                 %幅度响应
```

```
%画图给出滤波器幅频响应
figure(1);plot(w/pi,Hdb,'——k','LineWidth',1.5);grid on;hold on;
plot(w1/pi,Hdb1,'b','LineWidth',1.5);hold off;
xlabel('\omega/\pi');ylabel('幅度(dB)');legend('N=33','N=33 优化');
%画图给出滤波器相位响应
figure(2);plot(w/pi,w,'——k','LineWidth',1.5);grid on;hold on;
plot(w1/pi,w1,'b','LineWidth',1.5);hold off;
xlabel('\omega/\pi');ylabel('相位');legend('N=33','N=33 优化');
```

程序运行得到如图 14.1 和图 14.2 所示图形。从幅度响应图中可以看出,增加过渡点可以增大阻带衰减,但代价是增加了过渡带宽。相位响应满足线性相位要求。值得注意的是:(1)当抽样点数 N 一定时,过渡抽样点数越多,滤波器过渡带就越宽。这时必须通过加大抽样点数 N,才能使过渡带变窄。但 N 太大会使滤波器成本和计算量增加。通常过渡抽样点数可根据设计指标中的阻带最小衰减来确定。实践表明,过渡抽样点数 $m=1$,阻带最小衰减 $\delta_s=44\sim45$dB;$m=2$,$\delta_s=65\sim75$dB;$m=3$,$\delta_s=85\sim95$dB。(2)抽样点数 N 可由过渡宽度 ΔB 来估算,即 $N\approx\dfrac{(m+1)2\pi}{\Delta B}+1$。

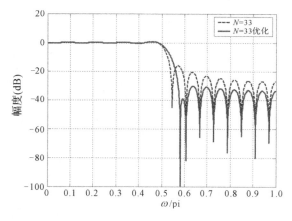

图 14.1　低通 FIR 数字滤波器的幅度响应

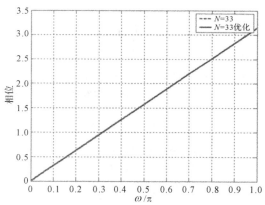

图 14.2　低通 FIR 数字滤波器的相位响应

对例 14-1,也可直接调用 MATLAB 提供的 fir2(　)函数命令实现,其程序如下:

```
clc;clear all;close all;
N=32;                          %fir2 函数设计时,滤波器的单位冲激响应长度为 N+1
F=[0:1/32:1];                  %设置抽样点的频率,抽样频率必须含 0 和 1
A=[ones(1,16),zeros(1,N-15)];  %设置抽样点相应的幅值
h=fir2(N,F,A);                 %调用 fir2 函数求 FIR 的单位冲激响应 h(n)
freqz(h);                      %绘制滤波器的幅、相频曲线
figure(2);stem(h,'.');         %绘制单位冲激响应的实部
line([0,35],[0,0]);xlabel('n');ylabel('h(n)');
```

程序运行结果如图 14.3 和图 14.4 所示。

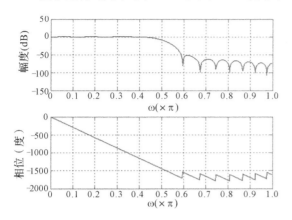

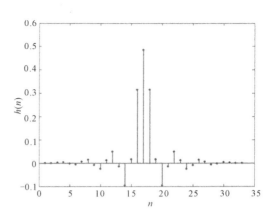

图 14.3　滤波器的频率响应　　　　图 14.4　滤波器的单位冲激响应序列 $h(n)$

【例 14-2】　用频率抽样法设计一个长度为 33 满足以下条件的高通数字滤波器:阻带截止频率 $\omega_s=0.6\pi$,阻带衰减为 50dB;通带截止频率 $\omega_p=0.8\pi$,通带衰减为 1dB。

解　因为滤波器长度 $N=33$,因此所设滤波器属于第一类滤波器。为了增加阻带衰减,增加两个过渡点。这样,根据要求可得抽样点的振幅样本值为

$$H(k)=[\underbrace{0,\cdots,0}_{11},\underbrace{T_1,T_2}_{过渡点},\underbrace{1,\cdots,1}_{8},\underbrace{T_2,T_1}_{过渡点},\underbrace{0,\cdots,0}_{10}]$$

而相位抽样值为

$$\theta(k)=\begin{cases}-\dfrac{32}{33}\pi k, & 0\leqslant k\leqslant16\\[2mm]\dfrac{32}{33}\pi(33-k), & 17\leqslant k\leqslant32\end{cases}$$

过渡点样本的最优值是 $T_1=0.1095$ 和 $T_2=0.5980$。MATLAB 设计程序如下:

```
clc;clear;close all
N=33;a=(N-1)/2;
k=0:N-1;wk=2*pi/N*k;
T1=0.1095;T2=0.5980;                                    %过渡点
Hk=[zeros(1,11),T1,T2,ones(1,8),T2,T1,zeros(1,10)];     %样本振幅
k1=0:floor((N-1)/2);k2=floor((N-1)/2)+1:N-1;
angk=[-(N-1)/N*pi*k1,(N-1)/N*pi*(N-k2)];               %相位样本
H=Hk.*exp(j*angk);
h=real(ifft(H,N));                                      %单位冲激响应
freqz(h);                                               %绘制滤波器的幅、相频曲线
figure(2);stem(h,'.');                                  %绘制单位冲激响应
line([0,35],[0,0]);xlabel('n');ylabel('h(n)');grid on;
```

程序运行结果如图 14.5 和图 14.6 所示。

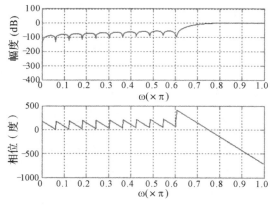

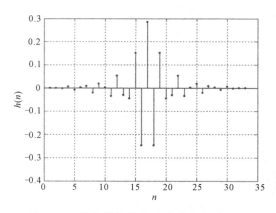

图 14.5　滤波器的频率响应　　　　图 14.6　滤波器的单位冲激响应序列 $h(n)$

【例 14-3】　用频率抽样法设计一个线性相位 FIR 带通滤波器,设 $N=22$,理想频率特性为 $|H_d(\text{e}^{\text{j}\omega})| = \begin{cases} 1, 0.2\pi \leqslant \omega \leqslant 0.4\pi \\ 0, 其他 \end{cases}$。

解　由于 $N=22$,所以只能是第二类型线性相位滤波器。频率间隔为 $\Delta\omega = \dfrac{2\pi}{22} = \dfrac{\pi}{11}$,因此将 FIR 频率特性离散化为

$$\theta_k = -\frac{N-1}{2}\Delta\omega k = -\frac{N-1}{2} \cdot \frac{2\pi}{N}k = -\frac{21}{22}\pi k$$

而上边界频率

$$2 \times \frac{2\pi}{22} < \omega_{c1} = 0.2\pi = 2.2 \times \frac{2\pi}{22} < 3 \times \frac{2\pi}{22}(k\ 在\ 2、3\ 之间)$$

下边界频率

$$4 \times \frac{2\pi}{22} < \omega_{c2} = 0.4\pi = 4.4 \times \frac{2\pi}{22} < 5 \times \frac{2\pi}{22}(k\ 在\ 4、5\ 之间)$$

由于 $H(k) = -H(N-k)$,所以各抽样点为

$$H_d(k) = H_k\text{e}^{\text{j}\theta_k} = \begin{cases} \text{e}^{-\text{j}\frac{21}{22}\pi k} & k=3,4 \\ -\text{e}^{-\text{j}\frac{21}{22}\pi k} & k=18,19 \\ 0 & 其他 \end{cases}$$

MATLAB 程序为

```
clc;clear;close all;
N=22;                              %抽样点数
alpha=(N-1)/2;                     %线性相位 w=-aw
Hk=[zeros(1,3),ones(1,2),zeros(1,13),-1*ones(1,2),zeros(1,2)];    %抽样点的幅值
k=0:N-1;wk=-2*pi*alpha/N*k;        %抽样点相位大小
H=Hk.*exp(j*wk);                   %抽样点
%利用 FFT 求滤波器的单位冲激响应 h(n)=DFT[H(k)]
```

```
h＝real(ifft(H,N));                       ％计算误差取实部
[H,w]＝freqz(h);                          ％求滤波器的频率响应
magH＝abs(H);Hdb＝20＊log10(magH);         ％幅度响应
subplot(2,1,1);                           ％绘制滤波器幅度响应
plot(w/pi,Hdb,'-k','LineWidth',1);
grid on;xlabel('\omega/\pi');ylabel('幅度/dB');
subplot(2,1,2);                           ％绘制滤波器相位响应
plot(w/pi,w,'--b','LineWidth',1);
grid on;xlabel('\omega/\pi');ylabel('相位');
figure(2);stem(h,'.');                    ％绘制单位冲激响应
line([0,25],[0,0]);xlabel('n');ylabel('h(n)');grid on;
```

程序运行结果如图 14.7、图 14.8 所示。

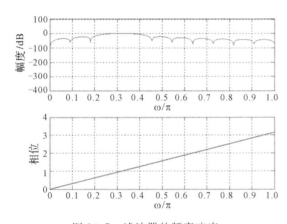

图 14.7　滤波器的频率响应

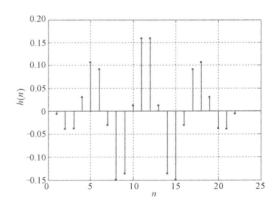

图 14.8　滤波器的单位冲激响应序列 $h(n)$

对本例也可直接调用 MATLAB 提供的 fir2(　)函数命令实现,其程序如下:

```
clc;clear all;close all;
N＝21;
F＝[0:1/100:1];                           ％在 0～1 间抽取 101 点,即频率抽样间隔为 0.01
A＝[zeros(1,20),ones(1,20),zeros(1,101－40)];   ％设置抽样点相应的幅值
h＝fir2(N,F,A);                           ％调用 fir2 函数,注意 N 的取值
freqz(h);                                 ％绘制滤波器的幅相频曲线
figure(2);stem(h,'.');                    ％绘制单位冲激响应的实部
line([0,25],[0,0]);xlabel('n');ylabel('h(n)');grid on;
```

该程序运行结果如图 14.9、图 14.10 所示。

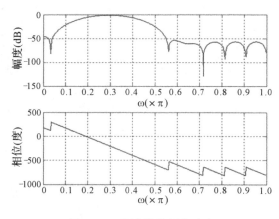

图 14.9　滤波器的频率响应

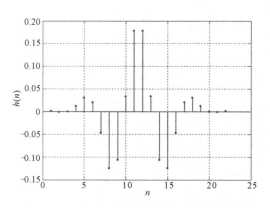

图 14.10　滤波器的单位冲激响应序列 $h(n)$

【例 14-4】　试用 fir2 设计一个 38 阶的多带 FIR 滤波器,其频率特性为

$$
|H(e^{j\omega})| =
\begin{cases}
1, & 0 \leqslant \omega \leqslant 0.4\pi \\
0, & 0.4\pi < \omega \leqslant 0.6\pi \\
0.5, & 0.6\pi < \omega \leqslant 0.7\pi \\
0, & 0.7\pi < \omega \leqslant 0.8\pi \\
1, & 0.8\pi < \omega \leqslant \pi
\end{cases}
$$

解　直接调用 fir2( )函数命令实现,其 MATLAB 源程序如下:

```
clc;clear;close all;
%设频率抽样间隔为 0.002,即在 0~1 间抽取 501 点
f=0:0.002:1;                     %设置抽样点的频率
%设置各抽样点相应的幅值
m(1:201)=1;                      %通带 1 各抽样点相应的幅值
m(202:301)=0;                    %阻带 1 各抽样点相应的幅值
m(302:351)=0.5;                  %通带 2 各抽样点相应的幅值
m(352:401)=0;                    %阻带 2 各抽样点相应的幅值
m(402:501)=1;                    %通带 3 各抽样点相应的幅值
h=fir2(38,f,m);                  %调用 fir2 函数
[H,w1]=freqz(h);                 %求滤波器的频率响应
plot(f,m,'k:');hold on;          %绘制理想幅度响应曲线
w1=w1./pi;                       %频率归一化
plot(w1,abs(H));legend('理想滤波器','设计滤波器');
xlabel('归一化频率');ylabel('幅度');
figure(2);plot(w1,w1*pi,'k——');  %绘制相位响应
grid on;xlabel('\omega/\pi');ylabel('相位');
```

该程序运行结果如图 14.11 和图 14.12 所示。

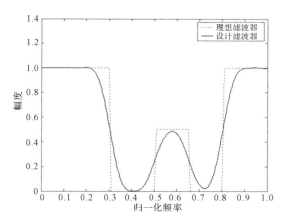

图 14.11　理想滤波器与设计的滤波器

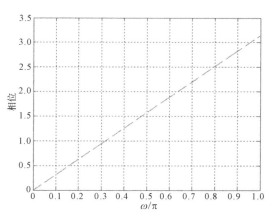

图 14.12　设计滤波器的相位响应

14.3.3　应用实例

【例 14-5】　利用频率抽样法设计一个 51 点的数字希尔伯特变换器。

解　由于线性相位希尔伯特变换器的理想频率响应为

$$H_d(\mathrm{e}^{\mathrm{j}\omega}) = \begin{cases} -\mathrm{je}^{-\mathrm{j}\alpha\omega}, & 0 < \omega \leqslant \pi \\ +\mathrm{je}^{-\mathrm{j}\alpha\omega}, & -\pi < \omega < 0 \end{cases}$$

因此,抽样的振幅响应的标本为

$$\mathrm{j}H(k) = \begin{cases} -\mathrm{j}, & k = 1, 2, \cdots, \alpha \\ 0, & k = 1 \\ \mathrm{j}, & k = \alpha+1, \alpha+2, \cdots, N-1 \end{cases}$$

由于所设计的滤波器属于第三类型线性相位滤波器,振幅响应在 $\omega = \pi\alpha$ 处一定为零。因此,为了降低波纹应该在靠近 $\omega = \pi$,位于 0 和 j 之间最优地选取两个过渡点。

MATLAB 程序如下:

```
clc;clear;close all
N=51;a=(N-1)/2;
k=0:N-1;wk=2*pi/N*k;
k1=0:floor((N-1)/2);k2=floor((N-1)/2)+1:N-1;
T=0.39j;                      %过渡点大小
Hk=[0,-j*ones(1,(N-3)/2),-1*T,1*T,j*ones(1,(N-3)/2)];%样本振幅
angk=[-(N-1)/N*pi*k1,(N-1)/N*pi*(N-k2)];              %样本相位
H=Hk.*exp(j*angk);
h=real(ifft(H,N));            %单位冲激响应
freqz(h);                     %求滤波器的频率响应
subplot(2,1,1);              %绘制滤波器幅度响应曲线
xlabel('\omega/\pi');ylabel('幅度(dB)');
subplot(2,1,2);              %绘制滤波器相位响应曲线
```

xlabel('\omega/\pi');ylabel('相位(度)');

figure(2);

[Hr,W]=Hr_type3(h);　　　　　　　%调用 Hr_type3 函数求振幅响应 H(w)

W=W';Hr=Hr';　　　　　　　　　　%绘制(−π,π)之间的振幅响应 H(w)

W=[−fliplr(W),W(2:501)];

Hr=[−fliplr(Hr),Hr(2:501)];

plot(W/pi,Hr);

xlabel('\omega/\pi');ylabel('振幅响应 H(\omega)');grid on;

程序运行结果如图 14.13 和图 14.14 所示。

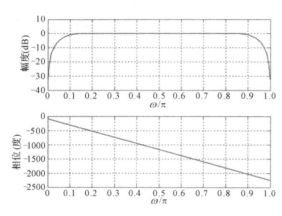

图 14.13　设计滤波器的幅度和相位响应　　　　　图 14.14　设计滤波器的振幅响应

【例 14-6】 用频率抽样法设计一个 0 的数字 FIR 微分器,该滤波器的频率响应要求为

$$H_d(e^{j\omega}) = \begin{cases} j\omega e^{-j\alpha\omega}, & 0 < \omega \leqslant \pi \\ -j\omega e^{-j\alpha\omega}, & -\pi < \omega < 0 \end{cases}$$

画出它的时域和频域响应。

解　理想滤波器的振幅响应抽样为

$$jH(k) = \begin{cases} +j\dfrac{2\pi}{N}k, & k=0,1,\cdots,\left\lfloor\dfrac{N-1}{2}\right\rfloor \\ -j\dfrac{2\pi}{N}(N-k), & k=\left\lfloor\dfrac{N-1}{2}\right\rfloor+1,\left\lfloor\dfrac{N-1}{2}\right\rfloor+2,\cdots,N-1 \end{cases}$$

对线性相位来说,相位抽样为

$$\theta(k) = \begin{cases} -\dfrac{N-1}{N}\pi k, & k=0,1,\cdots,\left\lfloor\dfrac{N-1}{2}\right\rfloor \\ +j\dfrac{N-1}{N}\pi(N-k), & k=\left\lfloor\dfrac{N-1}{2}\right\rfloor+1,\left\lfloor\dfrac{N-1}{2}\right\rfloor+2,\cdots,N-1 \end{cases}$$

因此,理想滤波器的频率抽样为:$H_d(k) = jH(k)e^{j\theta(k)}$。

MATLAB 程序如下:

```
clc;clear;close all
N=33;alpha=(N-1)/2;
Dw=2*pi/N;k=0:N-1;w1=Dw*k;
k1=0:floor((N-1)/2);k2=floor((N-1)/2)+1:N-1;
Hrs=[j*Dw*k1,-j*Dw*(N-k2)];                    %幅度样本
angH=[-alpha*Dw*k1,alpha*Dw*(N-k2)];           %相位样本
H=Hrs.*exp(j*angH);
h=real(ifft(H,N));
freqz(h);                                       %求滤波器的频率响应
subplot(2,1,1);                                 %绘制滤波器幅度响应曲线
xlabel('\omega/\pi');ylabel('幅度(dB)');
subplot(2,1,2);                                 %绘制滤波器相位响应曲线
xlabel('\omega/\pi');ylabel('相位(度)');
figure(2);
[Hr,ww]=Hr_type3(h);                            %求振幅响应
subplot(2,1,1);plot(ww/pi,Hr);
grid on;xlabel('\omega/\pi');ylabel('幅度');hold on
plot((2*k1/N),imag(Hrs(1,k1+1)),'-o');          %绘制幅度抽样点
hold off;
subplot(2,1,2);stem(h,'o');                     %绘制单位冲激响应
line([0,35],[0,0]);grid on;xlabel('n');ylabel('h(n)');
```

程序运行结果如图 14.15 和图 14.16 所示。

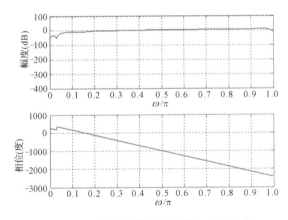

图 14.15 设计滤波器的幅度和相位响应

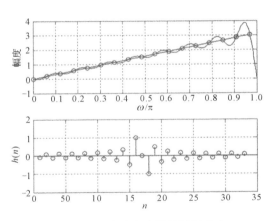

图 14.16 设计滤波器的振幅响应
及单位冲激响应

14.4　实验内容

1.用频率抽样法设计一个 FIR 数字低通滤波器。滤波器满足指标:通带边界频率 $f_c=$ 800Hz,阻带边界频率 $f_s=1000$Hz,通带波纹 0.5dB,阻带最小衰减 40dB,抽样频率 $f_s=$ 4000Hz。若分别设置 0 个、1 个和 2 个过渡点,比较设计所得到的滤波器幅频响应曲线。

2.用频率抽样法设计一线性相位高通滤波器,通带边界频率 $\omega_p=\dfrac{3\pi}{4}$,边沿上设一过渡抽样点 $|H(k)|=0.39$,求在 $N=33$ 及 $N=34$ 时的抽样值 $H(k)$,比较设计所得到的滤波器幅频响应曲线。

3.用频率抽样法设计一个线性相位低通 FIR,逼近通带截止频率 $\omega_c=\dfrac{\pi}{4}$rad 的理想低通滤波器,要求过渡带宽度为 $\dfrac{\pi}{8}$rad,阻带最小衰减为 45dB。确定过渡带抽样点个 m 和滤波器长度 N,求出频域抽样序列 $H(k)$ 和单位冲激响应 $h(n)$,并绘制所设计的单位冲激响应 $h(n)$ 及其幅度频率特性曲线。如果将技术指标改为过渡带宽为 $\dfrac{\pi}{32}$rad,阻带最小衰减为 60dB,确定过渡带抽样点个数 m 和滤波器长度 N。

14.5　实验要求

1.实验前必须进行充分的预习,熟悉实验内容;
2.实验报告中应简述实验目的和原理;
3.实验报告中应附上实验程序;
4.对设计的 FIR 滤波器幅频特性曲线进行定性分析,判断设计是否满足要求;
5.总结频率抽样法的特点;
6.通过增加过渡点数以及滤波器长度,观察其对滤波特性的影响并分析原因。

多抽样率信号处理

15.1 实验目的

本实验结合理论教材的教学内容,学习并掌握降抽样率与理想抽取器原理、升抽样率与理想内插器原理、有理数倍抽样率转换、抽取与内插的频域特征等多抽样率信号处理基础知识。

15.2 实验原理

离散序列的抽取与内插是多抽样率系统中的基本运算,抽取运算将降低信号的抽样频率,内插运算将提高信号的抽样频率。

15.2.1 抽　取

对离散信号 $x(n)$ 按整数因子抽取的功能就是降低抽样率。

1. 直接抽取

对信号 $x(n)$ 抽样率降低整数 M 倍的抽取过程为

$$x_D(n) = x(Mn) \tag{15-1}$$

保留下标为 M 整数倍的样本点,而去除两个样本之间的 $M-1$ 个样本点。若设原离散信号 $x(n)$ 的抽样周期为 T,经 M 倍抽取后的信号 $x_D(n)$ 的抽样周期为 T',则 T 与 T' 之间满足

$$T' = MT \tag{15-2}$$

原有的抽样频率 f_s 与抽取后新的抽样频率 f_s' 的关系为

$$f_s' = \frac{1}{T'} = \frac{1}{MT} = \frac{f_s}{M} \tag{15-3}$$

抽样率降低的过程又称为下抽样或降抽样。

数字信号抽取后的频谱与抽取前的频谱之间的关系为

$$X_D(\mathrm{e}^{\mathrm{j}\omega}) = \frac{1}{M}\sum_{l=0}^{M-1} X(\mathrm{e}^{\mathrm{j}\frac{\omega - 2\pi i}{M}}) \tag{15-4}$$

即抽取后的信号频谱是 M 个频段信号混叠在一起的结果。

2.滤波抽取

在降低抽样率过程中,会产生混叠加。因此,为了避免抽取序列的频谱发生混叠,在信号抽取前利用低通滤波器对信号进行滤波,如图 15.1 所示。

理想低通滤波器频率响应为

$$H(\mathrm{e}^{\mathrm{j}\omega}) = \begin{cases} 1, & |\omega| \leqslant \dfrac{\pi}{M} \\ 0, & \dfrac{\pi}{M} < |\omega| \leqslant \pi \end{cases} \tag{15-5}$$

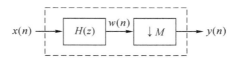

图 15.1　滤波抽取系统

15.2.2　内　插

对离散信号 $x(n)$ 按整数因子内插的功能就是提高抽样率。

1.直接内插零

在信号 $x(n)$ 的每对抽样值间插入 $L-1$ 个零值,使得抽样率提高 L 倍,即

$$x_I(n) = \begin{cases} x\left(\dfrac{n}{L}\right), & n = 0, \pm L, \pm 2L, \cdots \\ 0, & \text{其他} \end{cases} \tag{15-6}$$

如果内插前 $x(n)$ 的抽样周期为 T,则插零后序列的抽样周期为

$$T' = \frac{T}{L} \tag{15-7}$$

而新的抽样率为

$$f' = Lf_s \tag{15-8}$$

抽样率提高的过程又称为上抽样或升抽样。

若设 $X_I(\mathrm{e}^{\mathrm{j}\omega})$ 为内插后信号的频谱,则其与内插前信号频谱 $X(\mathrm{e}^{\mathrm{j}\omega})$ 的关系为

$$X_I(\mathrm{e}^{\mathrm{j}\omega}) = X(\mathrm{e}^{\mathrm{j}\omega L}) \tag{15-9}$$

式(15-9)表明内插后序列的频谱 $X_I(\mathrm{e}^{\mathrm{j}\omega})$ 是原序列频谱 $X(\mathrm{e}^{\mathrm{j}\omega})$ 的 L 倍压缩,其频谱成分中不仅包含基带频率 $\left(\text{从} -\dfrac{\pi}{L} \text{到} \dfrac{\pi}{L}\right)$,而且包含以原始抽样频率的谐波 $\pm\dfrac{2\pi}{L}, \pm\dfrac{4\pi}{L}, \cdots$ 为中心的基带的镜像。

2. 滤波内插

信号的内插虽然不会引起频谱的混叠,但会产生镜像频谱。为了消除这些镜像频谱,可将内插后的信号通过低通滤波器,如图 15.2 所示,即首先在信号 $x(n)$ 的每对抽样值间插入 $L-1$ 个零值,然后,通过一个低通滤波器进行平滑处理。

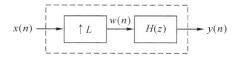

图 15.2 L 倍内插滤波系统

该低通滤波器的理想频率响应为

$$H(\mathrm{e}^{\mathrm{j}\omega}) = \begin{cases} G, & |\omega| \leqslant \dfrac{\pi}{L} \\ 0, & 其他 \end{cases} \tag{15-10}$$

这样,该滤波器可以滤除内插信号频谱中的镜像频谱,仅保留 $\left[-\dfrac{\pi}{L}, \dfrac{\pi}{L}\right]$ 范围内的频谱。

15.2.3 有理数倍抽样率转换

给定信号 $x(n)$,若希望将抽样率转变为任意有理数 L/M,可以通过把 M 倍抽取和 L 倍内插结合起来得到。一种方法是,先做 M 倍的抽取,再做 L 倍的内插;另一种方法是,先做 L 倍的内插,再做 M 倍的抽取。通常选用后者,如图 15.3(a)所示。这是因为先抽取会使 $x(n)$ 的数据点减少,会产生信息的丢失,并且可能产生频率响应的混叠失真。新系统输出信号的抽样率为

$$f_s' = \frac{Lf_s}{M} \tag{15-11}$$

图 15.3(b)中数字低通滤波器 $h(n) = h_I(n) * h_D(n)$ 是将内插抗镜像低通滤波器 $h_I(n)$ 和抽取抗混叠低通滤波器 $h_D(n)$ 合并为一个的结果,如图 15.3(a)所示,两个级联的低通滤波器 $h_I(n)$ 和 $h_D(n)$ 工作在同一抽样频率之下,其大小为 Lf_s。由于此滤波器同时用作内插

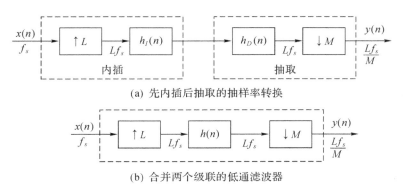

(a) 先内插后抽取的抽样率转换

(b) 合并两个级联的低通滤波器

图 15.3 有理数倍 L/M 抽样率转换系统

和抽取的运算,因而,它的理想频率响应为

$$H(e^{j\omega}) = \begin{cases} L, & |\omega| \leqslant \min\left\{\dfrac{\pi}{L}, \dfrac{\pi}{M}\right\} \\ 0, & \text{其他} \end{cases} \tag{15-12}$$

15.3　预习与参考

15.3.1　相关 MATLAB 函数

1.降抽样和抽取函数

$[y]=\text{downsample}(x,D)$(或$[y]=\text{downsample}(x,D,\text{phase})$):将输入数组 x 降抽样到输出数组 y,从第 1 个样本开始每隔 D 个样本操作一次。待选的第 3 个参数"phase"指定样本偏移,它必须是在 0 和$(D-1)$之间的某个整数。

$y=\text{decimate}(x,D)$:实现对输入数组 x 以原始抽样率的 $1/D$ 倍抽取,得到的重抽样数组 y 的长度要比数组 x 短 D 倍。由于在 MATLAB 中实现理想抽取器中的理想低通滤波器是不可能的,函数 decimate 默认采用截止频率为$0.8\pi/D$的 8 阶切比雪夫 I 型低通滤波器。

上述两个函数的差别在于,函数 decimate 命令先将输入数组 x 通过一个低通滤波器,再降抽样。而函数 downsample 命令没有先低通滤波,只对信号降抽样。

2.升抽样和内插函数

$[y]=\text{upsample}(x,I)$(或$[y]=\text{upsample}(x,I,\text{phase})$):将输入数组 x 升抽样到输出数组 y,即在输入样本之间插入$(I-1)$个零值。待选的第 3 个参数"phase"指定样本偏移,它必须是在 0 和$(I-1)$之间的某个整数。

$[y,h]=\text{interp}(x,I)$(或$[y,h]=\text{interp}(x,I,L,\text{cutoff})$):实现对输入数组 x 以原始抽样率的 I 内插,得到的重抽样数组 y 的长度是原数组 x 的 I 倍。由于在 MATLAB 中实现理想内插器中的理想低通滤波器是不可能的,函数 interp 命令采用一个对称的滤波器脉冲响应来近似。该滤波器是内部设计的,能使原样本通过不受改变,并且在样本之间进行内插,使得内插值和它们的理想值之间的均方误差最小。输出的第 2 个参数 h 给出了该低通滤波器的单位脉冲响应。输入的第 3 个可选参数 L 指定对称滤波器长度为 $2 \times L \times I + 1$,第 4 个可选参数 cutoff 指定输入信号以 π 为单位的截止频率。

上述两个函数的区别在于,函数 interp 命令先对输入数组 x 升抽样,然后通过了一个低通滤波器实现样本内插。而函数 upsample 命令只对信号升抽样,没有采用低通滤波器。

3.有理数倍抽样率转换函数

$[y,h]=\text{resample}(x,I,D)$:实现将数组 x 中的信号以 I/D 倍原抽样率的抽样率重新抽样,所得重抽样序列 y 要长 I/D 倍。这个函数通过内部利用凯塞(Kaiser)窗设计的一个

FIR 滤波器 h 对抗混叠理想低通滤波器的近似,同时也对这个滤波器的延迟进行补偿。

15.3.2 MATLAB 实现

1. 信号抽取

抽取中要求的基本运算是将高抽样率的信号 $x(n)$ 降抽样到一个低抽样率信号 $y(m)$。

【例 15-1】 验证降抽样器是时变的。设 $x(n)=\{1,2,3,4,3,2,1\}$,抽取因子 $D=2$。

解 程序代码如下:

```
clc;clear all;close all;
D=2;                                %抽取因子
x_n=[1,2,3,4,3,2,1];
y=downsample(x_n,D);
x_n_delay1=[0,1,2,3,4,3,2,1];      %将 x(n)延时一个样本得到 x(n-1)
y2=downsample(x_n_delay1,D);
%画图比较
N=length(x_n);n=1:N;
figure;
subplot(2,2,1);stem(n,x_n,'fill');grid on;
xlabel('样本');ylabel('幅度');title('x(n)');
axis([1,N,0,5]);
subplot(2,2,2);stem(y,'fill');grid on;
xlabel('样本');ylabel('幅度');title('y(n)=x(2n)');
subplot(2,2,3);stem(n,x_n_delay1(1:N),'fill');grid on;
xlabel('样本');ylabel('幅度');title('x(n-1)');
axis([1,N,0,5]);
subplot(2,2,4);stem(y2,'fill');grid on;
xlabel('样本');ylabel('幅度');title('y2(n)=x(2(n-1))');
```

该程序运行得到如图 15.4 所示结果。从图 15.4 可以看出,$y2(n)\neq y(n-1)$,因此,降抽样器具有时变性。

【例 15-2】 令 $x(n)=\cos(0.125\pi n)$,产生一个大的 $x(n)$ 的样本数,然后分别利用抽取因子 $D=2$、4 和 8 对它抽取,给出抽取结果。

解 程序代码如下:

```
clc;clear all;close all;
%原始信号
n=0:2048;x=cos(0.125*pi*n);
k1=256;k2=k1+32;
m=0:(k2-k1);              %取信号中的一段输出,以避免端头效应
```

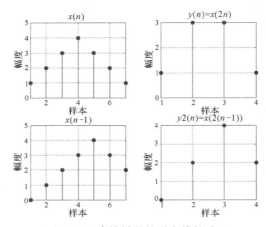

图 15.4　降抽样器的时变特性验证

```
subplot(2,2,1);
stem(m,x(m+k1+1),'filled');
axis([-1,33,-1.1,1.1]);
xlabel('n');ylabel('幅度');title('原始信号');
set(gca,'xtick',[0,16,32]);
set(gca,'ytick',[-1,0,1]);
%按 2 倍抽取
D=2;
y=decimate(x,D);
subplot(2,2,2);
stem(m,y(m+k1/D+1),'filled');
axis([-1,33,-1.1,1.1]);
xlabel('n');ylabel('幅度');title('2 倍抽取信号');
set(gca,'xtick',[0,16,32]);
set(gca,'ytick',[-1,0,1]);
%按 4 倍抽取
D=4;
y=decimate(x,D);
subplot(2,2,3);
stem(m,y(m+k1/D+1),'filled');
axis([-1,33,-1.1,1.1]);
xlabel('n');ylabel('幅度');title('4 倍抽取信号');
set(gca,'xtick',[0,16,32]);
set(gca,'ytick',[-1,0,1]);
%按 8 倍抽取
D=8;
y=decimate(x,D);
subplot(2,2,4);
```

```
stem(m,y(m+k1/D+1),'filled');
axis([-1,33,-1.1,1.1]);
xlabel('n');ylabel('幅度');title('8 倍抽取信号');
set(gca,'xtick',[0,16,32]);
set(gca,'ytick',[-1,0,1]);
```

该程序运行得到如图 15.5 所示图形。

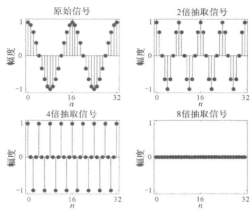

图 15.5 原始信号与抽取信号

从图 15.5 可看出,对于 $D=2$ 和 $D=4$,抽取序列是正确的,并在较低的抽样率下代表了原始序列 $x(n)$。然而,对于 $D=8$,得到的抽取序列几乎都是零。这是因为在降抽样之前,函数 decimate（ ）命令采用的低通滤波器已经对 $x(n)$ 进行了滤波处理,该默认低通滤波器的截止频率是 $0.8\pi/D=0.1\pi$,将原始信号频率 0.125π 滤掉了。

2. 信号内插

【例 15-3】 令 $x(n)=\cos(\pi n)$,产生 $x(n)$ 的样本并分别利用内插因子 $I=2$、4 和 8 对它进行内插,给出内插结果。

解 MATLAB 程序代码如下:

```
clc;clear all;close all;
%原始信号
n=0:256;x=cos(pi*n);
k1=64;k2=k1+32;
m=0:(k2-k1);              %取信号中的一段输出,以避免端头效应
subplot(2,2,1);
stem(m,x(m+k1+1),'filled');
axis([-1,33,-1.1,1.1]);
xlabel('n');
ylabel('幅度');title('原始信号');
```

```
set(gca,'xtick',[0,16,32]);
set(gca,'ytick',[-1,0,1]);
%按 2 倍内插
I=2;
y=interp(x,I);
subplot(2,2,2);
stem(m,y(m+k1*I+1),'filled');
axis([-1,33,-1.1,1.1]);
xlabel('n');
ylabel('幅度');title('2 倍内插信号');
set(gca,'xtick',[0,16,32]);
set(gca,'ytick',[-1,0,1]);
%按 4 倍内插
I=4;
y=interp(x,I);
subplot(2,2,3);
stem(m,y(m+k1*I+1),'filled');
axis([-1,33,-1.1,1.1]);
xlabel('n');
ylabel('幅度');title('4 倍内插信号');
set(gca,'xtick',[0,16,32]);
set(gca,'ytick',[-1,0,1]);
%按 8 倍内插
I=8;
y=interp(x,I);
subplot(2,2,4);
stem(m,y(m+k1*I+1),'filled');
axis([-1,33,-1.1,1.1]);
xlabel('n');
ylabel('幅度');title('8 倍内插信号');
set(gca,'xtick',[0,16,32]);
set(gca,'ytick',[-1,0,1]);
```

该程序运行得到如图 15.6 所示图形。由图可见,三个 I 值对应的内插序列都是合适的,并代表了在较高抽样率下的原正弦信号 $x(n)$。

3. 信号按有理因子的抽样率转换

抽样率按有理因子 I/D 转换需要先实施 I 倍内插,然后再按因子 D 抽取,这样可以保留所期望的输入信号 $x(n)$ 的频谱特性。

【例 15-4】 令 $x(n)=\cos(0.125\pi n)$,按照 $\frac{3}{2}$、$\frac{3}{4}$ 和 $\frac{5}{8}$ 改变其抽样率,给出结果。

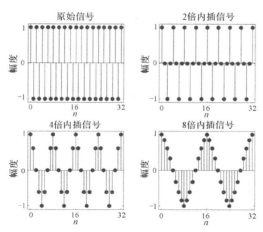

图 15.6 原始信号与内插信号

解 MATLAB 程序代码如下：

```
clc;clear all;close all;
%原始信号
n=0:2048;x=cos(0.125 * pi * n);
k1=256;k2=k1+32;
m=0:(k2-k1);              %取信号中的一段输出,以避免端头效应
subplot(2,2,1);
stem(m,x(m+k1+1),'filled');
axis([-1,33,-1.1,1.1]);
xlabel('n');
ylabel('幅度');title('原始信号');
set(gca,'xtick',[0,16,32]);
set(gca,'ytick',[-1,0,1]);
%3/2 倍重抽样
D=2;I=3;
y=resample(x,I,D);
subplot(2,2,2);
stem(m,y(m+k1 * I/D+1),'filled');
axis([-1,33,-1.1,1.1]);
xlabel('n');
ylabel('幅度');title('3/2 倍抽取信号');
set(gca,'xtick',[0,16,32]);
set(gca,'ytick',[-1,0,1]);
%3/4 倍重抽样
D=4;I=3;
y=resample(x,I,D);
subplot(2,2,3);
```

```
stem(m,y(m+k1 * I/D+1),'filled');
axis([-1,33,-1.1,1.1]);
xlabel('n');
ylabel('幅度');title('3/4 倍抽取信号');
set(gca,'xtick',[0,16,32]);
set(gca,'ytick',[-1,0,1]);
%5/8 倍重抽样
D=8;I=5;
y=resample(x,I,D);
subplot(2,2,4);
stem(m,y(m+k1 * I/D+1),'filled');
axis([-1,33,-1.1,1.1]);
xlabel('n');
ylabel('幅度');title('5/8 倍抽取信号');
set(gca,'xtick',[0,16,32]);
set(gca,'ytick',[-1,0,1]);
```

该程序运行得到如图 15.7 所示图形。原信号 $x(n)$ 在余弦波的一个周期内有 16 个样本。因为第 1 个抽样率按 3/2 转换是大于 1 的,所以总效果是对 $x(n)$ 内插,所得信号在一个周期内有 $16 * 3/2 = 24$ 个样本。其余两个抽样率转换因子都小于 1,总的效果是对 $x(n)$ 抽取,所得信号在每个周期分别为 12 和 10 个样本。

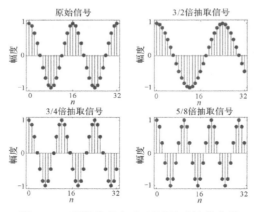

图 15.7　原始信号与有理因子重抽样信号

4. 抽取与内插的频域特性

【**例 15-5**】　编写程序对一个时域有限长且频域有限带宽的输入序列分别进行 3 倍内插与抽取,分析原输入序列与内插和抽取后序列的频谱变化。

解　MATLAB 程序代码如下:

```
% 分析抽取与内插对频谱的影响
clear;close all
```

```
freq=[0,0.45,0.5,1];
mag=[0,1,0,0];
x=fir2(99,freq,mag);          %利用 fir2 函数产生一个有限长序列
%求取并画出输入谱
[Xz,w]=freqz(x,1,512);
subplot(3,1,1);
plot(w/pi,abs(Xz));axis([0,1,0,1]);grid on;
xlabel('\omega/\pi');ylabel('幅度');
title('输入谱');
%产生抽取序列
D=input('输入抽取因子 D=');
y=downsample(x,D);
%求取并画出输出谱
[Yz,w]=freqz(y,1,512);
subplot(3,1,2);
plot(w/pi,abs(Yz));axis([0,1,0,1]);grid on;
xlabel('\omega/\pi');ylabel('幅度');
title('抽取输出谱');
%产生内插序列
L=input('输入内插因子 L=');
y=zeros(1,L*length(x));
y([1:L:length(y)])=x;
%求取并画出输出谱
[Yz,w]=freqz(y,1,512);
subplot(3,1,3);
plot(w/pi,abs(Yz));axis([0,1,0,1]);grid on;
xlabel('\omega/\pi');ylabel('幅度');
title('内插输出谱');
```

运行该程序,输入 $D=2$ 和 $L=3$,所得结果如图 15.8 所示。从图中可以看出,抽取信号

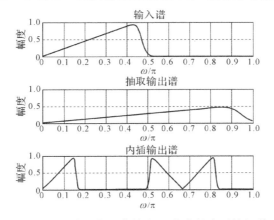

图 15.8 原序列与 2 倍抽取、3 倍内插序列的频谱

的频谱展宽了 2 倍,而内插信号的频谱被压缩了 3 倍,出现了镜像成分。

15.3.3 应用实例

【例 15-6】 设模拟带通信号频率范围为 1k～1.1kHz,设计一个抽样频率为 8kHz 的数字频谱分析系统,要求频率分辨率为 0.1Hz。若对信号直接用 FFT 进行频谱分析,问 FFT 点数至少为多大? 设计一个数字变速率算法,能够使用 2048 点 FFT 达到频率分辨率 0.1Hz 的要求。

解 根据 $\Delta f = \dfrac{f_s}{N}$,如果频率分辨率要求达到 0.1Hz,即 $\dfrac{f_s}{N} \leqslant 0.1Hz$,从而得到 $N \geqslant \dfrac{f_s}{0.1} =$ 80000,因此如果直接用 FFT 对信号进行频谱分析,FFT 点数至少应该为 80000。由于此带通信号的带宽为 $\Delta f = 100Hz$,根据带通抽样定理,如果要使信号无失真的恢复,那么抽样频率 $f_s \geqslant 2(f_H - f_L) = 2\Delta f = 200Hz$,因此要使用 2048 点 FFT 达到所要求的频率分辨率,其抽样频率为 $f_s \leqslant 2048 \times 0.1Hz = 204.8Hz$,设采用 204Hz 的抽样频率。具体设计思想如下:

(1)模拟带通信号的频率范围是 1k～1.1kHz,经过 8kHz 的抽样后,对应的数字频率为 $[0.25\pi, 0.275\pi]$;用 FIR 数字滤波器设计方法来设计一个有限长序列,使其频率范围在 $[0.25\pi, 0.275\pi]$ 之间。

(2)由于原始的带通信号已经使用了 8kHz 的抽样频率,为了使整个过程对信号的整体抽样频率达到 204Hz,可以将信号先内插 51 倍,然后再抽取 2000 倍,即 $8000 \times \dfrac{51}{2000} = 204$,这样就可以达到所要求的抽样频率。抽取分成两级级联实现,选取为 50×40,这样做可以使滤波器的过渡带的要求放宽些,并且使计算的效率会得到明显的改善。

(3)在进行内插和抽取之前,应各加上一个抗混叠数字滤波器来滤除多余的频带。

(4)为了方便设计抗混叠数字滤波器,考虑用低通滤波器来设计;这就要求前面需要用调制信号将带通信号搬移到低频。

MATLAB 程序代码如下:

```
%多抽样率频谱分析
clc;clear all;close all;
N=1023;                        %产生原始带通信号
fpts=[0,0.225,0.25,0.275,0.30,1];
mag=[0,0,1,1,0,0];
signal_0=firpm(N,fpts,mag);
[H0,w0]=freqz(signal_0,1,2048);
figure(1);
plot(w0/pi,abs(H0));
xlabel('归一化的数字频率,\omega/pi');
ylabel('幅度');
title('原始带通信号幅度谱');
n=0:N;                         %对带通信号进行调制
```

```
carrier=sin(21 * pi * n/80);
signal_1=(4/3) * carrier. * signal_0;
[H,w]=freqz(signal_1,1,2048);
figure(2);
plot(w/pi,abs(H));
xlabel('归一化的数字频率,\omega/pi');
ylabel('幅度');
title('调制后信号的幅度谱');
b=fir1(50,0.1);                %窗函数法设计滤波器
signal_2=fftfilt(b,signal_1,1024);
[H,w]=freqz(signal_2,1,2048);
figure(3);
plot(w/pi,abs(H));
xlabel('归一化的数字频率,\omega/pi');
ylabel('幅度');
title('经低通滤波后信号的幅度谱');
L=51;                %将低通滤波后的信号进行上抽 51 倍
Up_insert=zeros(1,L * length(signal_2));
Up_insert([1：L：length(Up_insert)])=signal_2;
[h2,w2]=freqz(Up_insert,1,2048);
figure(4);
plot(w2/pi,abs(h2));
xlabel('归一化的数字频率,\omega/pi');
ylabel('幅度');
title('再经内插 51 倍后信号的幅度谱');
b=fir1(200,0.001);                %窗函数法设计滤波器
signal_3=fftfilt(b,Up_insert,1024);
[H,w]=freqz(signal_3,1,2048);
figure(5);
plot(w/pi,abs(H));
xlabel('归一化的数字频率,\omega/pi');
ylabel('幅度');
title('再经低通滤波后信号的幅度谱');
M=50;                %将低通滤波后的信号进行下抽 50 倍
Down_gain1=M * signal_3(1：M：length(signal_3));
[H,w]=freqz(Down_gain1,1,2048);
figure(6);
plot(w/pi,abs(H));
xlabel('归一化的数字频率,\omega/pi');
ylabel('幅度');
title('再抽取 50 倍后的信号幅度谱');
M=40;                %再将信号下抽 40 倍
```

```
Down_gain2＝M * Down_gain1(1：M：length(Down_gain1));
[H1,w1]＝freqz(Down_gain2,1,2048);
figure(7);
plot(w1/pi,abs(H1));
xlabel('归一化的数字频率,\omega/pi');
ylabel('幅度');
title('再抽取 40 倍后的信号幅度谱');
figure(8);                        %2048 点的 FFT
stem(w1/pi,abs(H1));axis([0,0.1,0,1.5]);
xlabel('归一化的数字频率,\omega/pi');
ylabel('幅度');
figure(9);                        %FFT 局部放大图
stem(w1/pi,abs(H1));
axis([0.19550,0.2,0,1.5]);
xlabel('归一化的数字频率,\omega/pi');
ylabel('幅度');
```

程序运行结果分别如图 15.9 至图 15.17 所示。原始带通信号经 8kHz 频率抽样后的幅度谱如图 15.9 所示。

对原始带通信号进行调制将频谱搬移到基带。可以采用频率为 1050Hz 的正弦信号对其调制,由于信号以 8kHz 频率被进行抽样,频率为 1050Hz 的正弦信号对应的离散时间信号为 $\sin\left(\dfrac{21\pi n}{80}\right)$,也就是采用数字信号 $\sin\left(\dfrac{21\pi n}{80}\right)$ 对原始带通信号进行调制,调制后的信号频谱如图 15.10 所示。

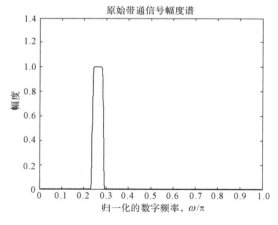

图 15.9　原始带通信号的幅度谱

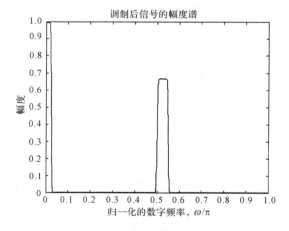

图 15.10　调制后信号的幅度谱

由于信号经调制后,频谱范围变为 $[0,0.0125]$ 和 $[0.5,0.525]$,需要将高频的部分滤除,这里采用窗函数法设计 FIR 滤波器,截止频率设为 0.1。滤波后信号频谱如图 15.11 所示。

将滤波后的信号进行内插 51 倍,根据多抽样率信号处理理论可知,信号频谱在其频域范围内将被压缩 51 倍并出现镜像频谱成分,其信号频谱如图 15.12 所示。

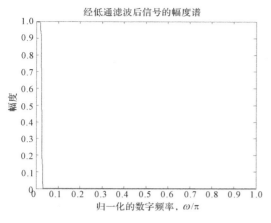

图 15.11　低通滤波后信号的幅度谱

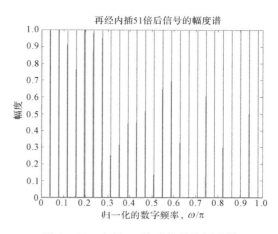

图 15.12　内插 51 倍后信号的幅度谱

由于内插后的信号在频域范围内有大量镜像成分,为了防止在后续抽取时,信号频谱发生混叠,需要对内插后信号进行低通滤波处理,将需要的第一条谱线以外的其他频率成分滤除。根据计算,第一条谱线的频谱范围为 $0 \sim \dfrac{0.0125}{51}$,采用 FIR 低通滤波器,其截止频率为 0.001,滤波后信号的频谱如图 15.13 所示。

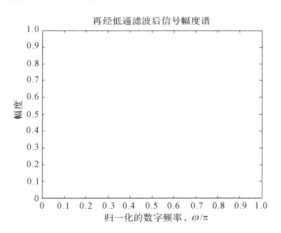

图 15.13　再经低通滤波后信号的幅度谱

将滤波后的信号按 50 倍抽取,此时信号在频域范围内将会展宽,其信号频谱如图 15.14 所示。再将信号下抽 40 倍,其频谱如图 15.15 所示。

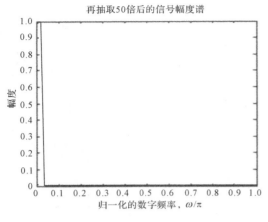

图 15.14　50 倍抽取后信号的幅度谱

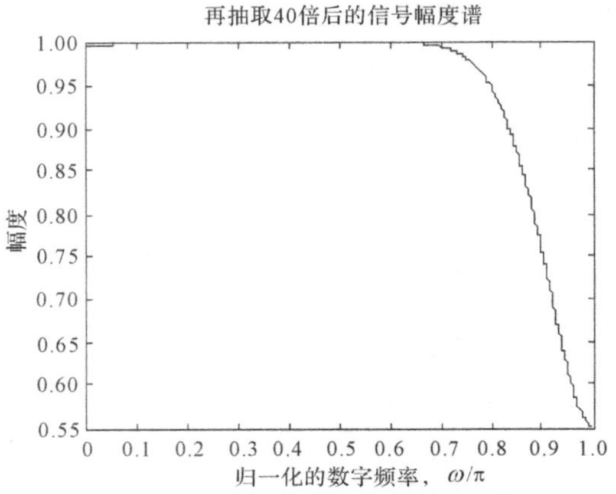

图 15.15　40 倍抽取后信号的幅度谱

最后得到的信号抽样频率为 204Hz,信号的 2048 点 FFT 幅度谱如图 15.16 所示,图中只画出了归一化数字频率区间在 $[0,0.1]$ 的部分。其细节如图 15.17 所示。此时,频率分辨率为 $\dfrac{204}{2048}=0.0996<0.1$,满足题目要求。从图 15.17 也能清楚看出这一点。

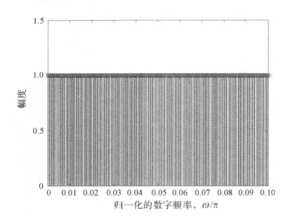

图 15.16　信号的 2048 点 FFT 幅度谱

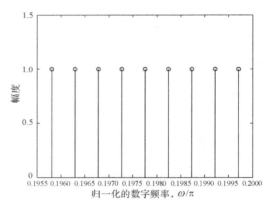

图 15.17　信号的 2048 点 FFT 幅度谱细节图

15.4　实验内容

1.分别利用函数 downsample 和 decimate 对以下序列按 4 倍抽取运算。利用 stem 函数画出原序列和降抽样后的序列。求出原信号与抽取信号的频谱,并比较两者的差异。

(1)$x_1(n)=\cos(0.1\pi n)+\cos(0.4\pi n),0\leqslant n\leqslant100$;

(2)$x_2(n)=0.1n,0\leqslant n\leqslant100$;

(3)$x_3(n)=1-\cos(0.25\pi n),0\leqslant n\leqslant100$。

2.分别利用函数 upsample 和 interp 对题 1 中的序列按 4 倍内插运算。求出原信号与内插信号的频谱,并比较两者的差异。

3.令 $x(n) = \cos(0.1\pi n) + 0.5\sin(0.2\pi n) + 0.25\cos(0.4\pi n)$,利用具有缺省参数的函数 resample 完成以下任务。

(1)将序列 $x(n)$ 以 4/5 倍原抽样率重抽样得到 $y_1(m)$,并给出这两个序列的 stem 图。求出原信号与重抽样信号的频谱,并比较两者的差异。

(2)将序列 $x(n)$ 以 5/4 倍原抽样率重抽样得到 $y_2(m)$,并给出这两个序列的 stem 图。求出原信号与重抽样信号的频谱,并比较两者的差异。

(3)将序列 $x(n)$ 以 2/3 倍原抽样率重抽样得到 $y_3(m)$,并给出这两个序列的 stem 图。求出原信号与重抽样信号的频谱,并比较两者的差异。

(4)说明这三个序列中的哪些保留了原序列 $x(n)$ 的"形状"。

15.5　实验要求

1.实验前必须进行充分的预习,熟悉实验内容;

2.实验报告中应简述实验目的和原理;

3.实验报告中应附上实验程序;

4.分析在有理数倍抽样率变换时,先内插后抽取的原因。

有限字长效应

16.1　实验目的

本实验结合理论教材中的教学内容：有限字长效应，学习并掌握有限字长效应分别给模数转换中造成的 A/D 量化效应影响、给系统参数（如滤波器系数）表示为有限位二进制数时产生的系数量化效应影响和 DFT 频谱分析时由于字长限制而进行尾数处理（截尾或舍入）引起的计算误差，加深对 DSP 中有限字长效应的理解。

16.2　实验原理

当数字系统采用定点制的二进制算法时，定点制加法运算不会增加字长，但有可能产生溢出。定点制的乘法运算不会产生溢出，但会增加字长。因此在定点数每次乘法运算后需要进行尾数处理，使计算结果保持 b 位字长。尾数处理方法有截尾、舍入两种。截尾是指去除超过字长 b 的所有尾数位；舍入是指按十进制中的四舍五入近似法舍去超过字长的位数。这两种尾数处理方法分别会带来截尾误差和舍入误差。

16.2.1　A/D 转换的量化效应

一个 A/D 转换器从功能上可分为抽样器与量化器两部分。模拟信号 $x_a(t)$ 经抽样后，变为抽样序列 $x_a(nT)$。$x_a(nT)$ 在时间上是离散的而在幅度上是连续的，可以将它看作是无限精度的数字信号，用 $x(n)$ 表示。量化器对 $x(n)$ 进行截尾或舍入处理，得到有限字长的数字信号 $\hat{x}(n)$。A/D 转换总是采用定点制表示信号 $x(n)$，其截尾和舍入的字长效应将产生量化误差。

从量化效应的统计分析可知，量化过程可等效为无限精度信号叠加上一量化噪声信号，舍入的量化误差信号的均值为 0，方差为 $\dfrac{q^2}{12}$；补码截尾的量化误差信号的均值为 $-\dfrac{q}{2}$，方差

也为 $\dfrac{q^2}{12}$,这里 $q=2^{-b}$ 是"量化阶",$b+1$(含符号位)是字长。显然,字长越长,q 越小,量化噪声越小。

信号功率与量化噪声功率之比称作量化的信噪比(SNR)。用对数表示的信噪比为

$$\mathrm{SNR}=10\lg\left(\frac{\sigma_x^2}{\sigma_e^2}\right)=6.02(b+1)+10\lg(3\sigma_x^2) \tag{16-1}$$

其中:σ_x^2 和 σ_e^2 分别为信号和量化噪声的功率。

16.2.2　滤波器的有限字长效应

1. IIR 数字滤波器的有限字长效应

以一个一阶 IIR 数字滤波器为例来分析,其差分方程为

$$y(n)=ay(n-1)+x(n),n\geqslant 0 \tag{16-2}$$

其中:$|a|<1$。式中含有乘积项 $ay(n-1)$,这将引入一个舍入噪声,其统计分析流图如图 16.1 所示。

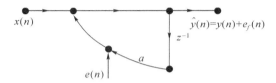

图 16.1　一阶 IIR 数字滤波器的舍入噪声分析

整个系统可看作线性系统来处理。输出噪声 $e_f(n)$ 是由噪声源 $e(n)$ 造成的输出误差,其大小为

$$e_f(n)=e(n)*h(n) \tag{16-3}$$

其中:$h(n)=a^n u(n)$ 是一阶系统的单位脉冲响应。量化噪声通过线性系统时,其输出噪声方差与输入噪声方差两者之间满足

$$\sigma_f^2=\sigma_e^2\sum_{m=0}^{\infty}h^2(m) \tag{16-4}$$

由式(16-3)和式(16-4)可求得

$$\sigma_f^2=\sigma_e^2\,\frac{1}{1-a^2}=\frac{q^2}{12(1-a^2)}=\frac{2^{-2(b+1)}}{3(1-a^2)} \tag{16-5}$$

由此可见,字长 b 越大,数字滤波器输出端的噪声越小。

采用上述方法,可以分析其他高阶的 IIR 数字滤波器输出噪声的统计特征。IIR 数字滤波器的有限字长效应与它的结构有密切关系。直接型结构的输出误差最大,级联型其次,并联型结构的误差最小。

2. FIR 数字滤波器的有限字长效应

以定点实现的横截型 FIR 数字滤波器为例讨论分析其量化噪声。图 16.2 给出了横截型 FIR 滤波器的舍入噪声分析流图。

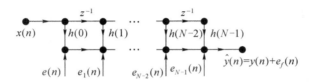

图 16.2　横截型 FIR 数字滤波器的舍入噪声分析

在有限精度舍入运算时,滤波器每一次相乘以后产生一个舍入噪声,即

$$\hat{y}(n) = y(n) + e_f(n) = \sum_{m=0}^{N-1} [h(m)x(n-m)]_R$$

$$= \sum_{m=0}^{N-1} h(m)x(n-m) + \sum_{m=0}^{N-1} e_m(n) \tag{16-6}$$

因而,横截型 FIR 数字滤波器的输出噪声就是所有舍入噪声的简单求和,即

$$e_f(n) = \sum_{m=0}^{N-1} e_m(n) \tag{16-7}$$

从而可以直接得到输出噪声的方差为

$$\sigma_f^2 = N\sigma_e^2 = N\frac{q^2}{12} = \frac{N}{3}2^{-2(b+1)} \tag{16-8}$$

由此可见,横截型 FIR 数字滤波器输出噪声的方差与字长 b 有关,也与滤波器阶数 N 有关。很明显,滤波器的阶数越高,字长越短,量化噪声越大。

16.2.3　FFT 计算中的有限字长效应

这里仅讨论定点 FFT 的有限字长效应。以按时间抽取的基 2-FFT 算法为例来加以分析。FFT 的基本运算为蝶形运算,设序列长度为 $N = 2^L$,需计算 $L = \log_2 N$ 级,每级为 N 个数构成的数列,则每级有 $\dfrac{N}{2}$ 个单独的蝶形结,由 $l-1$ 列到 l 列的蝶形运算公式为

$$x_l(m) = x_{l-1}(m) + W_N^P x_{l-1}(n)$$
$$x_l(n) = x_{l-1}(m) - W_N^P x_{l-1}(n) \tag{16-9}$$

当用定点实现时,只有相乘才需舍入,以加性误差来考虑相乘舍入的影响,蝶形运算的定点舍入统计模型如图 16.3 所示。

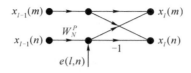

图 16.3　蝶形运算的量化误差模型

在图 16.3 中,$e(l,n)$ 表示 $x_{l-1}(n)$ 与蝶形因子 W_N^P 相乘引入的舍入误差源,这一误差源是复数,每个复乘包括 4 个实乘,每个定点乘产生 1 个舍入误差源,因此产生 4 个误差源 e_1、e_2、e_3 和 e_4,即

$$[W_N^P x_{l-1}(n)]_R = W_N^P x_{l-1}(n) + e(l,n) \tag{16-10}$$

其中:$e(l,n)=(e_1+e_2)+\mathrm{j}(e_3+e_4)$。

一个复乘运算所引入的误差的方差为

$$E\big[\,|\,e(l,n)\,|^{\,2}\big]=\frac{q^2}{3}=\sigma_B^2 \tag{16-11}$$

当误差源 $e(l,n)$ 通过后级蝶形结时,由于蝶形结的加、减和乘运算都对方差无影响,因此,要计算 FFT 的最后输出误差,只需知道输出结点共连接多少个蝶形结即可,每个蝶形结产生误差的方差为 σ_B^2。如做 N 点的 FFT 运算,则最终的傅里叶变换结果 $X(k)$ 上叠加的输出误差 e_k 的方差为

$$\sigma_k^2=E\big[\,|\,e_k\,|^{\,2}\big]=(N-1)\sigma_B^2 \tag{16-12}$$

其中:$N-1$ 是连接到 $X(k)$ 上的蝶形结总个数。

16.3　预习与参考

16.3.1　MATLAB 实现

1. 用 MATLAB 编程实现分析 A/D 转换的量化效应

将十进制输入信号向量转换为二进制数并进行量化,二进制数的量化可以通过教材中介绍的"截尾法"或"舍入法"实现。

（1）截尾误差分析函数 a2dT（　）

由于正数的原码、反码及补码表示方法相同,因而量化误差也相同。对于正数情况,截尾量化误差为

$$E_T = Q_T[x] - x = -\sum_{i=b+1}^{b_1} a_i 2^{-i} \tag{16-13}$$

对于负数,虽然负数有三种不同表示方法,有三种情况的量化截尾误差。但这里只讨论原码负数的截尾量化误差,即

$$E_T = Q_T[x] - x = -\sum_{i=1}^{b} a_i 2^{-i} - \big(-\sum_{i=1}^{b_1} a_i 2^{-i}\big) = \sum_{i=b+1}^{b_1} a_i 2^{-i} \tag{16-14}$$

因此,可编写截尾误差函数命令 a2dT（　）,其 MATLAB 程序如下:

```
function [xq,erroT]=a2dT(x,b)
%对十进制向量 d 利用截尾法得到 b 位的二进制向量
%x 为输入的十进制向量
%b 为截尾后的二进制位
%xq 为截尾后再转换回十进制的输出向量
%erroT 为截尾误差
%——————————————————————————————————
m=1;
```

```
x1=abs(x);                          %取绝对值
while fix(x1)>0                      %求十进制数的二进制数及位数
    x1=abs(x)/(2^m);
    m=m+1;
end
xq=fix(x1*2^b);                     %截尾法
xq=sign(x).* xq.* 2^(m-b-1);       %截尾后的十进制数
erroT=x-xq;                         %截尾误差
```

（2）舍入误差分析函数 a2dR（　）

所谓舍入是指类似于十进制中的四舍五入规则，逢 1 进 1，逢 0 舍去。令 $Q_R[x]$ 表示对 x 的舍入处理，$E_R = Q_R[x] - x$ 表示舍入误差。因此，可编写舍入误差函数命令a2dR（　），其 MATLAB 程序如下：

```
function [xq,erroR]=a2dR(x,b)
%对十进制向量 x 利用舍入法得到 b 位的二进制向量
%x 为输入的十进制向量
%b 为舍入后二进制位数
%xq 为舍入后再转换回十进制的输出向量
%erroR 为舍入误差
%——————————————————————————————
m=1;
x1=abs(x);                          %取绝对值
while fix(x1)>0                      %求十进制数的二进制数及位数
    x1=abs(x)/(2^m);
    m=m+1;
end
xq=fix(x1*2^b+0.5);                 %舍入法
xq=sign(x).* xq.* 2^(m-b-1);       %舍入后的十进制数
erroR=x-xq;                         %舍入误差
```

【例 16-1】 将十进制输入信号向量 d 中的每一个数分别用舍入法与截尾法得到 b 位的二进制数，然后再将二进制数转换为十进制数。

解　调用子函数 a2dT（　）和 a2dR（　），程序代码如下：

```
%将十进制向量 d 利用舍入法与截尾法得到 b 位的二进制向量,再转换回十进制向量
clc;clear all;close all;
erro=zeros(8,500);
erro1=zeros(8,500);
for b=1:8                           %1 至 8 位二进制
    for k=1:500
```

```
            d=-1+2*rand(1,10);              %产生[-1,+1]的随机数
            [xq,erroR]=a2dR(d,b);           %调用舍入函数
            [xq1,erroT]=a2dT(d,b);          %调用截尾函数
            erro(b,k)=sum(abs(erroR))/10;   %求平均舍入误差
            errol(b,k)=sum(abs(erroT))/10;  %求平均截尾误差
        end
        err(b)=mean(erro(b,:));
        errl(b)=mean(errol(b,:));
    end
    figure;
    semilogy(1:8,err,'--b','LineWidth',2);hold on;
    semilogy(1:8,errl,'r','LineWidth',2);hold off;
    grid on;
    xlabel('量化位数');ylabel('量化误差');legend('舍入法','截尾法');
```

运行该程序得到如图 16.4 所示结果图。

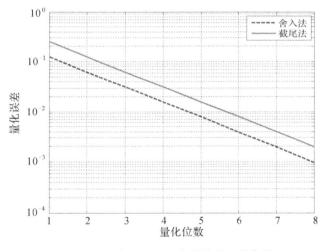

图 16.4　量化误差随量化位数的变化曲线

2.利用 MATLAB 分析系数量化对滤波器性能的影响

【例 16-2】　分析 5 阶椭圆低通滤波器的系数量化效应,其截止频率为 0.4π,通带波纹为 0.4dB,最小阻带衰减为 50dB。系数量化方法采用截尾法,量化位数为 5 位。

解　MATLAB 程序代码如下:

```
clc;clear all;close all;
[B,A]=ellip(5,0.4,50,0.4);      %量化前滤波器系统函数 H(z)
[h,w]=freqz(B,A,512);           %量化前滤波器频率响应
g=20*log10(abs(h));             %量化前滤波器幅度响应
```

```
bq＝a2dT(B,5);                        %5 位截尾量化 B
aq＝a2dT(A,5);                        %5 位截尾量化 A
[hq,w]＝freqz(bq,aq,512);            %量化后滤波器的频率响应
gq＝20 * log10(abs(hq));             %量化后滤波器的幅度响应
subplot(1,2,1);
plot(w/pi,g,'—',w/pi,gq,'—.');grid on;
axis([0,1,−80,5]);xlabel('w/\pi');ylabel('幅度\dB');
legend('量化前','量化后');
subplot(1,2,2);
[z1,p1,k1]＝tf2zp(B,A);              %量化前系统的零极点
[z2,p2,k2]＝tf2zp(bq,aq);            %量化后系统的零极点
zplaneplot([z1,z2],[p1,p2],{'o','x','*','+'});
legend('量化前零点','量化后零点','量化前极点','量化后极点');
figure;                              %画出系数向量量化前后的对比图
plot(B,'—r','LineWidth',2);hold on;
plot(bq,'—.b','LineWidth',2);hold off;
legend('原系数向量','量化后系数向量');
xlabel('系数');ylabel('幅度');
```

运行该程序得到如图 16.5 和图 16.6 所示图形。

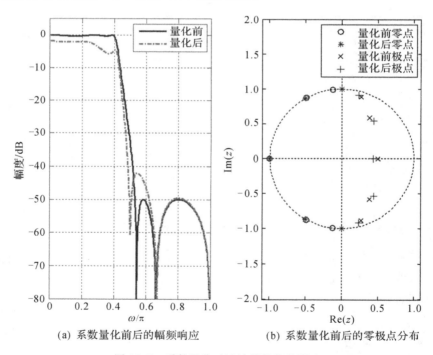

(a) 系数量化前后的幅频响应　　　　(b) 系数量化前后的零极点分布

图 16.5　系数量化对滤波器性能的影响

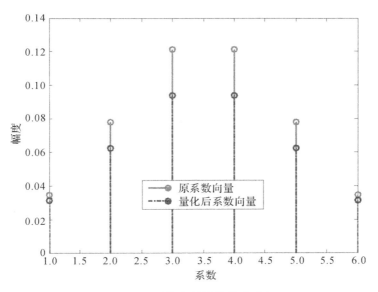

图 16.6　系数向量量化前后对比

从图 16.5(a)可见,系数量化增加了通带的波纹幅度,减小了最小的阻带衰减;由图 16.5(b)可见,系数量化使零、极点位置发生了偏移。图 16.6 表明,截尾法给滤波器系数向量带来了量化误差。

3. 利用 MATLAB 分析量化效应对 DFT 运算的影响

【例 16-3】　分析量化效应对信号 DFT 频谱分析的影响。对信号 $x(n)=e^{j2\pi 0.1n}+2e^{j2\pi 0.3n}$ 做 DFT 频谱分析,量化方法采用截尾法,量化位数为 3 位。

解　MATLAB 程序代码如下:

```
clc;clear all;close all;
N=32;n=0:N-1;
xn=exp(j*2*pi*0.1*n)+2*exp(j*2*pi*0.3*n);        %原序列 x(n)
k=0:N-1;Wn=exp(-j*2*pi/N);
nk=n'*k;W=Wn.^nk;
Xk=xn*W;                                          %X(k)=DFT[x(n)]
xn_q=a2dT(xn,3);                                  %3 位截尾量化
W_q=a2dT(W,3);
Xk_q=xn_q*W_q;
f=0:1/N:1-1/N;
stem(f,abs(Xk),'fill','-r');hold on;
stem(f,abs(Xk_q),'-.b');hold off;
legend('原信号幅度谱','量化后信号幅度谱');
xlabel('频率');ylabel('幅度');
```

运行该程序得到如图 16.7 所示图形。图 16.7 表明,信号量化及 DFT 系数量化两者给频谱分析带来了误差。

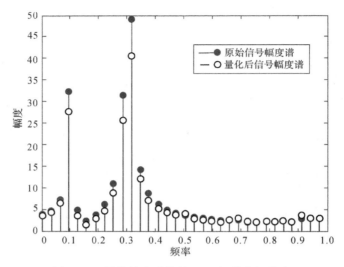

图 16.7　量化效应对信号 DFT 频谱分析影响

16.3.2　应用实例

【例 16-4】　借助 MATLAB 中的定点工具箱(fixed point toolbox),仿真实现定点 FIR 数字滤波器。

解　在各种算法中经常会遇到 FIR 数字滤波器,浮点仿真时,已知滤波器的系数即可对数据进行滤波。定点仿真则非那么简单,需要对滤波器进行浮点到定点的转化。以一个定点转置直接型结构的 FIR 滤波器为例,对滤波器结构中的各个点的数据格式都需要进行规定以符合硬件习惯。当滤波器的抽头系数很多时,人为地规定每个点的数据格式,是一个复杂而繁重的工作。可以定义一个滤波器对象(filter object),通过配置此对象的属性来完成滤波器的浮点到定点的转化。

首先得到一个 FIR 滤波器的系数,以微分器为例,输入以下程序代码:

```
% 定点 FIR 滤波器
clc;clear;close all
v_hd=firpm(40,[0,0.7],[0,0.7]*pi,'differentiator');   %得到滤波器系数,这里为微分器
Hd=dfilt.dffirt(v_hd);                                %构造滤波器对象,实现滤波器定点
                                                       转化
set(Hd,'Arithmetic','fixed','FilterInternals','SpecifyPrecision',...
      'RoundMode','fix','OverflowMode','Saturate');   %设定滤波器量化参数
set(Hd,'CoeffWordLength',4);                          %设定滤波器量化系数字长为 4
fvtool(Hd);                                           %画出定点滤波器幅频响应与浮点
                                                       的比较得到一个微分器
```

该程序运行结果如图 16.8 所示。从图中可以看出,系数量化后的滤波器幅频响应与浮点系数滤波器幅频响应相差很大,所以应该适当提高系数的字长。

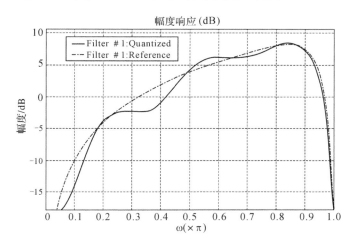

图 16.8　定点 FIR 滤波器幅频响应(字长为 4)

若将系数的字长提高到 8 位,重新运行该程序得到系数量化后的滤波器幅频响应与浮点系数滤波器幅频响应的比较图如图 16.9 所示。量化后的滤波器和浮点系数滤波器的幅频响应相差很小,已经可以符合要求。在实际中,可以根据工程经验对字长进行设置。

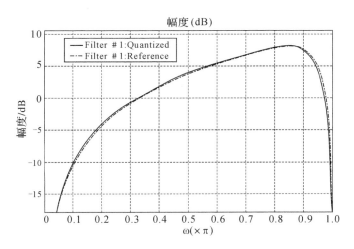

图 16.9　定点 FIR 滤波器幅频响应(字长为 8)

最后可以查看滤波器对象的其他属性,输入命令 info(Hd),得到结果如图 16.10 所示。

```
>> info(Hd)
Discrete-Time FIR Filter (real)
--------------------------------
Filter Structure  : Direct-Form FIR Transposed
Filter Length     : 41
Stable            : Yes
Linear Phase      : Yes (Type 3)
Arithmetic        : fixed
Numerator         : s8,7 -> [-1 1)
Input             : s16,15 -> [-1 1)
Filter Internals  : Specify Precision
  Output          : s34,30 -> [-8 8)
  States          : s34,30 -> [-8 8)
  Product         : s31,30 -> [-1 1)
  Accumulator     : s34,30 -> [-8 8)
  Round Mode      : fix
  Overflow Mode   : saturate
```

图 16.10　定点 FIR 滤波器的其他属性

16.4　实验内容

1. 设有序列 $x(n)=\dfrac{1}{3}\left[\sin\left(\dfrac{n\pi}{11}\right)+\sin\left(\dfrac{n\pi}{31}\right)+\cos\left(\dfrac{n\pi}{67}\right)\right]$，该信号与系数 $c=\dfrac{1}{\sqrt{2}}$ 相乘，将信号与系数 c 都用舍入量化到 5 位，并将乘积舍入量化到 5 位，计算量化带来的量化误差并画图表示。

2. 利用一个椭圆原型滤波器设计一个数字低通滤波器，满足通带波纹为 0.5dB，阻带波纹为 60dB，通带边缘为 $\omega_p=0.25\pi$，阻带边缘为 $\omega_c=0.3\pi$。

(1) 利用无限精度画出该设计好的滤波器的对数幅度和相位响应。采用两行一列的子图。

(2) 将直接型系数量化到 4 位二进制数（舍入），画出所得滤波器的对数幅度和相位响应。采用两行一列的子图。

(3) 将直接型系数量化到 3 位二进制数（舍入），画出所得滤波器的对数幅度和相位响应。采用两行一列的子图。

(4) 对以上三部分的图进行讨论。

3. 参考例 16-3，试用 fft 函数分析量化效应对 FFT 运算的影响。

16.5　实验要求

1. 实验前必须进行充分的预习，熟悉实验内容；

2. 实验报告中应简述实验目的和原理；

3. 实验报告中应附上实验程序；

4. 分析量化误差的统计特性，与理论结果相比较看是否一致。

带噪语音/图像信号分析与处理

17.1 实验目的

综合应用数字信号处理的理论知识进行信号的频谱分析和滤波器设计,通过理论推导得到相应结论,再利用 MATLAB 进行计算机仿真实现,从而加深对所学知识的理解,建立概念,融会贯通所学知识。

通过本实验,掌握在 Windows 环境下语音信号采集的方法,学会用 MATLAB 对信号进行分析和处理,并进一步掌握 MATLAB 设计 FIR 和 IIR 数字滤波器的方法。

17.2 实验原理

在 Windows 环境下采集一段带噪声的语音信号,对信号抽样,画出抽样后信号的时域波形和频谱图;给定滤波器性能指标,采用窗函数法或双线性变换法设计滤波器,并画出滤波器频率响应;对该语音信号滤波,画出滤波后信号的时域波形和频谱,比较滤波前后信号的变化;回放语音信号。具体实验步骤如下:

(1)语音信号的采集

利用 Windows 下的录音机或其他软件,录制一段自己的语音,时间控制在 1s 左右;也可以截取一段 wav 格式的音乐或语音;然后在 MATLAB 中,利用函数 wavread( )命令对语音信号进行抽样,记住抽样频率和抽样点数。

(2)语音信号的频谱分析

首先画出语音信号的时域波形,然后对语音信号进行频谱分析。可以利用 fft( )函数对信号进行快速傅里叶变换,得到信号的频谱特性。从一首音乐中截取 2s 的片段,进行频谱分析。

(3)设计数字滤波器并画出频率响应

语音信号的频率范围通常为 $30\sim1000\,\mathrm{Hz}$,可根据这一特点设计出滤波器的性能指标为:低通滤波器的通带截止频率 $f_p=1000\,\mathrm{Hz}$,阻带截止频率 $f_c=1200\,\mathrm{Hz}$,通带波纹 $1\mathrm{dB}$,阻带最小衰减 100dB。

（4）用滤波器对信号进行滤波

首先比较两种滤波器的性能，然后用性能好的滤波器对采集的语音信号进行滤波。在 MATLAB 中，FIR 滤波器利用函数 fftfilt（ ）命令对信号进行滤波，IIR 滤波器利用函数 filter（ ）命令对信号进行滤波。

（5）比较滤波前后语音信号的波形及频谱

要求在一个窗口同时画出滤波后的时域波形与频谱。

（6）回放语音信号

在 MATLAB 中，调用函数 sound（ ）命令对声音进行回放。

17.3 预习与参考

17.3.1 相关 MATLAB 函数

$y=$wavread(file)：读取 file 所规定的 wav 文件，返回抽样值放在向量 y 中。

$[y,f_s,\text{nbits}]=$wavread(file)：抽样值放在向量 y 中，f_s 表示抽样频率（Hz），nbits 表示抽样位数。

$y=$wavread(file,$[N_1,N_2]$)：读取从 N_1 到 N_2 点的抽样值放在向量 y 中。

sound(y,f_s,bits)：播放声音，其中 y 为声音信号向量，f_s 为抽样频率，bits 为抽样位数。

$Y=$fftshift(X)：用来重新排列 $X=$fft(x) 的输出。当 X 为向量时，它把 X 的左右两半进行交换，从而将零频分量移至频谱中心。如果 X 是二维傅里叶变换的结果，它同时把 X 的左右和上下进行交换。

17.3.2 MATLAB 实现

1. 从一首音乐中截取 2 秒的片段，进行频谱分析

程序代码如下：

```
%语音信号的时域和频域波形
[y,fs,bits]=wavread('d:\Windows Notify.wav');        %读取语音数据
sound(y,fs,bits);                                    %播放语音
[a,b]=size(y);
Y=fftshift(fft(y(11024:13071)));                     %取其中的 2048 个样本进行频谱分析
subplot(2,1,1);plot(y(11024:13071));
title('原始信号波形');axis([0,2047,-1,1]);
subplot(2,1,2);plot(abs(Y));
title('原始信号频谱');axis([0,2047,0,500]);
```

该程序运行结果如图 17.1 所示。

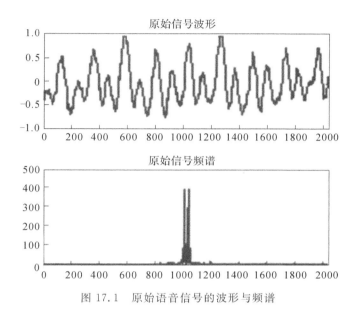

图 17.1 原始语音信号的波形与频谱

2. 用窗函数法设计具有线性相位的 FIR 数字低通滤波器

程序代码如下：

```
%窗函数法设计低通滤波器
fp=1000;fc=1200;As=100;Ap=1;                      %滤波器指标
fs=22050;                                          %抽样频率
wc=2 * fc/fs;                                       %频率归一化
wp=2 * fp/fs;
N=ceil((As-7.95)/(14.36 * (wc-wp)/2))+1;          %求滤波器除数
beta=0.1102 * (As-8.7);
Win=Kaiser(N+1,beta);                              %调用 Kaiser 窗函数
b=fir1(N,wc,Win);                                  %滤波器单位冲激响应
freqz(b,1,512,fs);                                 %滤波器频率响应
```

该程序运行结果如图 17.2 所示。这里选用 Kaiser 窗设计，滤波器的幅度和相位响应满足设计指标，但滤波器长度（N=708）太长，实现起来很困难，主要原因是滤波器指标太苛刻，因此，一般不用窗函数法设计这种类型的滤波器。

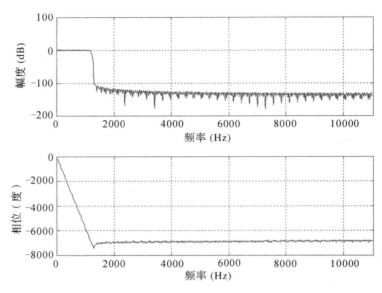

图 17.2　窗函数法设计低通滤波器幅度与相位响应

3.用双线性变换法设计的 IIR 数字低通滤波器

程序代码如下：

```
%用双线性变换法设计 IIR 低通滤波器
fp＝1000;fc＝1200;As＝100;Ap＝1;          %滤波器指标
fs＝22050;                               %抽样频率
wc＝2 * fc/fs;                           %频率归一化
wp＝2 * fp/fs;
[N,Wn]＝ellipord(wp,wc,Ap,As);          %采用椭圆函数设计
[b,a]＝ellip(N,Ap,As,Wn);
freqz(b,a,512,fs);
```

该程序运行结果如图 17.3 所示。这里选用椭圆函数设计,滤波器的幅度和相位响应满足设计指标,滤波器长度仅为 $N＝11$。

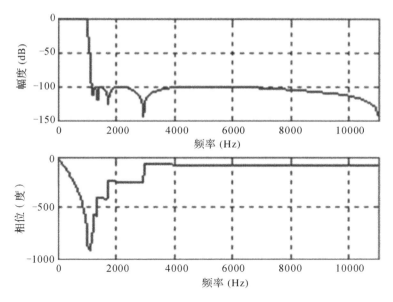

图 17.3　双线性变换法设计滤波器幅度与相位响应

4. 用设计好的 IIR 数字滤波器对信号滤波

程序代码如下：

```
%对原始语音信号滤波后的时域与频域波形
y1＝y(11024：13071)；              %取其中的 2048 个样本
x＝filter(b,a,y1)；               %对信号滤波
X＝fftshift(fft(x))；             %频谱分析并将零频分量移至频谱中心
subplot(2,1,1);plot(x);title('滤波后信号波形');axis([0 2047 －1 1]);
subplot(2,1,2);plot(abs(X));title('滤波后信号频谱');axis([0 2047 0 500]);
```

该程序运行结果如图 17.4 所示。

对比图 17.1 与图 17.4 可以看出，原信号中的较高频率成分被滤除了。最后调用函数 sound 命令对声音进行回放。经回放语音信号，可以发现滤波前后的声音有明显变化。

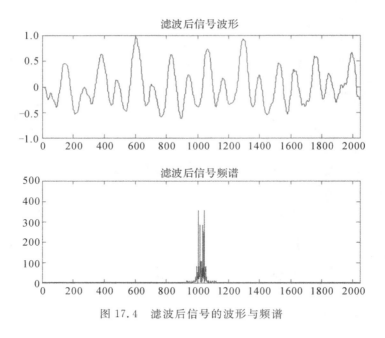

图 17.4　滤波后信号的波形与频谱

17.4　实验内容

1. 将上述程序代码运行并给出仿真结果。

2. 采集一幅图像到 MATLAB 中,并参照上述分析与处理过程,实现对图像信号的分析与处理,并给出结果。提示:部分涉及的相关函数命令有图像数据读取函数 imread(　)命令、图像数据存储函数 imwrite(　)命令、图像显示函数 imshow(　)命令、图像数据加噪声函数 imnoise(　)命令。

17.5　实验要求

1. 实验前必须进行充分的预习,熟悉实验内容;

2. 实验报告中应简述实验目的和原理;

3. 实验报告中应附上实验程序;

4. 对包含频率成分较丰富的声音信号进行采集,然后按上述过程对其进行分析,比较输出信号与输入信号的差异,并分析原因。

FFT 在信号频分复用中的应用

18.1　实验目的

综合应用数字信号处理的理论知识进行频谱分析和滤波器设计,通过理论推导得出相应结论,再利用 MATLAB 仿真实现,从而加深对所学知识的理解。掌握频分复用的原理、信号频谱分析与滤波器设计方法。

18.2　实验原理

频分复用(FDM)是按频率分割多路信号的方法,即将信道的可用频带分成若干互不交叠的频段,每路信号占据其中的一个频段。在接收端用适当的滤波器将多路信号分开,分别进行解调和终端处理。如图 18.1 所示。

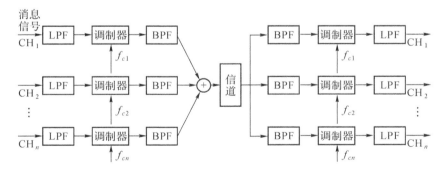

图 18.1　频分复用示意

本实验为简化分析,选择三个不同频段的信号进行频谱分析,如图 18.2 所示。根据信号的频谱特征设计三个不同的数字滤波器,将三路信号合成为一路信号,分析合成信号的时域和频域特点,然后将合成信号分别通过设计好的三个数字滤波器,分离出原来的三路信号,分析得到的三路信号的时域波形和频谱,与原始信号进行比较说明频分复用的特点。

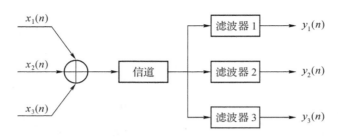

图 18.2　三路信号的简化频分复用结构

具体实验步骤如下：

（1）产生三路信号

利用 MATLAB 语言产生三个不同频段的信号。

（2）对三路信号进行频谱分析

画出三路信号的时域波形；然后对信号进行频谱分析，在 MATLAB 中，可以利用函数 fft（　）命令对信号进行快速傅里叶变换，得到信号的频谱特性。

（3）设计数字滤波器并画出频率响应

根据三路信号的频谱特点得到性能指标，由性能指标设计三个数字滤波器。在 MATLAB 中，可以利用函数 fir1（　）命令设计 FIR 滤波器，利用函数 butter（　）、cheby1（　）和 ellip（　）命令设计数字 IIR 滤波器；最后利用函数 freqz（　）命令画出各滤波器的频率响应。

（4）信号合成

将三路信号叠加为一路信号。

（5）用滤波器对信号进行滤波

在 MATLAB 中，FIR 数字滤波器利用函数 fftfilt 命令对信号进行滤波，IIR 数字滤波器利用函数 filter 命令对信号进行滤波。

（6）分析得到信号的频谱

对得到的信号进行 FFT 快速傅里叶变换，得到信号的频谱特性，将结果与原始信号进行比较，并画出信号的时域波形和频谱。

18.3　预习与参考

利用上述函数命令，可编写以下程序代码：

```
clc;clear;close all;
N=128;                    %样本个数
n=0：N-1;
f1=0.1;                   %三个不同频率
f2=0.25;
f3=0.45;
f=-1/2：1/N：1/2-1/N;
```

```
%产生三路信号及频谱分析
x1＝cos(2 * pi * f1 * n);
x2＝cos(2 * pi * f2 * n);
x3＝cos(2 * pi * f3 * n);
X1＝fftshift(fft(x1));
X2＝fftshift(fft(x2));
X3＝fftshift(fft(x3));
%画出三路信号的时域和频域波形
figure;
subplot(3,2,1);plot(n,x1);
axis([-1,129,-1.1,1.1]);
xlabel('n');ylabel('幅度');title('第 1 路信号时域波形');
set(gca,'xtick',[0,64,128]);
set(gca,'ytick',[-1,0,1]);
subplot(3,2,2);plot(f,abs(X1));
axis([-0.5,0.5,-0.1,60.1]);
xlabel('频率');ylabel('幅度');title('第 1 路信号幅度谱');
set(gca,'xtick',[-0.5,0,0.5]);
set(gca,'ytick',[0,30,60]);
subplot(3,2,3);plot(n,x2);
axis([-1,129,-1.1,1.1]);
xlabel('n');ylabel('幅度');title('第 2 路信号时域波形');
set(gca,'xtick',[0,64,128]);
set(gca,'ytick',[-1,0,1]);
subplot(3,2,4);plot(f,abs(X2));
axis([-0.5,0.5,-0.1,60.1]);
xlabel('频率');ylabel('幅度');title('第 2 路信号幅度谱');
set(gca,'xtick',[-0.5,0,0.5]);
set(gca,'ytick',[0,30,60]);
subplot(3,2,5);plot(n,x3);
axis([-1,129,-1.1,1.1]);
xlabel('n');ylabel('幅度');title('第 3 路信号时域波形');
set(gca,'xtick',[0,64,128]);
set(gca,'ytick',[-1,0,1]);
subplot(3,2,6);plot(f,abs(X3));
axis([-0.5,0.5,-0.1,60.1]);
xlabel('频率');ylabel('幅度');title('第 3 路信号幅度谱');
set(gca,'xtick',[-0.5,0,0.5]);
set(gca,'ytick',[0,30,60]);
%根据三个信号的频率,设计三个 FIR 滤波器,分别让这三个信号频率通过
%第 1 个滤波器为低通滤波器,让 f1 频率成分通过而滤除其他 2 个频率成分
N1＝32;                        %滤波器阶数
```

```
Wn1=0.3；                          %第 1 个滤波器截止频率
b1=fir1(N1,Wn1,'low')；
figure；freqz(b1,1)；              %给出频率响应
b2=fir1(N1,[0.4  0.6])；           %第 2 个带通滤波器系统函数系数,让 f2 频率成分通过,滤除另
                                   2 个频率成分
figure；freqz(b2,1)；              %给出频率响应
b3=fir1(N1,0.7,'high')；           %第 3 个高通滤波器系统函数系数,让 f3 频率成分通过,滤除另
                                   2 个频率成分
figure；freqz(b3,1)；              %给出频率响应
%三路信号合成一路
x=x1+x2+x3；
X=fftshift(fft(x))；
figure；
subplot(2,1,1)；plot(n,x)；
axis([-1,129,-1.1,1.1])；
xlabel('n')；ylabel('幅度')；title('合成信号时域波形')；
set(gca,'xtick',[0,64,128])；
set(gca,'ytick',[-1,0,1])；
subplot(2,1,2)；plot(f,abs(X))；
axis([-0.5,0.5,-0.1,60.1])；
xlabel('频率')；ylabel('幅度')；title('合成信号幅度谱')；
set(gca,'xtick',[-0.5,0,0.5])；
set(gca,'ytick',[0,30,60])；
%对合成信号滤波,以分出三路信号
y1=fftfilt(b1,x)；
y2=fftfilt(b2,x)；
y3=fftfilt(b3,x)；
Y1=fftshift(fft(y1))；
Y2=fftshift(fft(y2))；
Y3=fftshift(fft(y3))；
%画出滤波后的三路信号
%画出三路信号的时域和频域波形
figure；
subplot(3,2,1)；plot(n,y1)；
axis([-1,129,-1.1,1.1])；
xlabel('n')；ylabel('幅度')；title('第 1 路信号时域波形')；
set(gca,'xtick',[0,64,128])；
set(gca,'ytick',[-1,0,1])；
subplot(3,2,2)；plot(f,abs(Y1))；
axis([-0.5,0.5,-0.1,60.1])；
xlabel('频率')；ylabel('幅度')；title('第 1 路信号幅度谱')；
set(gca,'xtick',[-0.5,0,0.5])；
```

```
set(gca,'ytick',[0,30,60]);
subplot(3,2,3);plot(n,y2);
axis([-1,129,-1.1,1.1]);
xlabel('n');ylabel('幅度');title('第 2 路信号时域波形');
set(gca,'xtick',[0,64,128]);
set(gca,'ytick',[-1,0,1]);
subplot(3,2,4);plot(f,abs(Y2));
axis([-0.5,0.5,-0.1,60.1]);
xlabel('频率');ylabel('幅度');title('第 2 路信号幅度谱');
set(gca,'xtick',[-0.5,0,0.5]);
set(gca,'ytick',[0,30,60]);
subplot(3,2,5);plot(n,y3);
axis([-1,129,-1.1,1.1]);
xlabel('n');ylabel('幅度');title('第 3 路信号时域波形');
set(gca,'xtick',[0,64,128]);
set(gca,'ytick',[-1,0,1]);
subplot(3,2,6);plot(f,abs(Y3));
axis([-0.5,0.5,-0.1,60.1]);
xlabel('频率');ylabel('幅度');title('第 3 路信号幅度谱');
set(gca,'xtick',[-0.5,0,0.5]);
set(gca,'ytick',[0,30,60]);
```

运行该程序得到的结果分别如图 18.3 至图 18.8 所示。

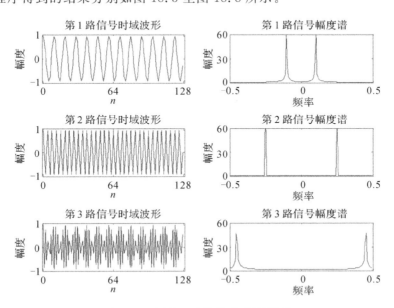

图 18.3　原始三路信号时、频域波形

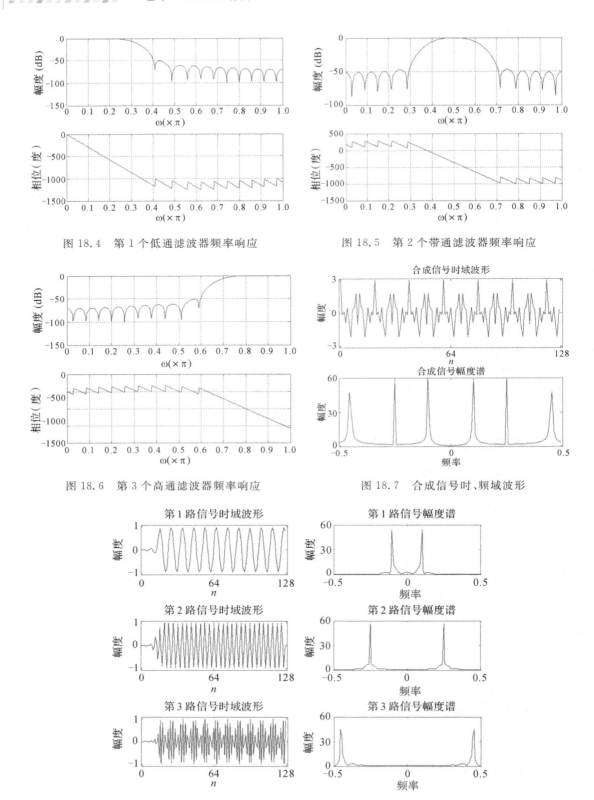

图 18.4　第 1 个低通滤波器频率响应

图 18.5　第 2 个带通滤波器频率响应

图 18.6　第 3 个高通滤波器频率响应

图 18.7　合成信号时、频域波形

图 18.8　滤波后分开的三路信号时、频域波形

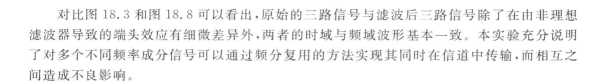

对比图 18.3 和图 18.8 可以看出,原始的三路信号与滤波后三路信号除了在由非理想滤波器导致的端头效应有细微差异外,两者的时域与频域波形基本一致。本实验充分说明了对多个不同频率成分信号可以通过频分复用的方法实现其同时在信道中传输,而相互之间造成不良影响。

18.4 实验内容

1.运行上述程序代码并给出仿真结果。

2.对合成信号在信道传输时加入加性高斯白噪声,给出在不同信噪比条件下的输出结果,并比较输入信号与输出信号间的差异。

18.5 实验要求

1.实验前必须进行充分的预习,熟悉实验内容;

2.实验报告中应简述实验目的和原理;

3.实验报告中应附上实验程序;

4.根据实验结果,分析当传输信道的信噪比达到什么条件时,多路信号的传输会产生较大失真。

多抽样率 FDMA 系统设计

19.1 实验目的

综合应用数字信号处理的理论知识进行基于多抽样率信号处理的频分复用（FDMA）系统设计，通过理论推导得到相应结论，再利用 MATLAB 进行计算机仿真实现，从而加深对所学知识的理解，建立概念，融会贯通所学知识。

将本实验与实验 18 进行比较，了解两种方法实现频分复用的异同，可以进一步掌握多抽样率信号处理和频分复用的基本原理，深入领会多抽样率信号处理在实际通信系统中的应用。学会用 MATLAB 对多抽样率 FDMA 系统进行设计。

19.2 实验原理

FDMA 的概念是将多路信号的频谱分开。在多抽样率频分复用（FDMA）系统中，信号首先经过插值器，频谱搬移到不同频率处，再经过不同滤波器的滤波，最后在接收端利用抽取器和滤波器恢复出原信号。以三路信号为例，图 19.1 中由上至下依次给出了三个信号 $x_1(n)$、$x_2(n)$ 和 $x_3(n)$ 经 4 倍内插后的频谱。图中的 f_{s1} 与 f_{s2} 分别表示原抽样频率与内插后的抽样频率。图 19.1 表明，将三路信号分别做 4 倍的插值后，它们在各自原来的频谱中多出了三个映像。若分别用低通和带通滤波器截取后再迭加，可得到频分复用信号 $x(n)$ 的频谱如图 19.2 所示，实现频分复用。在接收端再分别用低通和带通滤波器滤出，然后再做 4 倍的抽取，可以恢复出三路原信号。

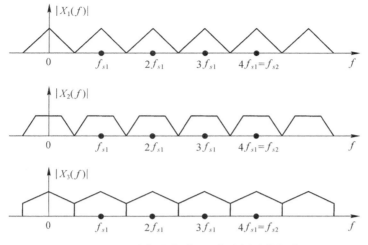

图 19.1 三路信号分别经 4 倍内插后的频谱

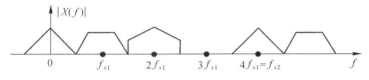

图 19.2 频分复用信号的频谱

多抽样率 FDMA 系统示意图如图 19.3 所示。图中发送端滤波器组 $G_k(z)\{k=0,1,2\}$，其形式是综合滤波器组，除 $G_0(z)$ 为低通滤波器外，其余都是带通滤波器。右侧接收端滤波器组 $H_k(z)\{k=0,1,2\}$，其形式是分析滤波器组，除 $H_0(z)$ 是低通滤波器外，其余都是带通滤波器。

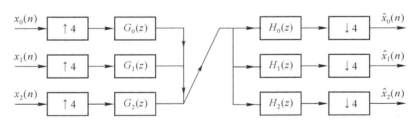

图 19.3 多抽样率频分复用系统示意

19.3 预习与参考

1. 采集三路语音信号

利用 MATLAB 中的函数 wavrecord（ ）命令，分别录三段语音，时间控制在 1s 左右，作为三个声音文件存储在 C:\Program Files\MATLAB71\work\music\目录下；也可以截取 wav 格式的三段不同音乐，然后在 MATLAB 中，利用函数 wavread（ ）命令对语音信号进行抽样，记录下抽样频率和抽样点数。函数 wavrecord（ ）命令的调用格式如下：

$y=$wavrecord$(n,f_s,ch,'dtype')$：录取语音信号放在向量 y 中。其中 n 表示样本个数；f_s 表示抽样频率（Hz），默认值为 11025Hz；ch 表示声道个数，可设为 1 或 2，默认为 1；'dtype' 为数据类型，可分别设为'double'（16 位/样本）、'single'（16 位/样本）、'int16'（16 位/样本）和'uint8'（8 位/样本）。

利用函数 wavrecord（ ）命令采集三段语音信号的程序代码如下：

```
%获取录音文件
pause
fs=44100;                         %声音的抽样频率为 44.1kHz
duration=1;                       %录音时间为 1s
fprintf('按任意键开始录音 1:\n');
pause
fprintf('录音中…\n');
sd1=wavrecord(duration * fs,fs);   %duration * fs 每次获得总的抽样数为 44100
fprintf('放音中…\n');
wavplay(sd1,fs);
fprintf('录音 1 播放完毕.\n');
wavwrite(sd1,fs,'sound1.wav');     %将录音文件保存为 wav 格式的声音文件
fprintf('按任意键开始录音 2:\n');
pause
fprintf('录音中…\n');
sd2=wavrecord(duration * fs,fs);
fprintf('放音中…\n');
wavplay(sd2,fs);
fprintf('录音 2 播放完毕.\n');
wavwrite(sd2,fs,'sound2.wav');
fprintf('按任意键开始录音 3:\n');
pause
fprintf('录音中…\n');
sd3=wavrecord(duration * fs,fs);
fprintf('放音中…\n');
wavplay(sd3,fs);
fprintf('录音 3 播放完毕.\n');
wavwrite(sd3,fs,'sound3.wav');
```

2. 三路语音信号的频谱分析

画出各语音信号的时域波形，然后对语音信号进行频谱分析。从三路语音信号中各截

取 1s 的声音片段,然后进行频谱分析。

三路语音信号的时域和频域波形分析程序代码如下:

```
fprintf('按任意键开始声音样本的时域分析:\n');
pause
fs=44100;                        %声音的抽样频率为 44.1kHz
duration=1;
t=0:duration * fs-1;             %总的抽样数
%打开保存的录音文件
[sd1,fs]=wavread('c:\program files\matlab71\work\music\sound1.wav');
[sd2,fs]=wavread('c:\program files\matlab71\work\music\sound2.wav');
[sd3,fs]=wavread('c:\program files\matlab71\work\music\sound3.wav');
figure(1)                        %绘制三个声音样本的时域波形
subplot(3,1,1);plot(t,sd1);xlabel('单位:s');ylabel('幅度');
subplot(3,1,2);plot(t,sd2);xlabel('单位:s');ylabel('幅度');
subplot(3,1,3);plot(t,sd3);xlabel('单位:s');ylabel('幅度');
fprintf('按任意键开始声音样本的频域分析:\n');
pause
f=-fs/2:fs/length(t):fs/2-fs/length(t);
figure(2);                       %绘制三个声音样本的频谱分析
subplot(3,1,1);plot(f,abs(fftshift(fft(sd1))));xlabel('单位:Hz');ylabel('幅度');
subplot(3,1,2);plot(f,abs(fftshift(fft(sd2))));xlabel('单位:Hz');ylabel('幅度');
subplot(3,1,3);plot(f,abs(fftshift(fft(sd3))));xlabel('单位:Hz');ylabel('幅度');
```

运行程序,得到结果如图 19.4 和图 19.5 所示。

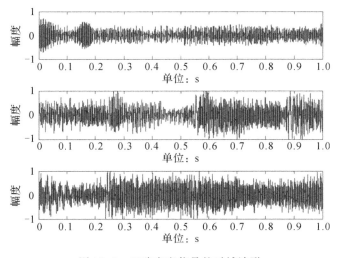

图 19.4　三路声音信号的时域波形

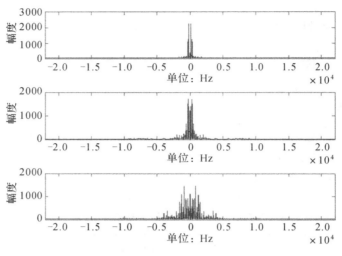

图 19.5　三路声音信号的幅度谱

3. 对三路信号低通滤波

令三路语音信号先经过一个低通滤波器,目的是将语音信号的频谱限制在一个较小的范围内,防止后续处理时产生混叠。对信号低通滤波的程序代码如下:

```
%对 3 路信号先低通滤波,截止频率为 5000Hz
wp＝5000＊2＊pi/fs;                %通带截止频率
ws＝6000＊2＊pi/fs;                %阻带截止频率
delta_w＝ws－wp;
N＝ceil(8＊pi/delta_w)＋1;        %滤波器阶数
coe＝fir1(N,wp/pi);               %求取滤波器系数
y1＝fftfilt(coe,sd1);             %对 3 路信号滤波
y2＝fftfilt(coe,sd2);
y3＝fftfilt(coe,sd3);
figure;
subplot(2,1,1);
% 求取并画出低通滤波后第一路信号时域波形,截取了 1024 点
plot(t1,y1(40001：41024));axis([1,1024,－0.5,0.5]);
xlabel('样本');ylabel('幅度');title('(a)时域波形');
% 求取并画出低通滤波后第一路信号幅度谱
subplot(2,1,2);
[SD1,w]＝freqz(y1,1,1024);
plot(w/pi,abs(SD1));axis([0,1,0,800]);grid on;
xlabel('\omega/\pi');ylabel('幅度');title('(b)频谱');
```

运行上述程序代码,得到运行结果如图 19.6 所示。从图中可以看出,信号中的高频成份被滤除了。

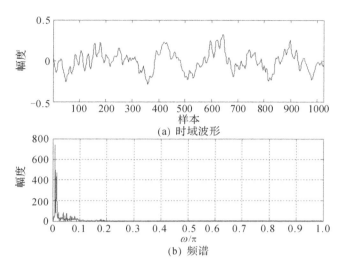

图 19.6　滤波后的第一路语音信号

4. 信号 4 倍内插

以第一路声音信号为例,首先对信号做 4 倍内插,并比较原信号与内插后信号频谱间的变化。对信号做内插的程序代码如下:

```
L=4;                          %内插因子
sd11=zeros(1,L*length(sd1));
sd11([1:L:length(sd11)])=sd1;   %产生内插序列
sd22=zeros(1,L*length(sd2));
sd22([1:L:length(sd22)])=sd2;
sd33=zeros(1,L*length(sd3));
sd33([1:L:length(sd33)])=sd3;
%画出第 1 路原信号与 4 倍内插后信号的时域波形比较,截取其中 1024 点
figure;
t1=1:1024;
t2=1:1024*L;
subplot(2,2,1)
plot(t1,sd1(40001:41024));axis([1 1024 -0.5 0.5]);
xlabel('样本');ylabel('幅度');title('(a)原信号');
subplot(2,2,2);plot(t2,sd11(160001:164096));
axis([1,4096,-0.5,0.5]);xlabel('样本');ylabel('幅度');title('(b)内插信号');
subplot(2,2,3);
% 求取并画出原第 1 路信号幅度谱
[SD1,w]=freqz(sd1,1,1024);
```

```
plot(w/pi,abs(SD1));axis([0 1 0 800]);grid on;
xlabel('\omega/\pi');ylabel('幅度');title('(c)原信号幅度谱');
% 求取并画出内插后第 1 路信号幅度谱
[SD11,w]=freqz(sd11,1,1024);
subplot(2,2,4);plot(w/pi,abs(SD11));axis([0 1 0 800]);grid on;
xlabel('\omega/\pi');ylabel('幅度');title('(d)内插信号幅度谱');
```

　　运行上述程序,得到结果如图 19.7 所示。从图中可以看出,内插信号的幅度谱被压缩,并出现了镜像成分,需要在随后的抗镜像滤波器中滤除这些镜像成分。其余两路语音信号与此类似。

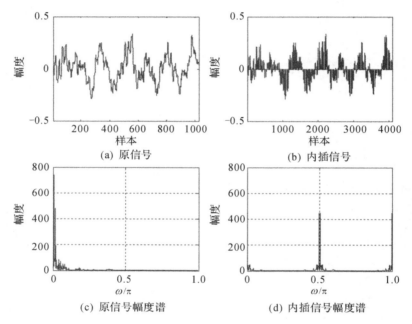

图 19.7　第一路信号 4 倍内插前后时频波形变化

5.设计综合滤波器组并滤波

　　三段语音信号的频谱集中在 0~5kHz 中,抽样率为 44.1kHz,换算为数字频率为 $\omega = \dfrac{2\pi \times 5000}{44100} = \dfrac{100\pi}{441}$,经过 4 倍插值后,抽样率变为 176.4kHz,相应的频谱分别位于 $0 \sim \dfrac{100\pi}{1764}$、$\dfrac{782\pi}{1764} \sim \dfrac{982\pi}{1764}$ 和 $\dfrac{1664\pi}{1764} \sim \pi$。分别设计低通滤波器、带通滤波器与高通滤波器滤出位于频带 $0 \sim \dfrac{100\pi}{1764}$、$\dfrac{782\pi}{1764} \sim \dfrac{982\pi}{1764}$ 和 $\dfrac{1664\pi}{1764} \sim \pi$ 内的信号频谱。程序代码如下:

%设计综合滤波器组

%内插后信号频谱以 pi/2 为周期,pi 对应 44100 * 4/2 Hz,3 路信号频谱分别位于频带 0～100 * pi/(441 * 4),pi/2～pi/2+100 * pi/441,pi～pi+100 * pi/441,3pi/2～3pi/2+100 * pi/441

```
N=50;                                    %指定滤波器阶数
wp1=100/(441 * 4);
coe1=fir1(N,wp1);                        %求低通滤波器系数
coe2=fir1(N,[0.5−wp1,0.5+wp1]);          %求带通滤波器系数
coe3=fir1(N,1−wp1,'high');               %求高通滤波器系数
y1=fftfilt(coe1,sd11);                   %对各路内插后信号滤波
y2=fftfilt(coe2,sd22);
y3=fftfilt(coe3,sd33);
figure;subplot(3,2,1);
% 求取并画出低通滤波后第 1 路信号时域波形
plot(t1,y1(40001:41024));axis([1,1024,−0.5,0.5]);
xlabel('样本');ylabel('幅度');title('(第 1 路信号时域波形)');
% 求取并画出低通滤波后第 1 路信号幅度谱
subplot(3,2,2);[SD1,w]=freqz(y1,1,1024);
plot(w/pi,abs(SD1));axis([0,1,0,800]);grid on;
xlabel('\omega/\pi');ylabel('幅度');title('(第 1 路信号幅度谱)');
subplot(3,2,3);
% 求取并画出带通滤波后第 2 路信号时域波形
plot(t1,y2(40001:41024));axis([1,1024,−0.5,0.5]);
xlabel('样本');ylabel('幅度');title('(第 2 路信号时域波形)');
% 求取并画出带通滤波后第 2 路信号幅度谱
subplot(3,2,4);[SD2,w]=freqz(y2,1,1024);
plot(w/pi,abs(SD2));axis([0,1,0,800]);grid on;
xlabel('\omega/\pi');ylabel('幅度');title('(第 2 路信号幅度谱)');
subplot(3,2,5);
% 求取并画出高通滤波后第 3 路信号时域波形
plot(t1,y3(40001:41024));axis([1,1024,−0.5,0.5]);
xlabel('样本');ylabel('幅度');title('(第 3 路信号时域波形)');
% 求取并画出高通滤波后第 3 路信号幅度谱
subplot(3,2,6);[SD3,w]=freqz(y3,1,1024);
plot(w/pi,abs(SD3));axis([0,1,0,800]);grid on;
xlabel('\omega/\pi');ylabel('幅度');title('(第 3 路信号幅度谱)');
```

运行上述程序代码,得到结果如图 19.8 所示。

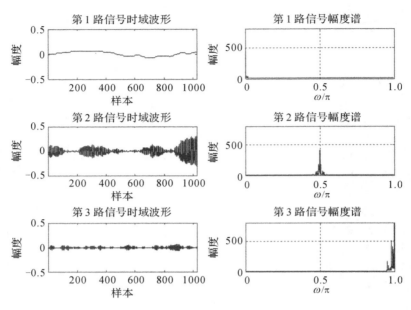

图 19.8　三路内插信号的滤波效果

6. 加入信道噪声

将三路滤波后的内插信号合成为一路信号,并调用函数 awgn(　)命令加入信道高斯白噪声,信噪比(SNR)设定为 30dB。程序代码如下:

```
SNR＝30；
yy＝y1＋y2＋y3；           ％合成一路信号
yy＝awgn(yy,SNR)；        ％加入信道高斯白噪声
figure；subplot(2,1,1)；
％ 画出合成信号时域波形
plot(t1,yy(40001：41024))；axis([1,1024,－0.5,0.5])；
xlabel('样本')；ylabel('幅度')；title('(a)时域波形')；
％ 画出合成信号幅度谱
subplot(2,1,2)；[SD,w]＝freqz(yy,1,1024)；
plot(w/pi,abs(SD))；axis([0,1,0,800])；grid on；
xlabel('\omega/\pi')；ylabel('幅度')；title('(b)幅度谱')；
```

加入高斯白噪声后的合成信号的时域波形及其频谱如图 19.9 所示。

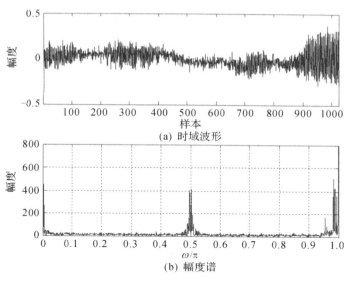

(a) 时域波形

(b) 幅度谱

图 19.9 合成信号

7. 设计分析滤波器组并滤波

这里分析滤波器组与综合滤波器组结构相同。对合成信号滤波,分别得到三路语音信号。程序代码如下:

```
%设计分析滤波器组,滤波器组系数同综合滤波器组
%对合成信号滤波
y11=fftfilt(coe1,yy);
y22=fftfilt(coe2,yy);
y33=fftfilt(coe3,yy);
```

8. 对三路信号 4 倍抽取,恢复原信号

分别对上一步骤中的三路信号作 4 倍抽取,恢复出各路语音信号,并与原始语音信号做比较。程序代码如下:

```
%4 倍抽取
y1_est=downsample(y11,L);
y2_est=downsample(y22,L);
y3_est=downsample(y33,L);
sound(sd1,fs);pause;sound(y1_est,fs);pause;        %恢复信号与原始信号声音比较
sound(sd2,fs);pause;sound(y2_est,fs);pause;
sound(sd3,fs);pause;sound(y3_est,fs);
figure;                                            %恢复信号的时频域波形
```

```
subplot(3,2,1);plot(t1,y1_est(40001：41024));
axis([1,1024,-0.5,0.5]);xlabel('样本');ylabel('幅度');
title('(第 1 路恢复信号时域波形)');
subplot(3,2,2);[SD1_est,w]=freqz(y1_est,1,1024);
plot(w/pi,abs(SD1_est));axis([0 1 0 800]);grid on;
xlabel('\omega/\pi');ylabel('幅度');title('(第 1 路恢复信号幅度谱)');
subplot(3,2,3);plot(t1,y2_est(40001：41024));
axis([1,1024,-0.5,0.5]);xlabel('样本');
ylabel('幅度');title('(第 2 路恢复信号时域波形)');
subplot(3,2,4);[SD2_est,w]=freqz(y2_est,1,1024);
plot(w/pi,abs(SD2_est));axis([0 1 0 800]);grid on;
xlabel('\omega/\pi');ylabel('幅度');title('(第 2 路恢复信号幅度谱)');
subplot(3,2,5);plot(t1,y3_est(40001：41024));axis([1,1024,-0.5,0.5]);
xlabel('样本');ylabel('幅度');title('(第 3 路恢复信号时域波形)');
subplot(3,2,6);[SD3_est,w]=freqz(y3_est,1,1024);
plot(w/pi,abs(SD3_est));axis([0,1,0,800]);grid on;
xlabel('\omega/\pi');ylabel('幅度');title('(第 3 路恢复信号幅度谱)');
```

运行上述程序得到各路恢复语音信号的时域波形及其幅度谱如图 19.10 所示。另外，通过播放三路原始语音信号与恢复信号，可知两者的声音效果没有较大区别，表明原始语音信号经信道传输，在多抽样率 FDMA 系统中得到了较好的恢复，没有发生严重失真。

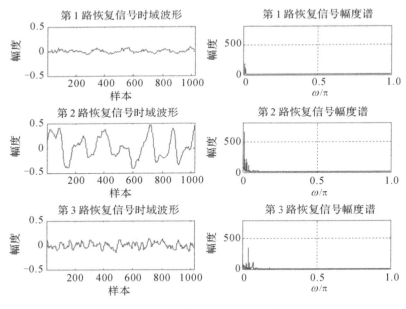

图 19.10　三路恢复信号的时频域波形

19.4　实验内容

1. 按照上述预习与参考中的具体实验步骤完成本实验,仔细领会程序代码的含义。
2. 设计传送四路语音信号多抽样率 FDMA 系统,请参照上述实验过程编程实现。

19.5　实验要求

1. 实验前必须进行充分的预习,熟悉实验内容;
2. 实验报告中应简述实验目的和原理;
3. 实验报告中应附上实验程序。
4. 画出传送四路语音信号时的多抽样率 FDMA 系统结构框图,并分析其工作原理。

参考文献

［1］唐向宏.数字信号处理［M］.2版.杭州:浙江大学出版社,2012.

［2］唐向宏,邓雪峰,岳恒立.计算机仿真技术——基于 MATLAB 的电子信息类课程［M］.3版.北京:电子工业出版社,2013.

［3］王永玉,孙衢.数字信号处理及应用实验教程与习题解答［M］.北京:北京邮电大学出版社,2009.

［4］维纳·英格尔,约翰·普罗克斯.数字信号处理(MATLAB 版)［M］.2版.刘树棠,译.西安:西安交通大学出版社,2009.

［5］杨述斌,李永全.数字信号处理实践教程［M］.武汉:华中科技大学出版社,2006.

［6］刘舒帆,费诺,陆辉.数字信号处理实验［M］.西安:西安电子科技大学出版社,2008.

［7］张建平.数字信号处理实验教程——基于 MATLAB、DSP 和 SOPC 实现［M］.北京:清华大学出版社,2010.

［8］孙闽红,岳恒立,唐向宏.数字信号处理实践教程［M］.北京:高等教育出版社,2014.